OBSERVATIONS MATHÉMATIQUES, ASTRONOMIQUES, GEOGRAPHIQUES, CHRONOLOGIQUES, ET PHYSIQUES,

TIRÉES DES ANCIENS LIVRES CHINOIS;

OU FAITES NOUVELLEMENT

AUX INDES ET A LA CHINE,

Par les Peres de la Compagnie de JESUS.

REDIGÉES ET PUBLIÉES

Par le P. E. SOUCIET, *de la même Compagnie.*

A PARIS,

Chez ROLLIN Libraire, au Lion d'or, sur le Quai des Augustins, proche du Pont Saint Michel.

M. DCC. XXIX.

AVEC APPROBATION ET PRIVILEGE DU ROY.

AU ROY.

SIRE,

Je ne m'excuserai point à VOSTRE MAJESTE', *de la liberté que je prends de lui offrir ce Recueil.*

a ij

Le goût qu'elle a fait paroître dès ses plus tendres années, l'utilité des Observations que ce Livre contient, le devoir & l'inclination de ceux qui les ont faites, ou qui me les envoyent, tout me justifie sur cela, & exige même l'hommage que j'ai l'honneur de lui faire.

Dans un âge où les autres sçavent à peine s'il est un Art de mesurer le mouvement des Astres, & de s'instruire des différentes parties de la Terre & de ses Habitans, VOSTRE MAJESTE' *connoissoit déja parfaitement le Ciel & ses Constellations, & possedoit la Géographie dans un détail & avec une exactitude qui surprenoit les plus grands Maîtres.*

Avec tant d'inclination & de disposition pour ces Sciences, pouvois-je, SIRE, *ne me pas flatter que* VOSTRE MAJESTE' *agréeroit des Observations qui peuvent si fort contribuer à leur profection? Vous verrez ce que l'Astronomie, la Geographie, la Navigation, la Physique & l'Histoire naturelle peuvent en tirer de secours, & combien elles en ont déja profité.*

Tous ces avantages, au reste, pour des Arts si

utiles à la Societé, & même à la Religion, c'est à VOSTRE MAJESTE' *qu'on les doit : c'est sous ces auspices, & sur les Vaisseaux François, que les Missionnaires qui vacquent à ces Observations, ou qui me les communiquent, sont partis d'Europe ; c'est par ses libéralitez qu'ils s'entretiennent aux extrémitez de l'Orient, & qu'ils ont le moïen de s'appliquer au salut des âmes, & à l'étude des Sciences.*

LOUIS LE GRAND *votre illustre Bisayeul, toûjours plein de zele pour notre sainte Religion, & par les bienfaits duquel les beaux Arts se sont plus perfectionnez pendant son Regne, qu'ils n'avoient fait en plusieurs siecles auparavant, mais à qui par un juste retour la protection & les secours qu'il leur a donnez, n'ont pas moins procuré de gloire que ses Victoires les plus mémorables & ses Conquêtes ; Ce grand Prince, dis-je, instruit de l'utilité que les Sciences pouvoient esperer des Observations qui se feroient en différentes parties du monde, envoïant des Missionnaires de notre Compagnie aux Indes & à la Chine, & les comblants de ses bienfaits, les honora encore du titre de ses Mathématiciens. Son dessein étoit & d'accrediter par là leur Ministère Apostolique chez les Peuples où ils alloient porter la lumière de l'Evangile, & de les animer au pénible exèrcice des Obsèrvations dont les Arts pussent profiter. Ils répondirent parfaitement aux intentions de ce glorieux Monarque, & le fruit de leurs travaux, qui fut alors publié, en est la preuve.* VOSTRE MAJESTE' *connoîtra en jettant les yeux sur le Recueil que j'ai l'honneur de lui présenter, que les successeurs de ces prémiers Missionnaires ne méritent pas moins qu'eux la grace qu'on leur accorda. Elle y remarquera l'assiduité & la continuité infatigable de leurs veilles Astronomiques, que rien ne peut interrompre que l'éloignement des Astres, qui se refusent à leurs yeux, ou la disposition de l'air qui les dérobe à leur vigilance. Elle y trouvera un si grand nombre d'Obsèrvations en tout genre, que l'on peut douter si dans le même espace de tems il s'en est fait en aucun lieu du monde autant & d'aussi importantes qu'il s'en est fait depuis quelques années à Péking seul.*

Et si VOSTRE MAJESTÉ *juge que par tous ces endroits, & par une application si laborieuse & si constante, des Obsèrvateurs qui méritent si bien des Sciences, sont dignes de la distinction qui fut accordée à leurs prédecesseurs, rappellant l'état malheureux où la Religion gémit depuis quelques années dans les contrées où ils l'enseignent, Elle comprendra que cette qualité de Mathématicien du plus grand Roi du monde leur seroit peut-être plus nécessaire que jamais pour soûtenir la prédication de la Foi, & pour autoriser ses Ministres.*

Quelle consolation pour eux, SIRE, *dans leurs peines! quel motif pour les exciter à continuer des travaux si utiles, que d'apprendre que* VOSTRE MAJESTÉ *ne les a pas dédaignez! Ils l'apprendront,* SIRE, *& continueront ces travaux avec plus d'ardeur & plus d'exactitude encore, & l'accueil que vous voulez bien faire à ce premier essai en produira de nouveaux plus utiles, s'il se peut, aux Sciences & aux beaux Arts, & toûjours plus glorieux au Regne de* VOSTRE

MAJESTE'. *J'ai l'honneur d'être avec le plus profond respect,*

SIRE,

DE VOSTRE MAJESTE',

Le très-humble, très-obéïssant
& très-fidéle sujet & serviteur,
E. SOUCIET, de la Comp. de JESUS.

PREFACE.

SI l'on fait réfléxion aux principes des Sciences dans lesquelles consiste la connoissance de la Nature, on s'appercevra sans peine qu'elles doivent leur origine, leur progrès, & la perfection où on les a portées, non aux méditations spéculatives, mais aux considérations pratiques que l'on a faites. La Physique est née de l'examen des différentes parties de l'univers, des Phénoménes qu'on y a remarqué, & de tous les effets que l'on a vû produire aux corps naturels quand on les a mis en expériences.

Ce que font les expériences à la Physique, les Obsèrvations le sont à l'Astronomie. Les Astres les plus beaux, & les plus brillans objets de l'univêrs, ont dû dês le commencement attirer les yeux de l'homme & picquer sa curiosité par dessus tous les autres. C'est pour cela sans doute que l'Astronomie est une des plus anciennes, & peut-être la premiére science que l'homme ait acquise. Plus frappé de l'éclat de ces globes lumineux qu'il voyoit majestueusement rouler sur sa tête, & lui annoncer si éloquemment la puissance, la sagesse &

la gloire de leur créateur & du ſien, il fut naturel & prèſque néceſſaire que dès la naiſſance du monde il s'appliquaſt à les conſidérer plus attentivement que toute autre chôſe. La variété qu'ils mettoient ſi régulièrement par leur approche & leur éloignement, dans les ſaiſons, & dans les deux parties du tems, qui partageoient ſa vie & qui donnoient ſucceſſivement lieu à ſon travail & à ſon repos, les effets merveilleux qu'ils produiſoient dans ce bas monde, & qu'il éprouvoit ſi ſenſiblement lui-même, auſſi-bien que tout le reſte de la nature, dûrent le porter à éxaminer ſoigneuſement leur cours.

Il le fit; il y remarqua d'abord ce mouvement général qui dans l'eſpace d'un jour naturel, les fait tous paſſer d'Orient en Occident, & revenir enſuite d'Occident en Orient, pour recommencer la même courſe. Il lui parût que le plus grand nombre de ces corps lumineux gardoient toûjours entr'eux la même ſituation, comme s'ils euſſent été attachés au Ciel qu'ils embelliſſoient, & dont ils ſuivoient en gros le mouvement ſans quitter leur poſte ni déranger leur ſituation : Qu'au contraire un petit nombre d'autres, par un mouvement oppoſé au mouvement commun, alloient ſucceſſivement trouver ceux qui lui paroiſſoient fixes ; que de même ils changeoient entr'eux ; qu'ils ſe devançoient, qu'ils ſe croiſoient, qu'ils ſe couvroient & ſe déroboient les uns les autres à ſes yeux, & cela par des révolutions & des démarches ſi juſtes, qu'elles le tentèrent de méſurer & de compter leurs pas, & qu'il oſa eſpérer d'en venir à bout, & de pouvoir même les prévenir & annoncer par avance ce qui ſe dévoit paſſer dans le Ciel. Ainſi ſe forma peu à peu, ainſi commença à ſe développer l'Aſtronomie, dont les Obsèrvations furent comme l'œuf & le gèrme.

Elles en firent auſſi les progrès. Et cèrtes s'il s'eſt trouvé des peuples où cette Science ait été plus cultivée que chés les autres Nations du monde, c'eſt que jouiſſant comme les Chaldéens & les Egyptiens d'un Ciel plus beau, & plus ſerein, qu'il n'eſt communément dans les autres contrées, ils eurent plus d'occaſions & plus de facilité d'examiner ce qui s'y paſſoit, de continuer avec moins d'interruption cet éxamen, & de ſuivre, pour ainſi parler, les aſtres pas à pas. C'eſt que ces Nations, comme les Chinois, entretenoient continuellement des gens à remarquer jour &

nuit tout ce qui arrivoit dans le Ciel, & que les Loix punissoient même de mort leur négligence dans l'exèrcice de l'emploi, que l'Etat leur confioit.

Si l'Astronomie fît des progrès plus lents chés les Grecs, c'est qu'il s'y fît moins d'Obsèrvations d'abord, ou qu'il ne s'en fit point du tout; que ce ne fût que le commèrce qu'ils eurent avec les Egyptiens, qui leur apprit à en faire; qu'il leur falloit du tems pour en avoir un nombre suffisant; que pour donner des accroissemens considerables à cet Art, non-seulement il fut nécessaire de ramasser un grand nombre d'Obsèrvations, mais encore d'en avoir qui eussent été faites en des époques éloignées les uns des autres: il falloit se les transmettre & comparer les anciennes avec les nouvelles. Assés long-temps on ne fit que les mêmes Obsèrvations, & l'on se contenta de lire, pour ainsi parler, dans le Ciel ce qu'on avoit appris de ses pères; Quand on voulut porter plus loin ses connoissances, les Obsèrvations furent d'abord trop grossières pour que les siécles suivans en tirassent beaucoup d'avantage. Mais dans la suite les Anaximandres, les Pythagores, les Euctémons, les Métons, les Eudoxes, les Calippes, les Timocharis, les

Hipparques, les Sosigénes, les Ptolémées, & cent autres ayant observé plus éxactement & plus fréquemment, l'Astronomie fit des progrès si grands qu'elle parut être arrivée à sa perfection. Peut-être ne le crut-on que trop; car soit que trop persuadé que tout étoit découvert, on ne se mit plus en peine de rien chercher dans le ciel, ou plûtôt que l'invasion des Barbares qui suivit peu après fit abandonner le soin des Observations, comme les éxercices de toutes les autres Sciences, l'Astronomie ne fit plus que languir & dépérit peu à peu, ensorte que depuis Ptolemée jusqu'à Tycho-Brahé elle fut presque généralement oubliée. Mais ce grand homme ayant rappellé l'usage & le goût des Observations, ce goût s'étant répandu depuis dans toutes les parties de l'Europe, & à l'aide des lunettes & de plusieurs autres machines, les Observations s'étant faites non-seulement en plus grand nombre, mais avec une justesse & une précision à laquelle on n'avoit pû atteindre dans les siécles précédens, on vit renaître l'Astronomie, & on l'a portée à une perfection qui laisse peut-être peu de choses à désirer. Tant il est vrai que cette Science va toûjours de pair avec les Observations; que si on les interrompt, elle ne se peut soûtenir ; qu'elle refleurit au contraire, & qu'elle reprend un nouveau lustre à mesure que l'on cultive & que l'on multiplie les Obsèrvations.

Les Obsèrvations au reste sont d'autant plus utiles, qu'elles se font en plus de lieux différens, & que ces lieux sont plus éloignés les uns des autres. C'est ce qui a toûjours fait souhaiter aux personnes qui ont eu du zele pour la perfection de l'Astronomie & des Arts qui en dépendent, que des gens d'esprit & capables qui voyagent dans les pays étrangers, & principalement dans les plus éloignés de nous, y fissent des Obsèrvations sur lesquelles on pût compter. On crut que les Missionnaires de notre Compagnie qui vont aux Indes & à la Chine, seroient propres à entrer dans ces vûes & à les éxécuter. Le feu Roi à qui un excellent esprit, un bon sens admirable, & un goût sûr faisoit toûjours sentir le vrai, & à qui une grandeur d'ame qui l'élevoit encore plus au dessus du reste des hommes que son rang, ne laissoit rien négliger de tout ce qui pouvoit être utile aux Arts & à la Société, pénétra tous les avantages de ce dessein & l'approuva. Il chargea ces Missionnaires de l'entreprendre, il leur fit fournir des instrumens pour le faciliter, & les honora du titre de ſes Mathématiciens pour les autoriſer. L'Académie des Sciences ſeconda les vûes de ce grand Monarque ; elle prit des meſures avec les Miſſionnaires pour les faire réuſſir, elle les inſtruiſit & leur communiqua ſes lumières, Munis de ces ſecours, ils partirent pour l'Orient ; leur route fut marquée par les Obsèrvations qu'ils firent par tout où ils paſsèrent, aux Indes, à Siam, à la Chine, & juſque dans les lieux où la malice des ennemis de l'Etat ou de la Religion les traîna captifs où les éxila. Ils envoièrent leurs Obsèrvations en France ; elles furent préſentées à MM. de l'Académie qui les approuvèrent. Feu M. Caſſini y fit de ſçavantes réfléxions qu'il permit de publier avec les Obsèrvations ; elles le furent : le Père Gouye en donna un premier volume en 1688. avec des Notes, & un ſecond volume en 1692. On ſçait l'accueil que le public y fit. Ces premières éditions n'ont pû ſatisfaire ſon avidité, & actuellement les Libraires qui ſe préparent à donner douze volumes pour ajoûter à l'Hiſtoire de l'Académie des Sciences, réimpriment ces deux volumes pour les y joindre, & contenter ceux qui les demandent tous les jours.

Les occupations dont les Miſſionnaires ont été accablés depuis, les ont empêché de continuer les Obsèrvations avec la même assiduité. Le feu Empereur de la Chine ayant voulu s'instruire à fonds des Mathématiques, de la Philosophie, de l'Anatomie, & des autres sciences de l'Europe ; quelques-uns des Princes ses fils ayant eu la même curiosité, il fallut passer de la pratique à la spéculation, & de l'exèrcice des Obsèrvations, à l'étude & à l'explication de la théorie. L'Empereur ne se contenta pas de l'instruction qu'on lui donnoit de vive voix, il fit compôser en Tartare & en Chinois plusieurs Traités sur les mêmes Sciences pour son usage & pour celui du Prince ses enfans. Tout cela ne peut manquer d'emporter beaucoup de tems & d'empêcher qu'on ne fit des Obsèrvations bien suivies.

Les occupations même qui conduisoient naturellement à en faire, & qui en demandoient nécessairement, empêchèrent qu'on n'envoyât en France, celles que l'on faisoit, & qu'on ne les publiât. Je parle de la Carte de l'Empire Chinois, que l'Empereur Canghi chargea les Jesuites de faire, & qui en obligea dix ou douze à parcourir pendant plusieurs années les Provinces de ce vaste Empire. Ils y firent des Obsèrvations, comme on le vèrra par quelques-unes de celles que je donne dans ce Livre ; mais ils

ils se résèrvèrent à les faire paroître avec la Carte, dont elles étoient les principes & les preuves : ou ils crûrent qu'il suffiroit, qu'on en eut le résultat par la Carte même.

Cependant persuadé de l'utilité des Obsèrvations, je souffrois de voir qu'on n'eût point continüé à les faire & à les publier comme on avoit commencé. J'en parlois à tous ceux qui pouvoient contribuer à ce dessein & l'avancer. J'excitois les Missionnaires qui partoient à le reprendre & à le soûtenir, & enfin j'espe-rai le voir rétabli & continué avec plus d'exactitude, & de persévérance que jamais, lorsqu'en 1721. je vis partir le P. Gaubil & le P. Jacques pour la Chine. J'avois connu le P. Gaubil pendant trois ans qu'il avoit passés à Paris, & j'avois été témoin de la rapidité & de la pénétration avec laquelle en très-peu de tems, malgré d'autres occupations, il avoit parcouru prèsque toutes les parties des Mathématiques, & les avoit apprises beaucoup mieux qu'un autre n'eut fait dans un espace de tems bien plus considérable. Il avoit une grande facilité pour les Langues. Il étoit jeune, il jouissoit d'une santé robuste ; il étoit d'une application forte & constante que rien ne rebutoit, & qui ne connoissoit ni peine ni travail.

Le P. Jacques avec un tempérament plus foible, n'avoit pas moins d'ardeur, & avec de la capacité dans les Mathématiques, il marquoit beaucoup de talent & d'inclination pour les expériences & les Obsèrvations. Tous deux avoient eu le loisir de conférer plusieurs fois à l'Obsèrvatoire avec M. Cassini & M. Maraldi, & partoient pleins de bonne volonté & d'envie d'être utiles à l'Europe pour les Arts & les Sciences en même tems qu'ils le seroient à la Chine pour la Religion & pour le salut des âmes.

Je ne fus pas le seul qui conçûs de si bonnes espérances des dispositions où je les voyois. M. le Comte d'Ericeyra; à ce nom on se rappelle tout ce que peut faire imaginer de grand dans une personne de ce rang, une haute naissance, la générosité, l'élevation, la noblesse des sentimens, un génie heureux & né pour les Sciences, un goût exquis nourri & fortifié par le commèrce & la lecture des meilleurs Auteurs, un jugement seur des ouvrages d'esprit en tout genre, un amour héréditaire pour les beaux Arts & pour ceux qui les cultivent: M. le Comte d'Ericeyra Viceroi des Indes, ayant relâché à son retour à l'Isle de Bourbon, au même tems que le Vaisseau qui portoit les deux Miſſionnaires s'y trouvoit, les vit & leur fit l'honneur de les entretenir ſouvent ; il paſſoit les après-dînées avec eux en des converſations litéraires en ſe promenant ſur le bord de la mèr, & dès qu'il les eut un peu ſondé, il en eut les mêmes idées que moi, & me fit l'honneur de me le dire étant à Paris. Le ſentiment d'un Seigneur de ce charactère confirma beaucoup & redoubla mes eſpérances.

Elles n'ont point été trompées. Malgré le défaut d'inſtrument, les deux Pères firent des Obsèrvations dans tous les lieux de leur paſſage. Le génie ſuppléa au ſecours qui leurs manquoient. Arrivez à Péking qui étoit leur tèrme ils y mirent auſſi-tôt en état les inſtrumens qu'ils y trouvèrent, & commencèrent à obsèrver aſſiduement. Aux Obsèrvations le P. Gaubil joignit l'étude des langues Chinoiſe & Tartare, la lecture des livres de l'une & de l'autre Nation, de l'Hiſtoire & de l'Aſtronomie de ces peuples : il ſe fit aider par les anciens Miſſionnaires les plus conſommez dans la connoiſſance de ces deux langues. Il étudia la forme de l'année & du Calendrier Chinois, & les changemens qui s'y ſont faits en différens ſiécles. Je l'avois prié de recueillir les anciennes Obsèrvations qui se trouvent marquées dans les livres Chinois, & authentiques. Il le fit, il calcula & vérifia les principales éclipses du Soleil, & d'autres Obsèrvations Astronomiques qu'il trouva, continuant toûjours lui-même à en faire avec une assiduité infatigable. Le P. Jacques, malgré la délicatesse de sa compléxion, & une santé foible que la mèr & le voyage de France à la Chine ont beaucoup altérée, n'a pas laissé de seconder le P. Gaubil.

Outre leurs propres Obsèrvations le R. P. Kegler Jésuite Allemand & Président du Tribunal des Mathématiques; le P. Slavisecк autre Jésuite Allemand excellens Astronomes & bons Obsèrvateurs l'un & l'autre, ont bien voulu leur communiquer celles qu'ils faisoient ou qu'ils avoient faites. Tels sont les principaux Obsèrvateurs dont je donne icy les Obsèrvations, & qu'il a fallu faire connoître, afin que le Lecteur jugeât du fonds qu'il pouvoit faire sur leurs travaux.

Tous les ans le P. Gaubil a eu soin de ramasser tout, & de m'envoyer la recolte de l'année. En 1724. je le priai de rechercher les Obsèrvations faites par les Jésuites avant qu'il arrivât à la Chine, en remontant jusques à celles que le P. Gouye avoit publiées, afin de recommencer, s'il se pouvoit, où ce Pêre avoit fini. Il rassembla tout ce qu'il en pût trouver, & me les envoya, & c'est le Recueil de toutes ces Obsèrvations, que j'ai rédigées dans l'ordre où on les voit, que je presente au Public.

On y en trouvera de plusieurs genres. Le plus grand nombre regarde l'Astronomie, d'autres la Géographie, d'autres la Chronologie & l'Histoire civile : enfin il y en a sur la Physique & sur l'Histoire naturelle.

Les Obsèrvations Astronomiques sont de deux sortes : il y en a qui ont été faites anciennement par les Chinois, comme je l'ai déja remarqué, & qui se trouvent dans leurs Histoires, dans leurs Traitez d'Astronomie, ou en d'autres Livres d'une antiquité incontestable. Les autres sont les Obsêrvations faites dans ces tems-cy par les Obsèrvateurs dont j'ai parlé, & par quelques autres dont je marqueray toûjours exactement le nom.

Les anciennes Obsèrvations Chinoises consistent en vingt-six éclipses de Soleil que le P. Gaubil a calculées, & qu'il a trouvées par le calcul tomber juste à l'an, au mois, & au jour marqué dans les Auteurs Chinois.

Elles consistent en second lieu en vingt & une conjonctions de Jupiter, avec différentes étoiles fixes, qui peuvent être d'un très-grand secours. Pour detèrminer le temps de la révolution d'une Planéte, rien n'est plus sûr que les conjonctions de cette Planéte avec des étoiles fixes, & parce que les fixes n'ont point de mouvement en latitude, & parce que leur mouvement en longitude est fort lent, & de 51″. seulement par an. Mais il faudroit avoir un grand nombre de ces conjonctions de la Planéte faites en plusieurs tems différens, & éloignez les uns des autres. Nous n'avons dans toute l'Antiquité que trois Obsèrvations, que je sçache, de Jupiter sur lesquelles on puisse compter; celle de l'an 82. après la mort d'Aléxandre, 240. ans avant Jesus-Christ, rapportée par Ptolémée dans son Almageste Liv. XI. Chap. III. Celle que Ptolémée fit luy-même à Aléxandrie la deuxiême année de l'Empire d'Antonin Pie 139. de Jesus-Christ, & celle que M. Bouillaud trouva dans un Manuscrit de la Bibliothéque du Roy, & qui se fit l'an 225. de Dioclétien, c'est-à-dire l'an 508. de Jesus-Christ. Depuis cette Obsèrvation jusqu'en 1468. que B. Vvalterus obsèrva Jupiter le huitiême d'Octobre, c'est-à-dire pendant près de 1000. ans ils ne se trouvoit aucune Obsèrvation de cet Astre. Celles que le P. Gaubil a tirées des Auteurs Chinois remplissent tout ce vuide, & remontent au-delà même de celle de Ptolémée ; car elles commencent dès l'an 73. de Jesus-Christ 63. ans avant l'Obsèrvation de cet Astronome, & descendent jusqu'en 1367. à 121. an seulement de celle de Vvalterus.

Il est vrai que les Chinois se contentent de dire le jour que l'Obsèrvation s'est faite sans marquer l'heure & la minute ; mais j'ai montré dans la remarque que j'ai ajoutée aux éclaircissemens du P. Gaubil, qu'on pouvoit trouver asses près le temps de l'Obsèrvation pour ne se point tromper sensiblement. Car à la prémière Obsèrvation, par exemple, faite le 13. Février l'an 73. de Jesus-Christ à Loyan latitude 34°. 46'. 15".

La longitude de la Lucide du front du Scorpion étoit	7 s. 24°. 59'. 32".
Celle du Soleil	10. 23. 52. 9.
Différence	2. 24. 52. 32.

Le Soleil se couchoit ce jour-là à Loyan à	5h. 34'. 50".

L'étoile étant de la ſeconde grandeur ne paroiſſoit que 52'.

après le coucher du Soleil;
Elle ne paroiſſoit donc qu'à 6. 26. 50.

Etant éloignée du Soleil de 2 ſ. 24°. 52'. 32". elle ſe couchoit après lui 5ʰ. 36'. 30".
Et par conſéquent à 11. 11'. 20".
Elle ne paroiſſoit qu'à 6. 26. 50.
Elle n'étoit donc viſible ſur l'horiſon de Loyan que 4. 44. 30.

Suppôſant que l'Obsèrvation fut faite au milieu de ce tems, eut-elle été faite tout le plus loin qu'il ſe peut de cette ſuppoſition, c'eſt-à-dire à l'une des deux extrémitez de l'interval pendant lequel l'étoile fut viſible, je ne différerois du vrai temps de l'Obsèrvation que de 2^h. 22'. 15". Or le mouvement de Jupiter en 2^h. 22'. 15". eſt ſi peu de chôſe que cela ne peut mettre d'erreur ſenſible dans les conſéquences que je tirerai de cette Obsèrvation. Quelquefois on trouvera encore l'intèrval plus court, & par conſéquent l'erreur moins à craindre.

Il eſt vrai encore que quelques-unes de ces Obsèrvations ſouffriront peut-être de la difficulté,

culté, mais ils n'eſt guére poſſible que pluſieurs autres ne ſoient utiles. Celles par exemple de l'an 569. de Jeſus-Chriſt, & de l'an 652. qui en 83. ans, plus cinq jours, font non-ſeulement revenir Jupiter à la même étoile, mais la font éclipſer toutes les deux fois. Telles ſont encore les huit conjonctions ou approximations de Jupiter à la lucide du front du Scorpion. Trois avec Régulus, trois avec Propus, toutes Obsèrvations que l'on peut comparer non-ſeulement entre-elles; mais encore avec des Obsèrvations faites en ces derniers temps par M. Bouillaud, par Gaſſendi, par Hortentius en Hollande, par Elias à Leonibus en Allemagne, par Vving le père en Angleterre, par Eichſtadius à Stétin en Poméranie, par M. Maraldi à Paris, par M. Bianchini à Rome, & par M. le Marquis Salvago, & M. l'Abbé Barrabini à Génes, & d'autant plus propres à dètèrminer le moyen mouvement de Jupiter, & à vérifier s'il accélere à meſure qu'on approche de nos temps, ou s'il a toûjours été conſtamment le même, qu'elles ſont faites en des ſiécles plus éloignés.

Pour les Obsèrvations modèrnes faites à la Chine MM. de l'Obsèrvatoire à qui je les ai communiquées, ſelon les intentions, & par les ordres des PP. Gaubil & Jacques, les ont approuvées, & M. Maraldi me fit l'honneur de m'écrire en me renvoyant les dèrnières que j'ai reçûes, *qu'elles étoient curieuses & utiles pour l'Astronomie, & qu'ainsi elles seroient bien reçûes des Astronomes, si je les donnois au Public.*

Je ne sai si l'on approuvera l'ordre que j'ai gardé. J'ai crû qu'il étoit plus à propos non-seulement de distinguer en général ces Obsèrvations selon les matières & les sciences auxquelles elles appartiennent, que de les donner dans l'ordre des temps qu'elles ont été faites, ou de réunir toutes celles de châque Obsèrvateur ensemble, & par conséquent de donner tout pesle-mesle, Physique, Astronomie, Géographie, Histoire, Chronologie, &c.

J'ai crû en second lieu que dans l'Astronomie il étoit mieux de placer de suite toutes les Obsèrvations de châque Planéte. J'ai commencé par le Soleil & la Lune, ensuite je suis venu à celles des cinq autres Planétes suivant l'ordre de leur situation dans le Ciel, ou de leur éloignement du Soleil, & je me suis sû bon gré de cette disposition, quand j'ai remarqué, après l'avoir préférée à toute autre, que de grands (1) Aſtronomes l'avoient ſuivie dans les collections qu'ils ont faites des Obsèrvations anciennes & modèrnes. Si je m'apperçevois neanmoins qu'un autre ordre fit plus de plaiſir aux connoiſſeurs, je le ſuivrai volontiers dans les Recueils que je pourrai publier dans la ſuite.

Les Obsèrvations Géographiques, tant celles que les Miſſionnaires ont fait eux-mêmes, que celles que le P. Gaubil a tirées des Cartes, Relations, ou Routiers Chinois & Tartares, ne ſeront pas moins utiles, ce me ſemble, que les Obsèrvations Aſtronomiques, quoique ſouvent moins ſûres, & le ſeront peut-être à un plus grand nombre de pèrſonnes. Car quoi qu'elles ne parviennent pas à la juſteſſe & à la préciſion que donnent les Obsèrvations Aſtronomiques, elles ne laiſſeront pas de ſervir beaucoup à nous donner des Cartes de l'Aſie plus éxactes & plus complétes que nous n'en avons eu juſqu'icy. D'ailleurs le défaut de la préciſion des diſtances qui leur manque, eſt récompenſé par d'autres avantages que n'ont point les Obsèrvations Aſtronomiques. Elles apprennent les

(1) Lanſpergius. Laurent Vving.

routes, la nature du tèrrein qui est entre les lieux dont elles parlent, la facilité ou la difficulté des chemins, les peuples que l'on rencontre, les villes, les fleuves, les montagnes, & les autres lieux par où l'on passe, l'état où ils sont, & d'autres circonstances qui sont à la portée d'un plus grand nombre de gens, & qui font plaisir à tous. On trouvera même un grand nombre de lieux dont la situation est assurée autrement que par les Routiers, dans les Notes qu'y ajoûte le P. Gaubil. Et il est cèrtain que les Remarques sur la longitude d'Astracan, les Mémoires sur les sources de l'Irtis & de l'Oby, sur celles du Gange, sur la demeure du grand Lama, & sur les pays circonvoisins; sur les pays des Eleuthes, & sur les contrées qui sont au Nord de la mèr Caspienne; la Relation Chinoise, qui n'est autre chose qu'un Itinéraire de Péking à Tobol, & de Tobol au pays des Tourgouts; les Mémoires sur les tèrres du Tsevvang Raptan, il est cèrtain, dis-je, que tout cela est curieux, & nous fait connoître prèsque toute l'Asie Orientale & Septentrionale, beaucoup mieux que nous ne l'avons connue jusqu'icy.

Pour la Chronologie, outre les secours qu'elle peut tirer des anciennes Obsèrvations

Astronomiques, l'Abregé de l'Histoire des cinq premiers Empereurs Mogols n'y sera point indifférent. On y trouve les époques de la vie, des entreprises, & des principales actions des cinq plus fameux Conquérans, & des plus grands Potentats de l'Orient. On y verra de grandes différences entre les époques marquées dans cet abregé, & celles que M. Petis de la Croix a données dans la vie de Gentchiscan. Il le fait naître en 1154. & l'Histoire Chinoise en 1162. Il lui fait passer l'année 1205. à tenir une Diéte & à faire des Loix ; l'Histoire Chinoise le met en campagne cette année-là même, & luy fait attaquer les Hins Occidentaux. Il le fait proclamer Empereur & changer son nom en 1205, & ce ne fut qu'en 1206. selon l'Histoire Chinoise. Dans tous les Auteurs Persans, Arabes, Turcs, &c. qu'il a compilez, il n'a rien trouvé à faire entreprendre à son Héros dans le cours de l'année 1709. pendant laquelle l'Histoire Chinoise le fait entrer dans le Chensi par le pays de Konkomor. Je serois trop long si je voulois rapporter en détail toutes les particularités qui se trouvent en cet Abregé, tout abregé qu'il est, & qui manquent dans l'Histoire entière de Genghizcan par M. de la Croix, ou qui y ſont racontées différemment. Elles paroiſſent au reſte beaucoup plus ſeures que tout ce qu'on a pû trouver dans les Auteurs Arabes, & les autres que l'on a conſultez. Les Chinois avoient ce Prince ſous leurs yeux, leur pays fut le théatre de ſes guèrres & de ſes principales actions, ou ſa demeure. Les autres ne le voyoient que de loin, ou plûtôt ne le voyoient point. Ils n'ont ſçû ce qu'ils en ont écrit, que ſur ce qu'ils en ont oui raconter, & l'on ſçait combien ces bruits & ces ſortes de récits ſont ſouvent trompeurs, & combien la verité s'altère en paſſant par différèntes bouches : d'ailleurs les Chinois compôſent leur Hiſtoire avec des ſoins & une exactitude que nulle autre Nation n'égale, & inconnue même par tout ailleurs. L'Hiſtoire n'eſt point chés eux l'ouvrage du premier particulier qui veut l'entreprendre, c'eſt une affaire d'Etat. Il y a un Tribunal pour la faire & l'examiner, comme il y en a pour la Religion, les Loix, la Guèrre & les Négociations. Rien ne s'y met qu'avec poids & avec meſure, & après de mûres délibérations.

Parmy les Obsèrvations Phyſiques, celles de l'aiman ne ſçauroient, ce me ſemble, manquer d'être bien reçûes, & parce que tout ce qui regarde cette matière, peut devenir utile à la Navigation, & parce qu'elles se trouvent conformes à celles de M. Halley, qu'elles font voir les mêmes courbes concentriques, qu'il a trouvées, & qu'elles aideront peut-être dans la suite, avec celles que l'on fera, à découvrir l'espéce de ces courbes, & à faire trouver les longitudes par la déclinaison de la Boussole. Objet digne de l'attention de tous les Navigateurs, & qui devroit les engager à continuer avec soin de semblables Observations, qui donneroient peut-être bientôt à leur Art sa plus grande perfection, & feroient la sûreté des voyages maritimes.

Au reste, comme il y a dans toutes les parties de ce Livre un fort grand nombre de lieux dont la longitude & la latitude est marquée, & qu'il seroit difficile de la démêler quand on en auroit besoin, je les ay tous rassemblez dans des Tables par ordre alphabétique, & afin que ces Tables fussent complétes, j'y ay joint tous les autres lieux dont la longitude & la latitude sont connues, & je les ay tirées des Auteurs que j'ai crûs les plus sûrs, & qui doivent naturellement les avoir marquées avec plus d'éxactitude, c'est-à-dire, des Astronomes, comme de M. de la Hire, de M. Des Places, de Street, de Harris, de la Connoissance des Temps, &c. Pour y mettre de l'uniformité, & épargner de la peine au Lecteur, j'ay réduit toutes les longitudes au méridien de Paris. J'ay marqué à châcune l'Auteur qui me l'a fournie : mais comme en la rapportant l'Auteur n'a pas prétendu faire entendre qu'il l'avoit prise lui-même sur les lieux, je n'ai pas voulu non plus, en la luy attribuant, dire autre chôse, sinon que je la tenois de lui, & j'ay, à l'exemple de ces Auteurs, marqué d'une étoile * les longitudes ou latitudes fondées sur des Obsèrvations.

Enfin il y a une chose sur laquelle je dois encore dire un mot au Lecteur. Quelques parties de cet Ouvrage sont en latin, & les autres en françois. Cette espece de bigarreure ne plaira peut-être pas à tout le monde : j'ay cependant eu mes raisons pour ne la point éviter, & des personnes de bon sens les ont goûtées. J'aurois pû sans beaucoup de peine traduire en françois ce qui est en latin ; mais j'ay crû 1°. qu'il étoit mieux de donner chaque morceau de la même manière qu'il m'a été envoyé, & qu'il est sorti des mains du prémier Auteur ; que dans un Ouvrage tel que celui-cy, l'exactitude devoit l'emporter sur

ſur tout le reſte, qu'il en falloit faire preuve, & que le parti que je prenois en étoit une; que d'ailleurs tous ceux à qui ces Obsèrvations pouvoient être utiles, entendoient le latin, & ſur tout, ſi je puis parler ainſi, le latin d'Obsèrvations, & que ceux même qui n'ont point appris cette langue peuvent l'entendre.

PERMISSION.

JE soussigné Visiteur & Vice-Provincial de la Compagnie de JESUS en la Province de France, suivant le pouvoir qui m'a été donné par notre R. P. Général, permets au P. E. Souciet de faire imprimer un Ouvrage qui a pour titre, *Observations Mathématiques, Astronomiques, Géographiques, &c.* lequel a été vû & approuvé par trois Theologiens de notre Compagnie. Fait à Paris ce 6. Novembre 1728.

LOUIS LA GAILLE,
de la Comp. de JESUS.

APPROBATION.

J'Ay lû par l'ordre de Monseigneur le Garde des Sceaux, un Manuscrit intitulé *Observations Mathématiques, Astronomiques, Géographiques, &c.* Cet Ouvrage m'a paru contenir des Observations nouvelles utiles au progrès de l'Astronomie & de la Géographie. Fait à Paris le 6. Aoust 1728.

MAHIEU.

PRIVILEGE DU ROY.

LOUIS par la grace de Dieu, Roi de France & de Navarre: A nos amez & feaux Conseillers les Gens tenans nos Cours de Parlement, Maîtres des Requêtes ordinaires de notre Hôtel, Grand Conseil, Prevôt de Paris, Baillifs, Sénéchaux, leurs Lieutenans Civils, & autres nos Justiciers qu'il appartiendra. SALUT. Notre bien Amé JACQUES ROLLIN pere; Libraire à Paris, Nous aïant fait remontrer qu'il lui avoit été mis en main un Ouvrage qui a pour titre, *Observations Mathématiques, Astronomiques, Geographiques, Chronologiques, & Physiques, tirées des anciens Livres Chinois, ou faites nouvellement aux Indes & à la Chine par les Jésuites, rédigées & éclaircies par des Remarques du P. Souciet*, qu'il souhaiteroit faire imprimer & donner au public, s'il Nous plaisoit lui accorder nos Lettres de Privilege sur ce necessaires, offrant pour cet effet de le faire imprimer en bon papier & beaux caracteres, suivant la feuille imprimée & attachée pour modele sous le contre-scel des Presentes. A ces causes, voulant traiter favorablement ledit Exposant, Nous lui avons permis & permettons par ces Presentes, de faire imprimer ledit Ouvrage ci-dessus specifié, en un ou plusieurs volumes, conjointement ou séparément, & autant de fois que bon lui semblera, sur papier & caracteres conformes à ladite feuille imprimée & attachée sous notredit contre-scel, & de le vendre, faire vendre & débiter par tout notre Roïaume, pendant le tems de douze années consécutives, à compter du jour de la date desdites Presentes; Faisons défenses à toutes sortes de personnes de quelque qualité & condition qu'elles soient, d'en introduire d'impression étrangere dans aucun lieu de notre obéïssance, comme aussi à tous Libraires, Imprimeurs, & autres, d'imprimer, faire imprimer, vendre, faire vendre, debiter ni contrefaire ledit Livre en tout ni en partie, ni d'en faire aucuns extraits sous quelque prétexte que ce soit, d'augmentation, correction, changement de titre ou autrement, sans la permission expresse & par écrit dudit Exposante, ou de ceux qui auront droit de lui, à peine de confiscation des Exemplaires contrefaits, de trois mille livres d'amende contre chacun des contrevenans, dont un tiers à Nous, un tiers à l'Hôtel-Dieu de Paris, l'autre tiers audit Exposant, & de tous dépens, dommages & interêts; A la charge que ces Presentes seront registrées tout au long sur le Registre de la Communauté des Libraires & Imprimeurs de Paris, dans trois mois de la date d'icelles; que l'impression de cet Ouvrage sera faite dans notre Roïaume, & non ailleurs; Et que l'Impetrant se conformera en tout aux Reglemens de la Librairie, & notamment à celui du 10. Avril 1725. Et qu'avant que de l'exposer en vente, le manuscrit ou imprimé qui aura servi de copie à l'impression dudit Livre, sera remis dans le même état où l'Approbation y aura été donnée, ès mains de notre très-cher & feal Chevalier Garde des Sceaux de France, le Sieur CHAUVELIN ; & qu'il en sera ensuite remis deux exemplaires dans notre Bibliotheque publique, un dans celle de notre Château du Louvre, & un dans celle de notre très-cher & feal Chevalier Garde des Sceaux de France, le Sieur CHAUVELIN, le tout à peine de nullité des Presentes ; du contenu desquelles vous mandons & enjoignons de faire jouir l'Exposant ou ses ayans cause, pleinement & paisiblement, sans souffrir qu'il leur soit fait aucun trouble ou empêchement : Voulons que la copie desdites Presentes qui sera imprimée tout au long au commencement ou à la fin dudit Ouvrage, soit tenue pour dûement signifiée, & qu'aux copies collationnées par l'un de nos amez & feaux Conseillers & Secretaires, foi soit ajoûtée comme à l'original. Commandons au premier notre Huissier ou Sergent de faire pour l'execution d'icelles tous Actes requis & necessaires, sans demander autre permission, & nonobstant clameur de Haro, Charte Normande, & Lettres à ce contraires ; Car tel est notre plaisir. Donné à Fontainebleau le troisiéme jour du mois de Septembre, l'an de grace 1728. & de notre Regne le quatorziéme. Par le Roi en son Conseil. SAINSON.

Registré sur le Registre septiéme de la Chambre Roïale des Libraires & Imprimeurs de Paris N°. 242. folio 202. conformément aux anciens Reglemens confirmés par celui du 28. Février 1723. A Paris le 12. Octobre 1728. COIGNARD, Syndic.

TABLE

Des Matieres contenues en ce Livre.

Fin de la Table.

OBSERVATIONS

OBSERVATIONS

Mathématiques, Astronomiques, Geographiques & Physiques, tirées des anciens Livres Chinois, ou faites nouvellement aux Indes & à la Chine par les Peres de la Compagnie de Jesus.

REMARQUES

SUR L'ASTRONOMIE DES ANCIENS Chinois en general.

I. N a l'état du Ciel Chinois fait plus de 120. ans avant JESUS-CHRIST. On y voit le nombre & l'étendue de leurs constellations, & à quelles étoiles ils faisoient alors répondre les Solstices & les Equinoxes, & cela par observation. On y voit la déclinaison des étoiles, la distance des Tropiques & des deux Poles.

II. Les Chinois ont connu le mouvement d'Occident

en Orient pour le ☉ & la ☾, les Planétes, & même les Etoiles; quoique pour celles-ci ils n'aïent déterminé leur mouvement que 400. ans après JESUS-CHRIST. Ils ont assés bien connu l'année Solaire & le mois Lunaire. Ils ont donné à Saturne, à Jupiter, à Mars, à Vénus, & à Mercure, des révolutions assés approchantes des nôtres. Ils n'ont jamais été au fait des régles des retrogressions, & stations; & comme en Europe, de même parmi les Chinois, les uns ont fait tourner les Cieux & les Planétes autour de la Terre, & les autres ont tout fait tourner autour du Soleil. Ceux-ci sont en petit nombre, & même dans les calculs rapportés, on ne voit point de vestiges de ce sistême : ce n'est que dans le écrits de quelques particuliers.

III. Je ne suis point encore assés au fait de la methode que suivoient les Chinois pour calculer les Eclipses; mais je sçai qu'ils exprimoient en nombres la qualité des Eclipses, les termes Ecliptiques, la visibilité, &c. Ces nombres sont écrits plus de 100. ans avant JESUS-CHRIST. On a de ce tems-là des résultats assés bons d'éclipses; mais ces nombres sont fort obscurs, & peu de Chinois aujourd'hui sont au fait là-dessus.

IV. On a une Astronomie faite il y a un siecle & plus en Chinois par les Jesuites. Dans cette Astronomie les déclinaisons des étoiles sont prises de Ticho. Mais l'état du Ciel dont j'ai parlé ci-dessus N°.I. & les déclinaisons des étoiles qu'on y voit sont toutes differentes de celles de Ticho, & si quelqu'un a dit que le Catalogue des étoiles donné par les Jesuites en Chinois, est celui des anciens Chinois, il s'est trompé, & il a parlé sans avoir assés de connoissance de ces choses, & n'aïant pas lû, ou n'aïant pas conçû la Preface de cette Astronomie Chinoise des Jesuites, où il est marqué que le Catalogue des étoiles est de Tycho, il a cru bonnement qu'il étoit des anciens Chinois. Ce ſont deux choſes fort differentes. J'ai mis en Chinois le Catalogue des étoiles de M. Maraldi, tel qu'il eſt à la fin des Ephémérides de M. Manfredi. Je ne voudrois pas répondre que quelqu'un ne le prît auſſi pour celui des anciens Chinois, & qu'en liſant en Chinois *Ma-la-cal-ti* il ne comprît pas que c'eſt de M. Maraldi que je parle.

V. Le R. Pere Kegler Préſident du Tribunal des Mathématiques a une vieille carte Chinoiſe d'étoiles, faite bien long-tems avant que les Jéſuites miſſent le pied en Chine. Les Chinois y ont marqué pluſieurs étoiles, qu'on ne voit qu'avec des lunettes, & elles ſont marquées aſſés juſte dans l'endroit où on les voit avec les lunettes, aïant égard au mouvement propre des étoiles. *Le P. Gaubil au P. E. Souciet, à Pekin le 5. Nov. 1725.*

VI. Avant le P. Ricci, c'eſt-à-dire avant que les Jéſuites entraſſent à la Chine, les Chinois avoient connoiſſance de l'Aſtronomie. Depuis la Dynaſtie des Han qui regnoit avant JESUS-CHRIST juſqu'à celle d'aujourd'hui, on voit des Traités d'Aſtronomie.

VII. Dans ces Livres d'Aſtronomie, on voit que les Chinois ont aſſés bien connu depuis plus de 2000 ans la quantité de l'année Solaire de 365 jours & près de 6 heures. Depuis Yao ils ont marqué que dans quatre années Solaires, il y en a trois de 365 jours & une de 366, & cette année s'appelle *Ki*.

VIII. Ils ont auſſi aſſés bien connu le mouvement diurne du ☉ & de la ☾, la quantité du mois Lunaire, ſoit periodique, ſoit ſynodique, un Cycle Lunaire de 19 ans, de 365 mois Lunaires, les révolutions entieres des cinq Planétes, &c.

IX. Ils ſçavoient obſerver les hauteurs méridiennes du ☉ par l'ombre des Gnomons, & ils calculoient paſſablement ces ombres pour en déduire la hauteur du Pole & la déclinaiſon du ☉.

X. Ils sçavoient assés bien l'ascension droite des étoiles & le tems où elles passoient par le Méridien, comment les mêmes étoiles dans la même année se levent ou se couchent avec le Soleil, & comment elles passent au Meridien tantôt au lever, & tantôt au coucher du Soleil.

XI. Dans l'Astronomie même avant J. C. & quelques tems après J. C. les Chinois marquent des Observations de Planétes stationaires, directes & retrogrades. Ils ont eu depuis ce tems-là pour le moins des noms & des characteres pour marquer les stations, retrogressions & directions. Mais soit que je n'aïe pas encore assés compris leurs Livres, soit qu'il n'y en ait pas eu avant la venue des Jésuites, je ne voi que des regles bien confuses & generales pour les retrogradations, directions & stations.

XII. Depuis 200 ans au moins avant J. C. jusqu'à la venue des Jésuites, les Chinois ont toûjours déterminé la plus grande declinaison du Soleil à 24° Chinois, c'est-à-dire, de 23° 38', car jusqu'au P. Adam Schall le Cercle Chinois étoit de 365° & 25', & chaque degré avoit 100'.

XIII. Pour les déclinaisons des étoiles fixes, ils les ont passablement connues, & dès le tems des Han, ils en firent des Catalogues que j'ai & qui sont dans l'Astronomie de ce tems-là. Dans l'Astronomie des Dynasties suivantes, on voit les changemens qu'ils ont remarqués là-dessus.

XIV. Les Jésuites qui reformerent le Calendrier, traduisirent en Chinois le Catalogue des étoiles avec leurs déclinaisons prises de Tycho. Les noms Chinois qu'ils donnerent aux étoiles, sont les anciens noms que les Astronomes Chinois leur avoient donnés. Les ascensions droites, latitudes, longitudes & declinaisons sont de Tycho, & les Jésuites en avertissent dans leur Préface Chinoiſe. Depuis ce premier Catalogue on en a fait d'autres en Chinois conformes aux nouvelles Obſervations de MM. Caſſini, Maraldi & autres, & on en a toûjours averti. De ſorte qu'il eſt impoſſible de confondre la nouvelle Aſtronomie que les Jéſuites ont portée à la Chine, avec celle que les Chinois avoient avant l'arrivée de ces Peres en ce Royaume, beaucoup moins avec l'ancienne Aſtronomie Chinoiſe.

XV. Les Chinois ont toûjours donné des noms aux étoiles; ils ont toûjours diſtingué differentes conſtellations, & partagé le Ciel en conſtellations. Ils y rapportoient le lieu des Planétes. Ils diſtinguoient les étoiles & avoient des ſignes pour les diſtinguer. J'ai en main des Catalogues de tout cela faits depuis 2000 ans, ou pour le moins 150 ans avant J. C.

XVI. Outre tout ce que je viens de dire, la lecture de l'Hiſtoire Chinoiſe démontre qu'on a toûjours eu ici connoiſſance de beaucoup de choſes d'Aſtronomie. *P. Gaubil au P. E. Souciet de Pekin le 9. Novembre 1725. Id. Idib.*

XVII. Les Chinois ont des ſuites d'Obſervations de Solſtices & de Cométes depuis 400 ans avant J. C. juſqu'au quatorziéme ſiecle après J. C.

Reflexion ſur ces Remarques.

LES Chinois n'ont pû marquer dans leurs Livres les Cométes par le calcul; ils n'ont pû le faire que par obſervation. Cela doit détromper ceux, qui pourroient s'imaginer que les éclipſes, les ſolſtices, les lieux, conjonctions ou approximations des Planétes entre elles, ou avec les étoiles fixes, & les autres Phénoménes céleſtes qui ſe trouvent marqués dans l'Hiſtoire, dans les anciennes Aſtronomies Chinoiſes & dans leurs autres Livres, n'y ſont point miſes ſur de véritables Obſervations faites au tems même de ces Phénomenes, mais par des calculs faits après coup. Il a été bien plus aisé d'observer tout le reste que les Cométes. De plus ces suites d'observations de Cométes montrent l'application constante & continue des Chinois à examiner & à remarquer ce qui se passe dans le Ciel. Cette application suivie & continue donne bien des connoissances & supplée à bien des secours qu'ils n'avoient pas.

REMARQUES

SUR L'ASTRONOMIE DES INDIENS

EN GENERAL.

I. L'Etat des Sciences en ce païs-ci est tel qu'il y a peu de découvertes à faire ; en premier lieu, parce qu'elles sont très-peu cultivées, les Indiens ne songeant gueres qu'à leur fortune & à s'élever, à amasser dequoi vivre & dequoi enterrer ; aux plaisirs & aux commodités de la vie. Il n'y a pas de doute neanmoins que quelques-uns ne se soient appliqués autrefois, & ne s'appliquent peut-être encore aux Sciences & sur-tout à l'Astronomie, où ils ont fait d'assés grands progrès, puisqu'encore aujourd'hui ils prédisent les éclipses avec assés de justesse. Il est vrai cependant, & je tiens pour sûr, que les plus Savans aujourd'hui ne les calculent que matériellement sans savoir leurs causes ni les principes, & les raisons des opérations arithmétiques qu'ils font selon les Tables qu'ils ont. Mais comme a judicieusement remarqué M. Cassini dans ses doctes reflexions sur l'Astronomie Siamoise & sur les Tables Astronomiques de Siam, il faut au moins qu'il y ait quelqu'un qui ſache ce qu'avec le tems il faut ajoûter ou retrancher. Il paroît auſſi, ſelon que M. Caſſini l'a encore jugé, que ces Tables ont été faites pour le Meridien de quelque Ville des Indes, puiſqu'elles preſcrivent des opérations pour les réduire au Meridien de Siam.

II. Si l'Aſtronomie a été ſi floriſſante aux Indes, ou du moins ſi elle y a été aſſés connue pour cela, il faut bien qu'il y ait des termes pour s'expliquer en ces matieres. Il y a de l'apparence que ces termes ſont dans la langue ſavante Samaſeroutam ou Grandonique. Car pour le langage Tamoulique qui eſt l'unique que j'aïe appris, on n'y trouve preſque rien. Les Dictionnaires du Pays rapportent cependant les douze ſignes du Zodiaque & leur donnent des noms qui répondent à ceux qu'ils ont en Europe. *Majam* ſignifie Aries, *Rijabam*, Taurus, *Midounam* Gemini, ou à peu près, &c. & cela dans le même ordre que nous d'Occident en Orient.

2°. Les Indiens comptent 27 conſtellations qui ſont répandues parmi les ſignes du Zodiaque. Ils ne font preſque pas mention des étoiles boreales ou auſtrales.

3°. Je trouve le nom de l'Ecliptique qu'ils nomment Orbite du Soleil. Le Dictionnaire y ajoûte, ou comme diviſion, ou comme ſynonyme, mais je croi que c'eſt comme diviſion, l'orbite d'Aries, l'orbite du Taureau, l'orbite de Gemini. Ailleurs expliquant le terme d'orbite d'Aries, il ajoûte l'orbite de Cancer, l'orbite du Lion, l'orbite de Gemini, l'orbite du Taureau. Je ne trouve pas l'explication de l'orbite du Taureau; mais le Dictionnaire expliquant l'orbite de Gemini, il rapporte ſeulement les noms de Caper, Arcitenens, Scorpius, Amphora.

4°. On trouve des termes pour expliquer le mouvement du Soleil du Tropique d'hiver au tropique d'été, & de celui d'été à celui d'hiver; mais il n'en eſt point pour expliquer le mot Tropique, les Indiens se contentent de dire *Uttavaianam*, voïage ou cours vers le Nord; *Tecehauaianam* cours ou voïage vers le Sud.

5°. Ce que je viens de dire marque assés qu'ils n'ignorent pas l'inclinaison de l'Ecliptique; mais je croi qu'ils n'ont eu aucune connoissance de la Sphere armillaire.

6°. Je trouve dans le même Dictionnaire une définition exacte de la nouvelle Lune. C'est, dit le Dictionnaire, la conjonction de la Lune avec le Soleil, de sorte qu'il est étonnant qu'aïant entre les mains une telle définition, ils disent tant d'extravagances pour expliquer les phâses de la Lune; imaginant que cet astre est plein d'ambrosie ou de nectar, & que les Dieux l'y viennent tirer, &c. Mais il est encore bien plus surprenant qu'ils sachent calculer les éclipses, supposant comme ils font, que la Lune est plus éloignée de la Terre que le Soleil. Ce n'est pas seulement le petit peuple qui est dans cette persuasion. Un Brame Ministre de Tanjaor se trouvant en prison avec un de nos anciens Missionnaires, eut de longues conferences avec lui, & souffroit assés patiemment que le Missionnaire refutât l'idolâtrie, & dit tout ce qu'il vouloit contre les Idoles; mais quand il vit que le Missionnaire prétendoit que le Soleil étoit plus éloigné de la Terre que la Lune, il se fâcha tout de bon, & ne voulut plus lui parler.

III. Leur systeme general du monde est très-ridicule. Ils en admettent sept superieurs & sept inferieurs, qu'ils imaginent dans le corps de leur Dieu.

Le systeme de la Terre en particulier n'est pas moins absurde. Ils la representent comme un disque qu'ils distinguent en huit points cardinaux. Chaque point a un Dieu & un Geant pour la garder, & deux Eléphans; un mâle & l'autre femelle.

De

De plus ce monde est soutenu par un grand serpent.

Ils admettent aussi sept grandes Isles ou Continents, sept mers, une d'eau douce, une d'eau salée, une troisiéme de vin, une quatriême de laict, une cinquiême de laict caillé, & autres semblables absurdités.

Ils admettent encore huit grandes montagnes, sept grands fleuves, & pour tout cela ils ont des termes en abondance.

Au reste leurs Savans, s'il y en a, sont fort jaloux de leur science, & ne la communiquent que le moins qu'ils peuvent.

Le R. P. Bouchet prétend que les Indiens distinguent comme nous l'Ecliptique* & tout autre Cercle en 360 degrez, & chaque degré en 60 minutes. Je suis fâché de ne pouvoir être de son sentiment en cela. *Lettre du R. P. N... au P. E. Souciet du* 28. *Sept.* 1727.

Reflexions sur ces Remarques.

I. QUand le Dictionnaire Indien après avoir défini l'Ecliptique, l'*Orbite du Soleil*, ajoute *Orbite d'Aries, Orbite du Taureau*, &c. ce n'est, à mon sens, ni comme division, ni comme synonymes qu'il fait ces additions. Le signe d'Aries, le signe du Taureau, &c. pourroit convenir à l'Ecliptique comme division, mais l'orbite d'Aries, l'orbite du Taureau, l'orbite de Gemini ne peut convenir à ce cercle en aucun de ces deux sens. Ce sont donc purement des exemples par lesquels l'Auteur du Dictionnaire prouve l'usage. Cet Auteur ne fait point l'Astronome, il ne fait que le Grammairien. Pour montrer que sa définition est d'un usage reçû dans la Langue, il en apporte des exemples, *l'Orbite d'Aries, l'Orbite du Taureau, l'Orbite de Gemini*, &c. C'est ainsi que nos Dictionnaires au mot *Orbite* apportent pour exemples l'*Orbite du Soleil*, l'*Orbite de la Terre*, l'*Orbite des Planétes*. Diction. de Trévoux.

On dira peut-être que les Indiens, ou du moins l'Auteur du Dictionnaire n'étoit point assés habile, ni assés exact pour n'avoir point confondu des choses fort differentes. Mais il me semble qu'on ne peut attribuer cette faute à cet Auteur, & qu'il y a dans son Dictionnaire même une preuve qu'il n'a point eu dans l'esprit d'autre sens que celui que je lui donne, & qu'il n'a prétendu qu'apporter des exemples. En effet, 1°. en parlant de l'Ecliptique, il ne rapporte pas toutes les parties de l'Ecliptique, il en nomme seulement trois, *Orbite d'Aries, Orbite du Taureau, Orbite de Gemini*, il n'a donc pas voulu en donner la division. 2°. Mais ce qui est plus positif, c'est qu'ailleurs expliquant le terme d'*Orbite d'Aries*, il ajoûte *l'Orbite du Cancer, l'Orbite du Lion, l'Orbite de Gemini, l'Orbite du Taureau*, ou deux choses montrent que ce sont-là simplement des exemples, & non une division. La premiere est qu'il ne garde point l'ordre des parties ou des signes, ce que la division demanderoit. La seconde est que l'Orbite du Cancer, l'Orbite du Lion, l'Orbite de Gemini, l'Orbite du Taureau, ne peuvent être ni division ni synonymes de l'Orbite d'Aries. Ce ne peut être que des exemples que cet Auteur apporte en Grammairien pour prouver l'usage, & montrer qu'on dit *Orbite d'Aries*, comme on dit Orbite de Cancer, Orbite du Lion, &c. & je croi que c'est aussi ce que le R. P. N*** entend par *synonymes*.

II. Je ne voi rien dans ces Remarques qui prouve absolument que les Indiens connoissent l'obliquité de l'Ecliptique. L'on a connu long-tems le mouvement du Soleil, & par conséquent son orbite; l'on a même calculé des éclipses sans connoître l'obliquité de cette orbite, au moins à nous en tenir à ce que l'Antiquité nous apprend. Thales au rapport d'Herodote L. I. & de Pline L. II. C. XII. ou Section IX. Thalès, dis-je, l'année 4e de la XLVIII. Olympiade prédit l'éclipse de Soleil qui arriva sous le regne d'Alyattes Roi des Lydiens, & qui sépara son armée & celle de Cyaxares Roi des Médes au fort d'un combat. *Apud Græcos investigavit primus omnium*, (rationem defectus Solis & Lunæ) *Thales Milesius, Olympiadis* XLVIII. *anno* 4°, *prædicto solis defectu, qui Alyatte Rege factus est V. C. anno* CLXX. Cependant ceux qui placent le plûtôt la découverte de l'obliquité de l'Ecliptique, ne l'attribuent qu'à Anaximandre disciple de Thalès, & disent qu'il ne la trouva que dans la LVIII. Olympiade, & par conséquent 40 ans au moins après l'éclipse prédite par son maître, & après sa mort, car il mourut la premiere année de cette Olympiade LVIII. Plin. L. II. C. VIII. ou Sect. VI. *Obliquitatem ejus* (signiferi) *intellexisse hoc est rerum fores aperuisse Anaximander Milesius traditur primus Olympiade* LVIII. D'autres n'attribuent même cette découverte qu'à Pithagore, ou même à Oenopides plus récens l'un & l'autre qu'Anaximandre.

III. Mais il paroît évidemment par là que les Indiens attribuent le mouvement au Soleil & non à la Terre.

IV. Il semble encore par ce qu'on a dit du Dictionnaire Indien, que ces peuples aient connoissance du mouvement des fixes, puisqu'ils leur donnent des Orbites comme au Soleil, & qu'ils disent l'Orbite d'Aries, l'Orbite de Taurus, &c.

OBSERVATIONS DU SOLEIL.

OBSERVATIONS des hauteurs Méridiennes du ☉.

I.

1711. 16. Sept. LEs Pères Jartoux & Fredeli Jésuites, & le P. Bonjour Augustin observerent à Hami, autrement Camoul, à l'Orient du Chensi avec un instrument de plus de deux pieds de rayon le bord supérieur du ☉. de 50°. 22'. 10".

Le P. Jartoux en conclut une latitude de 43°. 51'.

La résolution des triangles donna la longitude de Hami de 5°. plus Ouest que Kia-yu-Koan.

OBSERVATIONS Des hauteurs Méridiennes du Soleil, & autres, faites à Pékin par le P. Gaubil & le P. Jacques de la Compagnie de Jésus, dans la Maison des Jésuites François en 1723.

I. LE 25, 26, 27, 28, 29, & 30. d'Octobre 1723. ayant examiné le mouvement d'une pendule à demi secondes, & ayant trouvé qu'elle avançoit sur le mouvement moyen de 2'. en 24. heures, on la retarda, & par le passage de Phomahan au vertical de la lunette, on s'assura que la pendule ne retardoit par jour sur le mouvement moyen que de 10". au plus. La pendule est de la fabrique du Sr Thuret.

II. On s'est servi d'un quart de cèrcle de 26. pouces de rayon, & l'ayant plusieurs fois verifié, on a toûjours estimé qu'il faisoit les hauteurs trop grandes de 20".

Au mois de Novembre on prit plusieurs jours de suite des hauteurs correspondantes du bord supérieur du Soleil; ayant ainsi connu l'état de l'horloge, on traça une ligne Méridienne. On la vérifia plusieurs fois. On se contente de rapporter la vérification qu'on en fit le 3. Décembre 1723.

HAUTEURS du bord super. du ⊙.	*AVANT-MIDY à l'horloge.*	*APRE'S-MIDY à l'horloge.*
23°. 55'.	10h.20'.3.ou 4".	1h. 44'. 45".
24°. 13. 30".	10h. 23. 48.	1h. 40'. 53".
La 3e. hauteur fut douteuse.		

Quand le centre du Soleil passa par la ligne Méridienne, l'horloge marquoit 12h. 2'. 23. ou 24".

Hauteurs Méridiennes du bord supérieur du ⊙ au mois de Décembre 1723.

1723. Prémier Dècembre. 28°. 39'. 0". Demi-Diametre du ⊙. 16'. 19". hauteur apparente du centre 28°.

22′. 41″. Inſtrument & refraction moins la parallaxe 2′. 17″. Vraïe hauteur du centre du ⊙. 28°. 20′. 24″. ſuppoſant Pékin plus Oriental que Paris de 7h. 37′. Lieu vray du ⊙. 8s. 8°. 28′. 13″. Déclinaiſon Auſtrale 21°. 45′. 27″. Hauteur de l'Equateur 50°. 5′. 51″.

4e. Decembre	28°. 12′. 20″.	Pole	39°. 54′. 1″.
5e.	28. 3.	P.	39. 54. 30.
6e.	27. 56.	P.	39. 54. 31.
8e.	27. 42. 30″.	P.	39. 54. 15.
9e.	27. 35. 50.	P.	39. 54. 25.
17e.	27. 1. 30.	P.	39. 54. 32.
1724. 4e. Janvier	27°. 1′. 40″. haut. du P.		39°. 54′. 7″.
5e.	27e. 8′.	Pole	39. 54. 2.
21. Septembre	51°. 4.		
22e.	50. 40.		
23.	50. 39. & près de 30″.		

On ne rapporte point quantité d'autres hauteurs obſervées, parce qu'il en réſulte toûjours la hauteur du Pole entre 39°. 54′. & 39. 54′. 40″.

1725. Le 20e. Mars, hauteur Méridienne du bord ſupérieur du ⊙. 50°. 10′. 30″.

22e. Mars, hauteur Méridienne du bord ſupérieur du ⊙. 50°. 58′.

Ces deux hauteurs ont été priſes avec un inſtrument de 3. pieds de rayon, qui fait les hauteurs trop grandes de 20. ou 30″.

18e. Septembre. Hauteur Méridienne du bord ſupérieur du ⊙. 51°. 31′.

22e. Septembre. Hauteur Méridienne du bord ſupérieur du ⊙. 50°. 44′.

Tems du paſſage du Soleil par le Méridien 2′. 9″.

23. Septembre, Hauteur Méridienne du bord ſupérieur du ⊙. 50°. 21′.

24. Septembre. Hauteur Méridienne du bord supérieur du ⊙. 49°. 57'.

Temps du passage du ⊙. par le Méridien 2'. 9". à 10".

22. Décembre. Hauteur Méridienne du bord supérieur du ⊙. 26d. 55'.

23. . . 26. 56.

27. Hauteur Méridienne du bord supérieur du ⊙. 26°. 28'.

1726. Mars. Jour. Hauteur Méridienne du bord supérieur du ⊙.

20.	50'. 4'. 30".	douteuses.
21.	28. 32.	

Pour l'E'quinoxe d'Automne 1726.

1726. 16. Septembre. Hauteur Méridienne du bord supérieur du ⊙. 53°. 11'. 0".

22. . . 50. 50. 30.

23. . . . . 50. 27. 0.

Au Gnomon du Tribunal des Mathématiques. Hauteurs du centre du ⊙.

19. Septembre. . . 51°. 44'. 0".

22. Septembre. . . . 50. 32. 55.

Ce Gnomon est de 10. pieds Chinois de hauteur. Sur le rapport que les gens du Tribunal ont fait au P. Kegler de la longueur de l'ombre, le Père a calculé la hauteur du centre du ⊙. La Tour des Mathématiques, c'est-à-dire, l'Observatoire Impérial, où est le Gnomon, est pour le moins $\frac{1}{3}$ de lieuë marine plus Sud que la Maison des Jésuites François où le P. Gaubil a fait les Observations précédentes.

Pour le Solstice d'Hyvèr.

1726. 20. Décembre. Hauteur Méridienne du bord supérieur du ☉. 26°. 56'. 20".

24 . . . 26. 56. 4.

26 . . . 26. 59. exact.

Le quart de Cercle de 26. pouces fait toûjours les hauteurs trop grandes de 20. à 30".

ECLIPSES

ECLIPSES DU SOLEIL.

Eclipses ⊙ sexdecim in historia
& à Patre Ant. Gaubil

Eclipsium ordo.	Tempus veræ ☌.	Locus verus ⊙ & ☾.	Anomalia ⊙ vera.	Anomalia vera ☾	Locus ☊
I. Ex Tabulis De la Hire an. 1702.	Ante Chrif. 2155. Octob. 10^d. compl. 18.^h. 46'. Pekini.	♎ 0°. 24'. 3".	♌ 28°. 7'. 7".	♊ 19°. 53'. 7".	♍ 25°. 24'. 18".
II. Ex Tabulis Riccioli.	Ante Chr. 776. M. Sept. die 5^a. compl. 23^h. 48'. Pekini.	♍ 4°. 53'. 20".	♋ 8°. 12'. 48".	♋ 12°. 51'. 10".	♌ 25°. 58'. 7".
III. Ex Tabulis Riccioli.	Ante Chrif. 720. Febr. 21^d. 22^h. 57'. 38". Caifonfu.	♒ 25°. 59'. 42".	♐ 26°. 29'. 27".	♎ 10°. 10'. 3".	♍ 2°. 27'.

aliiſque veteribus Sinarum Libris notatæ è Soc. Jeſu computatæ.

Latitudo ☾	Eclipſis quantitas.	Lunationũ numerus juxta Sinas.	Diei Nota & Imperat. annus.	Locus Cœli in quo ☉ erat juxta Sinas.	Eclipſium ordo.
26′. 15″. Boreal.	50′.	IXæ. ☾ 1a. die.	Tcheng Kam annus 1.	Non longè à ſtellâ Fang dictâ 2a. ſtella ad auſtrum lucidæ in fronte Scorpii.	I. Ex Tabulis D. De la Hire an. 1702.
47. Boreal.	4. Digit.	Xæ. ☾ 1a die.	Sin Mao. Yeouvam an. 6.		II. Ex Tabulis Riccioli.
35°. Boreal.	8. Digit.	IIa. ☾	Ki Ssu Pim vam an. 51.		III. Ex Tabulis Riccioli.

Eclipsium ordo.	Tempus veræ ☍	Locus verus ☉ & ☾.	Anomalia ☉ vera.	Anomalia vera ☾.	Locus ☊
IV. Ex Tabulis Riccioli.	Ante Chr. 709. Jul. 17d. comp. 3h. 5′. Caifonfu.	♋ 16°. 2′. 38″.	♉ 18°. 12′. 0″.	♏ 5°. 32′. 26″.	♑ 22°. 10′. 19″.
V. Ex Tabulis Riccioli.	Ante Chr. 601. Sept. 19d. com. 2h. 51′. Caifonfu.	♍ 20°. 42′. 47″.	♋ 22°. 39′. 34″.	♎ 17°. 41′. 6″.	♓ 29°. 23′. 47″.
VI. Ex Tabulis Riccioli.	Ante Chr. 549. Jun. 18d. com. 0h. 56′. Caifonfu.	♊ 20°. 19′. 0″.	♈ 20°. 42′. 56″.	♍ 11°. 57′. 1″.	♊ 18°. 31′. 48″.
VII. Ex Tabulis Riccioli.	Ante Chr. 495. Jul. 21d. cõ. 23h. 12′. 30″. Caifonfu.	♋ 21°. 35′. 25″.	♉ 20°. 1′. 19″.	♍ 20°. 6′. 29″.	♋ 22°. 31′. 2″.
VIII. Ex Tabulis Riccioli.	Ante Chr. 382. Jul. 2d. com. 20h. 31′. 44″. Caifonfu.	♋ 4°. 10′. 30″.	♉ 0°. 42′. 31″.	♏ 8°. 35′. 28″.	♊ 27°. 44′. 59″.

Latitudo ☾.	Eclipsis quantitas.	Lunationũ numerus. juxta Sinas.	Diei Nota & Imperat. annus.	Locus Cœli in quo ☉ erat juxta Sinas.	Eclipsium ordo.
31'. 35". Boreal.	Totalis.	VIIæ. ☾ 1a die.	Jin Chin. / Huon Vam ann. 11.		IV. Ex Tabulis Riccioli.
45'. 28". Boreal.	Totalis.	Autumni tempore.	Ka Tſu. / Tim - Vam ann. 6.		V. Ex Tabulis Riccioli.
9'. 10". Boreal.	Totalis cum morà.	VIIæ. ☾ 1a. die.	Kia Tſu. / Lim - Vam ann. 23.		VI. Ex Tabulis Riccioli.
5'. 20". Auſtralis.	4. Digit. 55'.	VIIIæ. ☾ 1a. die.	Keng Chin / Kin vam ann. 25.		VII. Ex Tabulis Riccioli.
33'. 29". Boral.	Totalis.		Ngai vam ann. 20.		VIII. Ex Tabulis Riccioli.

Eclipsium ordo.	Tempus veræ ☍.	Locus verus ☉ & ☾.	Anomalia ☉ vera.	Anomalia vera ☾	Locus ☊
IX. Ex Tabulis Riccioli.	AnteChrist. 198. Aug. 6d. compl. 23h. 24'. 25". Siganfou.	♌ 10°. 23'. 16".	♊ 3°. 44'.	♒ 23°. 19'. 20".	♌ 7°. 9'. 30".
X. Ex Tabulis D. De la Hire.	Anno Chr. 2. Sept. 21d. compl. 22h. 57'. 38". Siganfou.	♏ 29°. 5'. 27".	♍ 19°. 58'. 21".	♐ 10°. 6'.	♏ 22°. 4'. 9".
XI. Ex Tabulis D. De la Hire.	Anno Chr. 31. Maii 8d. compl. 22h. 33'. 28". Caifonfu.	♉ 16°. 0'. 28".	♓ 6°. 24". 19".	♓ 1°. 0'. 14".	♉ 11°. 33'. 16".

Latitudo ☾	Eclipsis quantitas.	Lunationũ numerus juxta Sinas.	Diei Nota & Imperat. annus.	Locus Cœli in quo ☉ erat juxta Sinas.	Eclipsium ordo.
16'. 51". Boreal.	Centralis Annularis.	VIæ. ☾ ultima die.	Y Oui Kaossu ann. 9.	In 13°. Constellationis Tchang, quæ constat 6. stellis, quæ anno 1700. erant inter 18°. ♌ & 14°. ♍	IX. Ex Tabulis Riccioli.
36'. 42". Boreal.	Totalis.	IXæ. ☾ ultima die.	Ou Chin Pim Ti ann. 2.		X. Ex Tabulis D. De la Hire.
23'. 21". Boreal.	Centralis Annularis.	IIIæ. ☾ ultima die.	Kouei Hai. Quam-vou-Ti. anno 7.	In 5°. Constellationis Pei. Stellæ quæ sunt in facie Tauri. Una est Aldebaram.	XI. Ex Tabulis D. De la Hire.

Præter XI. ſolis Eclipſes quarum calculus videtur in ſuperiore Tabula; alias calculo comprobavi quæ fuere in Sinis viſibiles, & de quibus loquuntur libri Sinici.

Iª. *Ex Tabulis Riccioli.*

Ante Chriſtum 181. Mart. 5ᵈ. compl. 0ʰ. 57′. fuit in urbe Siganfu vera ☉ & ☾ ☌ ecliptica.

☉ & ☾	♓ 10°.	28′.	24′.
Anomal. ☉	♑ 3°.	31′.	47″.
Anomal. ☾	♏ 8°.	35′.	2″.
Locus ☊	♍ 16°.	10′.	39″.
Latitud. ☽ Boreal.	30′.		

Eclipſis totalis.

Liber Ouen Tien Ting Kao dicit accidiſſe Eclipſim illam Reginæ Liou Hiou anno 7°.

IIª. *Ex Tabulis Riccioli.*

Ante Chriſtum 2°. anno Febr. 4ᵈ. compl. 19ʰ. 57′. 40″. Siganfu ☉ & ☾ vera ☌ ecliptica.

☉ & ☾ locus verus	♒ 13°.	59′.	22″.
Anomalia ☉	♐ 4°.	57′.	38″.
Anomalia ☾	♋ 21°.	18′.	
☊ locus	♒ 5°.	32′.	41″.
☾ Latitudo Borealis		44′.	22″.

Nguiti anno 5°. Lunæ 1ª. 1ª die. Addit *Ouen Tſien Ting Kao* literas cyclicas *Sin tcheou* quæ conveniunt. Ait ſolem fuiſſe in 10°. conſtellationis *Tche.* Erat quidem ☉ in conſtellatione *Tche*; ſed non fuit in 10°. illius conſtellationis. Si tamen eo tempore conſtellatio *Tche* talis erat, qualis nunc exhibetur in mappis ſeu tabulis.

IIIª.

III^a. *Eclipsis ex Tabulis D. De la Hire. Edit. an.* 1702.

Anno ipso epochæ Christi, seu anno Christi 1°. Junii 8^d. compl. 22^h. 53'. 15". Siganfu ☉ & ☾ ☌ ecliptica.

Locus ☉ & ☾	♊	15°'	51'.	0".
Anomalia ☉	♈	6.	45.	51.
Anomalia ☾	☊	16.	44.	0.
☋	♐	22.	10.	50.
Latitudo Lunæ Borealis			39.	22.

Eclipsim illam retulit P. Couplet anno ante epocham Christi Luna 5^a.

Ouen Tsien Tang Kao ait : Imperatoris *Pin Ti* anno 1°. Lunæ v^æ. 1^a. die ☉ Eclipsis. Literas dici scribit *Ting sse*, quæ litteræ reipsa in diem eclipsis cadunt.

Addit Auctor Sina ☉ fuisse in constellatione quæ in mappis Sinicis septem stellas habet in pedibus & cruribus Geminorum sitas, quarum occidentalior erat anno 1700. in ♋ 0°. 30'. orientalior. in ♋ 13°. 30'.

IV^a. *Eclipsis ex iisdem Tabulis D. De la Hire.*

Anno Christi 65. Decembris 14^d. compl. 22^h. 35'. 27". Caifonfu ☉ & ☾ ☌ ecliptica.

Verus locus ☉ & ☾	♐	23°.	16'.	0".
Anomalia ☉	♎	13.	4.	25.
Anomalia ☾	♏	9.	0.	47.
Locus ☊	♋	2.	13.	15.
Latitudo ☽ Borealis			47.	7.

P. Couplet scribit annum illum fuisse 8. Imperatoris *Mim Ti*, à quo in Occidentem Legati missi sunt, ut inde sanctum virum, & sanctam legem adportarent. Reduces Legati invexêre in Sinas sectam Foë & ipsius dogmata anno post Christum 65°. Ait Luna 10^a. eclipsim Solis fuisse.

Liber *Ouen Tſien Tang Kao* ait: Anno 8°. *Mim Ti* Lunæ x^{a}. ultimâ die ☉ eclipſis. Literæ cyclicæ diei, quas notat *Jin yn*, conveniunt.

Idem ait ☉ fuiſſe in 11°. conſtellationis *Hou.*

Quæ conſtellatio anno 1700. in mappis Sinicis, inter 3°. & 20°. Capricorni continebatur; adeoque anno Chriſti 65. gradus illius 11. erat prope locum in quo ex calculo ☉ Solem reperimus.

V^{a}. *Eclipſis ex Tabulis D. De la Hire.*

Anno Chriſti 638. Mart. 20^{d}. compl. 5^{h}. 46'. 10". Caifonfu. Vera ☉ & ☽ ☌ ecliptica.

Verus ☉ & ☽ locus	♈	3°.	1'.	4".
Anomalia ☉	♑	13.	2.	45.
Anomalia ☽	♊	12.	35.	11.
☊	♎	3.	52.	37.
Latitudo ☽ Borealis			4.	34.

P. Couplet hunc annum ait eſſe Imperatoris *Tai Tſong* 12um. Addit hoc anno eumdem Imperatorem edicto publico laudaſſe & permiſiſſe Chriſtianam Religionem: eodem edicto dediſſe Epiſcopo & Præconibus ſanctæ Religionis facultatem conſtruendi templa vero Deo. Cætera qui ſcire voluerit, conſulat Chenſi Provinciæ monumentum & hiſtoriam Patris Couplet.

Liber *Ouen Hien Tong Kao* ait: Anno XII. *Taitſong* Luna 2^{a}. intercalari ☉ Eclipſis. Dies erat *Keng Chin*: Literæ cadunt in diem eclipſis. Annus habuit 13. ☌. ☉ erat in 9°. conſtellationis Sinicæ, quæ conſtellatio eſt in brachio & capite Andromedæ, eratque anno 1700. inter 12°. & 26°. ♈

Jam ut intelligantur temporis notæ in ſuperioribus eclipſibus conſignatæ & ex Auctoribus Sinis deſumptæ, cognoſcatur oportet cyclus Sinarum duplex, alter annorum, dierum alter, uterque ſexagenarius, & iiſdem literis ac nominibus inſignis.

Cyclus 6°. dierum apud Sinas, itemque annorum 60.

1. Kia Tſu	11. Kia Siu	21. Kia Chin	31. Kia Ou	41. Kia Chin	51. Kia Yn
2. Y Tcheou	12. Y Hai	22. Y Yeou	32. Y Ouei	42. Y Tſu	52. Y Mao
3. Ping In	13. Ping Tſu	23. Ping Siu	33. Ping Chin	43. Ping Ou	53. Ping Chin
4. Ting Mao	14. Ting Tcheou	24. Ting Hai	34. Ting Yeou	44. Ting Oui	54. Ting Tſu
5. Ou Chin	15. Ou Yn	25. Ou Tsu	35. Ou Siu	45. Ou Chin	55. Oú Où
6. Ki Ssu	16. Ki Mao	26. Ki Tcheou	36. Ki Hai	46. Ki Yeou	56. Ki Oui
7. Keng Ou	17. Keng Chin	27. Keng Yn	37. Keng Tſu	47. Keng Siu	57. Keng Chin
8. Sin Oui	18. Sin Tsu	28. Sin Mao	38. Sin Tcheou	48. Sin Hai	58. Sin Yeou
9. Jin Chin	19. Jin Ou	29. Jin Chin	39. Jin Yn	49. Jin Ssu	59. Jin Siú
10. Kouei Yeou	20. Kouei Oui	30. Kouei Tſou	40. Kouei Mao	50. Kouei Tcheou	60. Kouei Hai

De Cyclo illo annorum & dierum apud Sinas.

Suum cuique anno, cuique diei apud Sinas nomen est duobus characteribus expressum.

Characteres illi vocantur Literæ Cyclicæ. 60. annorum revolutio dicitur Cyclus annorum. Similiter 60. dierum revolutio dicitur Cyclus dierum. *Kia Tsu* est primus dies, primus annus; *Y Tcheou* secundus; *Ping In* tertius, & sic deinceps; postque 60. annos vel 60. dies iterum reditur ad *Kia Tsu*, seu annus iterum vel dies *Kia tsu* dicitur. Porrò à media nocte dies incipit, & à media nocte ad mediam noctem dies unus est.

Cycli in quo sumus (1723.) annus vocatur *Kouei Mao.* Et Cyclus est 74us. Dies 16us. Augusti, qui est 16us. Lunæ septimæ; dies, inquam, ille vocatur *Kouei tsu.*

His præmissis dies quo accidit 2^a^. eclipsis vocatur *Sin mao* quemadmodum videri potest superiùs in tabula, columnâ nonâ. Ut inveniam utrùm revera in diem quo ex calculo eclipsis contigit, cadant literæ Cyclicæ *Sin mao*; numero dies Julianos transactos à die 16° Augusti anni 1723. ad annum ante Christum 776. Septembris diem completum 5. 16^{h}. 48′. Bononiæ, seu 23^{h}. & 48′. Caifonfou.

Reperio habitâ ratione correctionis Gregorianæ transactos fuisse 2496. annos Julianos, 698. dies item Julianos. Reduco 2496. annos Julianos in dies Julianos; summam deinde divido in 60. reperio post divisionem unum dumtaxat diem superesse; quapropter numerato uno die ante *Kouei Tsu* invenio *Sin mao.* Unde veritas calculi firmat observationem, & Historiæ Sinicæ in observatione referenda veritatem.

Præterea ab anno 1723. ad annum ante Christum 776. numerantur anni Juliani completi 2497. qui si per 60. dividantur, 37. supersunt. Porrò ex *Kouei mao* numerando retrorsum post 37. litteras annorum completas, invenio litteras cyclicas *Y tcheou*, secundi in cyclo anni indices. Atque inde colligo annum 776. ante Christum, fuisse cycli Sinensis secundum. Consulo Chronologiam P. Couplet aut alteram, invenio anno cycli 2°. decimâ Lunâ fuisse eclipsim solis.

Jam Cyclus anni 776. ante Christum erat 33us. unde si dividas annos 2497. per numerum 60. videbis facilè quot Cycli elapsi fuerint ; nimirum unus & quadraginta cum annis 37. quadragesimi secundi. Sin autem

ad	41.
adjungas	33.
confient Cycli	74.

Proindeque anno Christi 1723. Cyclum agimus Sinicum 74. ut dicebam suprà.

NOTÆ.

I. Si annus ante Christum 776us. Cycli XXXIII secundus fuit, annus Christi 1us. fuit Cycli Sinensis XLVi. annus 55us.

Atque inde consequens est initium illius æræ, seu Cycli I. Sinensis annum primum incidere in annum ante Christum 2695. qui, autore me, fuit mundi 1325. Primum enim Christi annum Mundi 4020um. esse arbitror.

Sin autem æra Sinensis cœpit anno mundi 1325. cœpit 330. ante diluvium qui anno mundi contigit 1656. ante Christum 2365.

II. Dans une Lettre du 20 Octobre 1723. le P. Gaubil me dit que le P. Adam Schal a autrefois calculé & vérifié l'Eclipse de *Tchong Kam* 2155. ans avant J. C. c'est la prémière des onze qui sont marquées dans la Table cy-dessus pag. 18. avec le calcul qu'en a fait le Pere Gaubil. Celui du P. Schal se voit dans un Livre Chinois appellé Con, Kin, Kiao, Tche, Kao ; c'est-à-dire, *Antiquarum Novarum conjunctionum Eclipticarum examen.* Il ajoûte que cette Eclipse a encore été nouvellement vérifiée & calculée par les RR. PP. Slavisek & Kegler Allemands. Ainsi, ajoute-t-il, quand mon calcul ne seroit pas juste, les autres sont trop habiles pour s'être trompés dans cette matière. Mais puisque son calcul s'accorde avec les leurs, comment s'y seroit-il trompé lui-même? Il n'est pas possible que quatre aussi habiles Astronomes concourent à trouver cette Eclipse au temps que l'Histoire Chinoise la marque, si elle n'étoit pas vraye.

III. Le P. Gaubil ajoûte encore qu'il a eu principalement en vûe de vérifier la réalité de ces anciennes Eclipses; que pour ce qui regarde la quantité, c'est-à-dire la grandeur de l'Eclipse, il croit s'être trompé dans quelques-unes.

IV. Ayant demandé au P. Gaubil quels étoient les Auteurs & les Livres Chinois d'où il avoit tiré ces Eclipses, voici ce qu'il me répondit les années suivantes.

L'Obsèrvation de l'Eclipse du ☉ de l'an 2155. avant J. C. est dans le Chouking, comme assurent unanimement les Intèrprétes depuis plus de 100. ans avant J. C. jusqu'à nos tems. Cette éclipse fut assez mal calculée du temps des Han avant J. C. dont l'Astronomie cite cette Eclipse. Elle est dans le texte de l'Histoire Chinoise la plus ancienne qu'on ait.

L'Eclipse de 776. ans avant J. C. est dans le texte du Chiking, dans l'Astronomie des Han, & dans le texte de l'Histoire.

Les Obsèrvations de Tchantsieou sont dans ce Livre & dans les Commentaires faits par des Auteurs fort près du temps de Confucius. La plûpart de ces Eclipses sont encore dans le texte de l'Histoire Chinoise.

Les Eclipses du Chouking, du Chiking & du Tchantsieou sont calculées dans les Astronomies des Dynasties Tang & Yuen, Astronomies faites sûrement du temps de ces Dynasties.

Pour toutes les autres Obsèrvations, elles sont tirées

des textes de l'Histoire faite du tems même des Dynasties sous lesquelles sont rapportées les Obsèrvations. Elles sont encore dans les Astronomies faites aussi du temps de ces Dynasties, & tout cela est dans la grande Histoire Chinoise dite *Nien y sse*, dont on a, si je ne me trompe, un exemplaire à la Bibliothéque du Roy.

Je me suis assûré des tèrmes de l'Astronomie Chinoise ; j'ai sçû cèrtainement les formes de l'année, & j'ai connu sûrement les Cycles d'années & de jours des Chinois : j'ai trouvé quantité d'Obsèrvations correspondantes à celles d'Europe & d'Asie. J'ai vérifié par le calcul beaucoup d'Obsèrvations, & j'ai fait voir que c'étoient des Obsèrvations, & non des calculs faits après coup, au moins pour la plûpart. Que faut-il davantage pour vérifier une époque, & qu'ont fait de plus ceux qui ont employé les Eclipses rapportées par Hérodote, Thucidide, Plutarque, Dion, &c. *P. Gaubil, Lettre au P. E. Souciet de Pékin le 9. Nov. 1725.*

Le 24. *Septembre* 1718. *Eclipse du* ☉.

L'Observation ne put être faite à Pékin à cause des nuages.

Obsèrvation de l'Eclipse du Soleil du 19. Février 1719. faite à Pékin par le P. Kegler Jésuite Allemand Président du Tribunal des Mathématiques.

1719. 19. Février.	Commencement de l'Eclipse à Pekin	2h.	38'.	30".
	1. doigt	2.	45.	30.
	3. doigts	3.	2.	0.
	6. doigts	3.	31.	0.

Eclipse du ☉ du 4. Aoust 1720. obsérvée à Pékin par le même P. Kegler.

1720. 4. Aoust.	Commencement à	10^h.	43′. 0″. matin.
	6 doigts	11.	46.
	Milieu de l'Eclip. 7. doigts 15′.	12.	13.
	6. doigts	12.	41.
	Fin de l'Eclipse.	1.	42.

Ces Eclipses obsérvées par le P. Kegler sont conformes aux Obsérvations faites par les Jésuites François dans leur Maison.

Type de l'Eclipse du ☉ du 5. Septembre 1727. calculée par le R. P. Kegler. Voyez la planche cy-jointe.

Le R. P. Kegler avoit fait dans le plus grand détail & la dèrnière exactitude les calculs nécessaires pour tracer ce type de l'Eclipse, mais le Dessinateur Chinois qui l'a tracé, n'a pû parvenir à la même précision. C'est sur le dessein de ce Chinois, éleve du P. Kegler, qu'on a fait graver la planche que l'on donne icy. Le R. P. de Rebéque, si connu par les excellentes Dissèrtations Astronomiques qu'il m'envoye de temps en tems, & que je fais insérer dans les Journaux de Trévoux, a reçû ce dessein de la Chine, & a bien voulu me le communiquer pour l'insérer icy.

Le R. P. Kegler n'a point marqué en particulier dans ce type les Pays, les lieux, les Fleuves que l'ombre de la Lune parcourera, parce qu'il a jugé avec raison que cela étoit inutile, & qu'il suffisoit outre la longitude & la latitude, de marquer les rivages des Mèrs, ou les

tèrmes

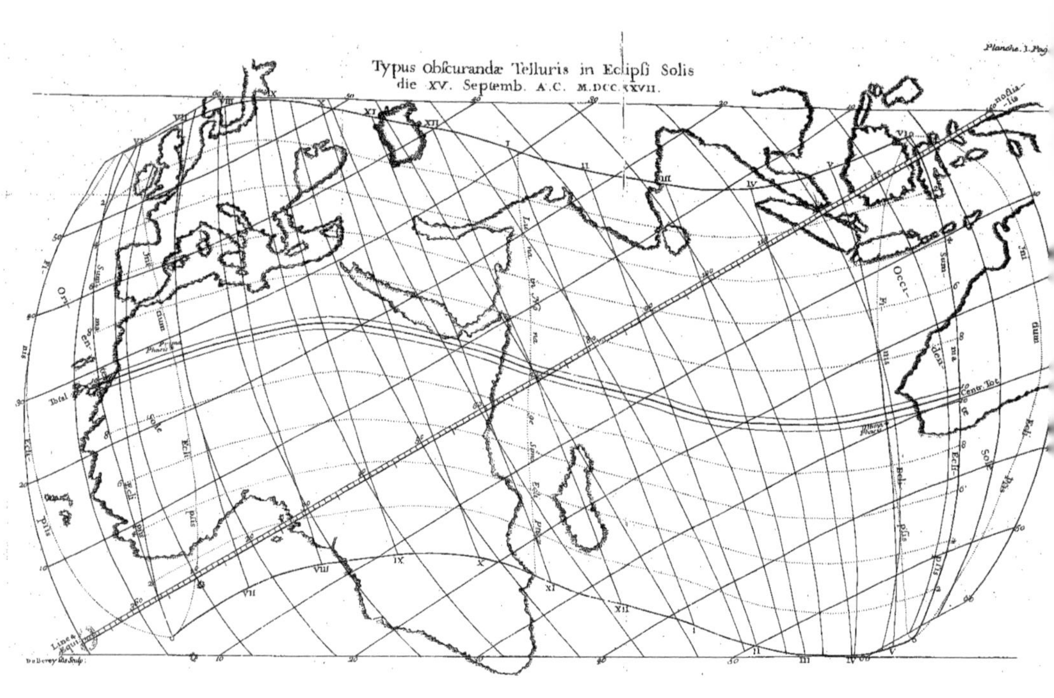
Typus Obscurandæ Telluris in Eclipsi Solis
die XV. Septemb. A.C. M.DCC.XXVII.
Planche. 1. Pag.

termes des différens Continents sur lesquels l'Eclipse devoit passer, de la même manière que M. Manfrédi l'a fait dans ses Ephémérides.

Dans la division des doigts on a suivi l'usage des Chinois, qui est de les diviser en parties décimales, & on l'a suivi d'autant plus volontiers, qu'on l'a crû plus commode que l'usage d'Europe, où les divisions se font en partie duodécimales.

OBSERVATIONS
DES TACHES DU SOLEIL
par le P. Gaubil.

1725. 1er May. A 11h ½. du matin, je vis une tache dans le Soleil. J'estimai qu'elle étoit éloignée du bord Oriental de 6'. Le mauvais temps empêcha d'observer.

4e. May avant midy, je vis la tache, mais je ne pus faire aucune Observation exacte.

6e. May. La tache à midy est au centre des fils.

12h. 1'. 4". bord Oriental du ☉ au prémier fil oblique.

12h. 1'. 15". Ce bord arrive à l'horaire. L'Observation me parut douteuse.

7e. May à midi. La tache du ☉ au centre des fils.

12h. 1'. 1". Bord Oriental du ☉ à l'Oblique.

12h. 1'. 34". Ce bord à l'horaire.

8e. & 9e. May je vis encore la tache, mais rien d'exact dans l'Observation que j'en fis.

10e. May à midy. Je vis la tache éloignée du bord occidental de près de 2′.

26e. May. Nous vîmes deux taches dans le ☉ en cette ſituation  Le centre de ces taches étoit éloigné du bord Oriental du ☉ de 2′. 30″. à 5^{h}. $\frac{1}{2}$ du ſoir.

28e. May. La plus groſſe tache fût 2″. 30‴. à paſſer par le Méridien. Elle paroiſſoit plus Occidentale que la petite de près de 45″. Elle étoit plus Occidentale que le bord du ☉ de 29″. de temps, & plus Boreale que le bord méridional de 13′. 32″.

5e. Juin je ne vis aucune tache.

OBSERVATIONS DE LA LUNE

Obſervations des Eclipſes de ☾ faites par les Jeſuites qui ſont à la Chine.

Eclipſe de ☾ obſervée à Leangtcheou Ville du Chenſi en 1708. le 30. Septembre par les PP. Régis & Jartoux.

1708. 30. Sept. Commencement de l'Eclipſe . . . 2h. 49'. 30".

La pluye empêcha d'obſerver le reſte de l'Eclipſe. Les Pères Régis & Jartoux avoient une bonne pendule.

La latitude de Leangtcheou eſt	37°.	59'.
Cette Ville eſt plus Occidentale que Peking de	13°.	43'. ou 56'.

Eclipſe de ☾ obſervée à Péking le 14. Février 1710. par le P. Régis.

1710. 14e. Févr.	Commenc. de l'Eclipſe	4h.	42'.
	Milieu de l'Eclipſe	6.	30.

Eclipse de ☾ du 3. Février 1711. obsèrvée à Péking par le P. Jartoux de la C. de J.

1711. 3. Févr.	Commencement de l'Eclipse	6^h.14'. 0".
	Immersion totale	7. 15. 30.
	Recouvrement de la lumière	8. 53. 30.
	Fin de l'Eclipse	9. 55. 0.
	L'ombre au milieu de Tycho	6. 46. 15.
	L'ombre hors de Tycho	8. 13. 6.
	Durée de l'Eclipse	3. 41. 0.
	Milieu de l'Eclipse	11. 44. 30.

L'Obsèrvation fut êxacte.

Eclipse de ☾ la nuit du 29. au 30. Juillet 1711. obsèrvée par le P. Régis à Tchou-Tching ville du 3e. Ordre dans le Chantong.

Latitude	35°. 55'.			
Longitude	3. 30.	est de Péking.		
1711. 30. Juill. Commenc. de l'Eclipse	0^h.	4'.	6".
Demi diamétre éclipsé	0.	34.	1.
Immèrsion totale	1.	5.	54.
Commenc. de l'émèrsion	2.	32.	20.
Fin de l'Eclipse	3.	38.	28.
Durée de l'Eclipse	3^h.	34'.	22".
Milieu de l'Eclipse	1.	51.	6.

Le P. Régis avoit une bonne pendule corrigée, & une lunette de 7. pieds. Je crois qu'on prit la pénombre pour l'ombre au commencement & à la fin de l'Eclipse.

Par plusieurs phâses de cette même Eclipse, le P. Parennin conclut le milieu de l'Eclipse à Gého où il étoit alors à la suite de l'Empereur; il en conclud, dis-je, le milieu de l'Eclipse à 1^h. 44'. 45".

Le P. Parennin avoit un quart de cèrcle, & une montre à minutes bien corrigée.

Gého eſt une ville de la Tartarie Orientale.

Latitude	41°. 6′.	
Longitude	1. 30.	eſt de Péking.

Obsèrvation de l'Eclipſe de ☾ la nuit du 23. au 24. Janvier 1712. par le P. Régis à Péking: la pendule corrigée.

1712. 23. Janv.	Commencement de l'Eclipſe	2^{h}.	21′.
	Milieu	3.	31.
	Fin de l'Eclipſe	4.	28.

Obsèrvation de l'Eclipſe de ☾ du 21. Septembre 1717. faite par le P. Slaviſeck Jeſuite Alleman à Gého, dont la longitude & latitude ſont marquées cy-deſſus.

1717. 21. Septemb.	Commencement de l'Eclipſe	12^{h}.	28′.
	Milieu 7. doigts 33′.	13.	55.
	5. doigts	14.	39.
	2. doigts	15.	6.
	Fin de l'Eclipſe	15.	22.

La même Eclipſe obsèrvée à Péking au Tribunal des Mathématiques, par le P. Kegler Préſident de ce Tribunal.

1717. 21. Sept.	Commencement près de Schikard	0^{h}. 25′. 0″.
	L'ombre à Grimaldus	47.
	à Copernic & Langren	1. 27.

Emersion de Bullialdus	2.	32.
de Ticho entier	2.	50.
de Petavius	3.	12.
Fin de l'Eclipse	3.	16.

Les Jesuites François firent la même Obsèrvation dans leur Maison.

Eclipse de ☾ du 16. Mars 1718.*obsèrvée par le même P. Kegler.*

1718. 16. Mars.	Commencement près de Cevallerius	9h.	47'.	7".
	L'ombre à Gassendus.	9.	58.	30.
	à Eratosthénes	10.	10.	30.
	à Ticho	10.	12.	45.
	Immèrsion totale	10.	43.	25.
	Emèrsion de Grimaldus	0.	26.	30.
	d'Aristarchus	0.	30.	20.
	de Copernic	0.	41.	10.
	Tout Tycho	0.	49.	0.
	Tout Mare crisium	1.	15.	0.
	Petavius	1.	16.	10.
	Fin de l'Eclipse	1.	19.	40.

Obsèrvation de l'Eclipse de ☾ du 10. *Septembre* 1718.*faite à Péking.*

1718. 10. Sept.	Commencement de l'Eclipse			
	P. Kegler	1h.	42'.	30".
	Un Jésuite François	1.	43'.	20".

La pluye empêcha d'obsèrver autre chôse.

Eclipse de ☾ du 19. Février 1719. observée à Péking par le P. Kegler.

1719. 19ᵉ. Févr. matin.	Commencement de l'Eclipse	2h. 38'. 30".
	6. doigts éclipsés	3. 31. 0.

Eclipse de ☾ observée à Canton le 30. Aoust 1719. Je ne sçai ni l'Observateur, ni la manière de l'Observation.

1719. 30ᵉ. Aoust.	Commencement de l'Eclipse	2h. 52'.
	Fin de l'Eclipse	5. 12.

Doigts éclipses 3 ½.

Cette éclipse fut encore observée dans la Capitale de la Cochinchine appellée Sinoah, mais l'Observation est trop peu exacte pour être envoyée.

Eclipse de ☾ du 4. Aoust 1720. observée à Péking.

Par le P. Kegler.		Par les Jésuites François.	
Commencement	10h. 43'.		
6. doigts	11. 46.		
7. doigts 15'. Milieu de l'Eclipse	12h. 13'.	1ᵉ. phase 6. doigts	11h. 47'.
		Milieu	12h. 12.
6. doigts	12h. 41'.		
Fin	1. 42.	Fin	1h. 43.

Les temps marqués dans les 12. éclipfes précédentes font les temps des pendules corrigées.

Obsèrvation de l'Eclipfe de ☾ du 2. Janvier 1722. par le P. Kegler à Péking dans l'Obsèrvatoire Impérial.

1722. 2e. Janv. après midy. Commenc. de l'Eclipfe

	près d'Hevelius	8^{h}.	19'.
L'ombre	à Ariftarque	8.	25.
	à Kepler	8.	27.
	à Mare humorum	8.	29.
	à Pitheas	8.	32.
	à Schillerus	8.	33.
	à Copernicus	8.	35.
	à Timocharis	8.	40.
	à Sinus æftuum	8.	42.
	à Platon	8.	45.
	à Tycho	8.	47.
	à Manilius	8.	53.
	à Menelaus	8.	56.
	à Sofigenes	8.	57.
	à Plinius	9.	0.
	à Pofidonius	9.	2.
	à Beda	9.	5.
	à Fracaftor	9.	7.
	à Palus Somni	9.	9.
	à Taruntius	9.	11.
	à Mare Crifium	9.	12.
	à Langrenus	9.	16.
Tout Mare Crifium dans l'ombre		9.	17.

Immerfion

Immérsion totale près du nœud Occidental	9h.	22'.
Recouvrement de la lumière près du nœud Oriental	11.	12.
L'ombre quitte Grimaldus	11.	14.
Ariſtarque	11.	17.
Kepler	11.	21.
Gaſſendi	11.	23.
Platon & Copernic	11.	32.
Archimedes	11.	33.
La partie Orientale du Sin. æſtuum	11.	37.
Tycho	11.	40.
Ariſtoteles	11.	43.
Manilius	11.	45.
Menelaus	11.	49.
Poſidonius	11.	52.
Hiſpatius	11.	57.
S. Theophilus	12.	2.
Taruntius	12.	3.
Mare Criſium	12.	10.
La ☾ alors culminant étoit élevée de		73.
L'ombre quitte Langrenus	12.	12.
Fin de l'Eclipſe vis-à-vis de Langrenus	12.	15.
La chévre culmina à	10.	4.
Et la prémière étoile du baudrier d'Orion à	10.	26.

Obſervation de la même Eclipſe faite au College des Jéſuites de Péking.

1722. 2e. Janvier après midy. Commencement de l'Eclipſe	8h.	20'.

Immèrſion totale	9h.	25'.
Recouvrement de la lumière	11.	12.
Fin de l'Eclipſe	12.	18.

Différence de ces deux Obsèrvations pour le commencement de l'Eclipſe 1'.

Pour l'immèrſion totale	3.
Pour le recouvrement de la lumière	0.
Pour la fin de l'Eclipſe	3.

Le P. Kegler attribue cette différence aux yeux des différens Obsèrvateurs. Son horloge fut corrigée ſur les hauteurs & les culminations des étoiles fixes obsèrvées pendant l'Eclipſe même. Il avèrtit auſſi que pendant l'Obsèrvation qu'il faiſoit à l'Obsèrvatoire Impérial, il y avoit tant de monde, qu'il fût difficile de maquer exactement les minutes, & impoſſible de marquer les ſecondes.

Réfléxions du P. de Rebéque de la C. de Jéſus ſur cette Eclipſe.

L'Obsèrvation de cette Eclipſe faite à Péking mérite l'attention des Aſtronomes. On avoit jugé qu'elle ne ſeroit point viſible à Paris. Cependant par le calcul que j'en avois fait au Caſteau-Cambreſis, on y devoit voir pendant trois quarts d'heure la fin de cette Eclipſe. Car ſelon moy elle y devoit commencer après midy

à	0h.	47'.	56".
& finir à	4.	46.	36.

Commencement de l'Eclipſe au Caſteau	0h.	47.	56.
Immèrſion totale	1.	53.	58.

E'mèrsion . . .	3h.	40'.	34".
Fin de l'Eclipse . .	4.	46.	36.

L'Obsèrvation faite à Péking au Collége des Jésuites, montre que mon calcul est juste, & que l'Eclipse devoit être vûë à Casteau-Cambresis & à Paris. Car pour avoir, selon mon calcul l'heure que cette Eclipse devoit commencer à Péking, il n'y a qu'à ajouter au calcul que j'ay fait pour le Casteau-Cambresis 7h. 32'. 6". pour la différence des Méridiens.; car on la trouve marquée dans la connoissance des Temps & dans l'E'tat du Ciel, entre Paris & Péking sur le pied de 7h. 37'. 6". & comme mon calcul est fait pour un lieu plus Oriental que Paris de 5'. il faut les soustraire de cette différence. Ainsi

Commencement de l'Eclipse à Péking selon l'Obsèrvation	8h.	20'.	
Selon mon calcul	8.	20.	2".
Commencement de l'immèrsion totale selon l'Obsèrvation	9.	25.	
Selon mon calcul	9.	26.	4.
Commencement de l'émèrsion selon l'Obsèrvation	11.	12.	
Selon mon calcul	11.	12.	40.
Fin de l'Eclipse selon l'Obsèrvation	12.	18.	
Selon mon calcul	12.	18.	42.

On voit de quelle manière mon calcul répond à l'Obsèrvation, tant pour le commencement, que pour la fin & la durée de l'Eclipse. Il est évident par cette Obsèrvation que l'Eclipse a dû finir à Paris à 4h. 41'. après midy. Car si l'on ajoute 7h. 37'. 6". pour la différence des Méridiens, on aura 12h. 18'. 6". pour l'heure à laquelle cette Eclipse a fini à Péking. Or comme la Lune le 2. Janvier 1722. se levoit à Paris à 4h. 7'. après midy, si le temps avoit été serain, on y auroit pû voir cette Eclipse pendant 34. minutes.

Entre les deux Obsèrvations faites à PÉKING, j'ai choisi la seconde, qui s'accorde plus justement avec mon calcul, parce que la prémière, à raison de la foule des Obsèrvateurs, ne s'est pas faite avec toute la justesse qui seroit à desirer.

Obsèrvation de l'Eclipse de ☾ du 22. Décembre 1722. faite par le P. Slavisek de la Comp. de Jésus à Kieoukiang ville du prémier Ordre dans le Kiang-Si.

1722. 22. Décembre. L'ombre au bord inférieur de Copèrnic à	10h.	50′	0″.
Immèrsion de S. Denys	11.	5.	30.
L'ombre au bord supér. de Grimaldi	11.	20.	
E'mèrsion de S. Denys	11.	34.	
Fin de l'Eclipse	12.	35.	

Obsèrvation de l'Eclipse de ☾ du 22. Décemb. 1722. à Canton par le P. Gaubil & le P. Jacques.

Le 22. Décembre 1722. le P. Jacques & moy nous obsèrvâmes à minuit & 31′. la fin d'une Eclipse de Lune. Les nuages nous ont empêché d'obsèrver le commencement, & nous ne sommes pas sûrs au juste du temps de l'immèrsion & de l'émèrsion de plusieurs taches.

Remarque.

Le P. Gaubil ajoûte ailleurs qu'il pourroit bien se

faire que l'horloge dont ils se servoient fut défectueuse. Ainsi on ne peut même compter absolument sur la fin de cette Eclipse, quoiqu'il croye en être plus sûr que de tout le reste. On peut la vérifier sur les Observations faites en France, & ailleurs.

Observatio Eclipsis Lunæ totalis Pekini A. C. 1725. die 22. Octob. ineunte à media nocte, facta à R. P. Ignatio Kegler in turri Mathematica.

Initium Eclipsis proximè Nod. Orient.		$0^h.48'.0''$.
Margo umbræ attigit.	Grimaldum	51.
	Aristarchum	55. ½
	Keplerum	59.
	Mare humorum	1. 2.
	Gassendum	3.
	Sinum Iridum & Morinum	5.
	Copernicum	6. ½
	Bullialdum	8. ½
	Eratosthenem	11.
	Platonem	14.
	Tychonem	18.
	Aratum cum Tychone obtecto	19. ½
	Manilium	22.
	Menelaum	24. ½
	S. Dionysium	27.
	Plinium	29.
	Posidonium	31.
	S. Catharinam	32.
	S. Theophilum & Censorinum	35. ½
	Paludem somni	37. ½
	Proclum	39. ½

		h	'	
	Gælenium & littus orient. maris Crisium	1h.	40'.0".	
	Littus occid. extremum maris Crisium		43.	
	Langrenum		44.	
Immersio totalis propè nodum occidentalem		1.	46.	$\frac{1}{2}$
Receptio 1æ lucis ad nodum orientalem		3.	27.	$\frac{1}{2}$
Emergũt ex umbrâ.	Grimaldi margo orientalis		30.	$\frac{1}{2}$
	Ejusdem margo occidentalis		31.	$\frac{1}{2}$
	Galilæus		32.	$\frac{1}{2}$
	Aristarchus		36.	
	Keplerus		38.	
	Mare humorum		39.	
	Gassendus		43.	
	Plato		49.	$\frac{1}{2}$
	Timocharis		51.	
	Tycho totus.		54.	$\frac{1}{2}$
	Sinus æstuum totus		59.	
	Manilius	4.	3.	
	Menelaus		6.	
	Posidonius & Endymion		8.	
	Plinius		10.	$\frac{1}{2}$
	Censorinus		15.	$\frac{1}{2}$
	Palus somni		16.	$\frac{1}{2}$
	Litus orientale maris crisium		18.	
	Ejusdem litus occid. extremum		22.	
	Langrenus		24.	$\frac{1}{2}$
Finis Eclipsis circa nodum occident.		4.	26.	

Horologium correctum fuit per culminationes Palilicii & aliquot Stellarum Orionis

Diameter ☾ micrometro dimensa ante & post eclipsim erat 32'. 30". proximè.

Obsèrvation de la même Eclipse faite à Péking par le P. Gaubil & le P. Jacques dans la Maison des Jésuites François.

QUoique l'on fût assez sûr de l'état de l'horloge, & de la situation du quart de cèrcle, on employa quatre jours avant l'éclipse à connoître l'état de la pendule à demi-secondes : on obsèrva plusieurs passages de l'étoile Phomahan par le vèrtical d'une lunette d'un quart de cèrcle immobile. On prit des hauteurs correspondantes du bord supérieur du ☉ avant & après midy. Immédiatement avant l'Eclipse & après on prit plusieurs hauteurs d'étoiles. On s'assûra ainsi de l'état de l'horloge, soit pour le mouvement vray, soit pour le moyen. On a vérifié encore le quart de cèrcle. Il fait toûjours les hauteurs trop grandes de 20″. à 30″.

Le 21. Octobre depuis 11^{h}. 55′. jusqu'à minuit, la plus grande hauteur du bord supérieur de la Lune fut de 60°. 1′. 0″. Cette hauteur fut prise avec le quart de cèrcle de 26. pouces de rayon. Dans le même temps le diamétre de la ☾ fut obsèrvé de 32′. 55″. On compta deux fois les secondes de temps, & on a eu égard aux réductions à faire.

A minuit & à 0^{h}. 20′. le diamétre de la ☾ étoit de près de 33′.

Commencement de l'Eclipse	0^{h}.46′. 0″.
Immèrsion totale	1. 44.52.
Commencement de l'émèrsion	3. 24.30.
Fin de l'Eclipse	4. 25.20.

Donc durée de l'Eclipse	3^h. 39'.	20''.	
Milieu de l'Eclipse	2. 35.	40.	
Durée de l'obscurité totale	1. 39.	38.	
Ainsi milieu de la totale obscurité	2. 34.	41.	

Immèrsion de quelques taches.

	H.	'.	''.
L'ombre à Grimaldus	0.	50.	30.
Tout Galilée dans l'ombre	0.	52.	52.
Tout Aristarchus	0.	55.	15.
Kepler	0.	58.	15. douteuse.
Prémier bord de Mare humorum	1.	0.	15.
Dèrnier bord de Mare humorum	1.	3.	15.
L'ombre à Copernicus	1.	4.	55.
L'ombre à Pitotus	1.	12.	15.
Tout Plato dans l'ombre	1.	13.	0.
L'ombre à Tycho	1.	17.	15.
Tout Tycho dans l'ombre	1.	18.	20.
L'ombre à Mare serenitatis	1.	18.	42.
L'ombre à Manilius	1.	20.	36.
Tout Menélaus couvèrt	1.	24.	5.
Tout Dionysius ombragé	1.	25.	17.
Tout Plinius	1.	27.	8.
Tout Mare serenitatis	1.	28.	25.
Mare Crisium	1.	37.	50.
Tout Mare Crisium	1.	40.	12.

Emèrsion des taches.

Tout Grimaldus hors de l'ombre	3.	29.	48.
Tout Aristarchus	3.	35.	20.
Tout Copernicus	3.	47.	15. douteuse.
Tout Eratostenes	3.	49.	45.
Tout Tycho	3.	53.	30. douteuse.
Aristoteles	3.	57.	30.

Tout

Tout Manilius . .	4.	1. 20.
Tout Menelaus . .	4.	4. 15.
Tout Fracaſtor . .	4.	15. o.douteuſe.
Tout Langrenus . .	4.	23. o.douteuſe.

Pendant l'obſcurité totale, le corps de la Lune étoit d'un brun foncé avec des taches blanchâtres, errantes & changeantes.

Les bords de la Lune étoient de couleur de cuivre avec quelques taches blanchâtres. On a vû deux petites étoiles ſortir de deſſous le diſque de la Lune. Et une troiſiême a dû ſur la fin de l'obſcurité totale être cachée par la Lune. Mais on n'a rien obsèrvé de bien éxact ſur ces trois étoiles.

On s'eſt sèrvi de deux Lunettes, l'une de 6. pieds, l'autre 7.

REʹFLEʹXIONS SUR CETTE OBSERVATION tirée de la Lettre de MM. Caſſini & Maraldi au P. Gaubil du 9. Decembre 1726.

Votre Obsèrvation de l'Eclipſe totale de Lune du mois d'Octobre 1725. faite avec beaucoup d'exactitude, nous a été d'autant plus agréable, que nous n'avons pû rien obsèrver à cauſe des nuages. Nous en avons reçû une Obsèrvation faite à Bèrlin en Allemagne, qui n'eſt pas complete, à cauſe des nuages. Nous en avons comparé quelques phâſes avec les vôtres, qui donnent pour différence des méridiens entre ces deux Villes, 6h. 52ʹ. 2ʺ. moyenne entre la plus grande qui eſt 6h. 52ʹ. 52ʺ. & la plus petite, qui eſt 6h. 51ʹ. 11ʺ. de ſorte que la différence ne monte pas à une minute & trois quarts.

Eclipsis eadem ☾ observata Pekini in Collegio S. J. Anno Domini 1725. die 21. Octob. post meridiem, à P. Slaviseck & P. Pereyra è Soc. Jes.

Digit.Eclipt.	H.	'	"	Maculæ obumbratæ	H.	'	"
INITIUM ECLIPSIS.					12.	47.	0.
Digit. I.	12.	51.	57.	Initium Grimaldi	12.	51.	0.
				Totus Grimaldus		52.	40.
II.	12.	56.	55.	Initium Aristarchi		56.	
				Totus Aristarchus		57.	
				Keplerus		58.	
III.	13.	1.	52.	Initium Maris humorum	13.	1.	10.
				Initium Gassendi		2.	
				Initium Lansbergii		3.	20.
				Initium Rheinholdi		4.	35.
				Initium Copernici		5.	50.
IV.	13.	6.	50.	Pitheas		6.	20.
				Totus Copernicus		7.	20.
				Initium Bullialdi		9.	30.
				Eratostenis		10.	35.
				Totus Bullialdus		10.	40.
V.	13.	11.	47.	Totus Eratostenes		11.	47.
				Initium Platonis		12.	20.
				Totus Plato		14.	30.
				Pitatus		15.	17.
				Initium Tychonis		18.	20.
VI.	13.	16.	45.	Initium Maris seren. &c.			
				Totus Tycho		19.	45.
				Initium Manilii		21.	
VII.	13.	21.	42.	Totus Manilius		22.	
				Initium Menelai		24.	50.
				Totus Menelaus		25.	30.

Digiti observati fuere Immediatè per Micrometrum.

circulare super vitro delineatū.

Digit. Eclipt.	H. ′ ″	Maculæ obumbratæ.	H. ′ ″
		Initium Sosigenis	13. 25. 40.
VIII.	13. 26. 40.	Totus Sosigenes	26. 40.
		Initium Dionysii	27. 35.
		Totus Dionysius	28. 15.
		Initium Plinii	29. 10.
		Initium S. Catharinæ	31.
IX.	13. 31. 37.	Initium Fracastoris	34. 15.
		Initium Bedæ	35. 30.
X.	13. 36. 35.	Initium Rheitæ	37. 30.
		Initium Maris Crisium	39. 0.
XI.	13 41. 32.	Initium Langreni	42. 20.
		TotumMare Crisium, &c	
Initium totalis immers.			
XII.	13. 46. 30.	Totus Langrenus	13. 43. 30.
		Maculæ illustratæ.	
XII.	15. 26. 30.	Init. Illust. seu Emers.	15. 26. 30.
		Initium Riccioli	28. 10.
		Totus Ricciolus	29. 30.
		Initium Grimaldi	29. 40.
XI.	15. 31. 27.	Totus Grimaldus	30. 50.
X.	15. 36. 25.	Totus Aristarchus	35. 10.
IX.	15. 41. 22.	Totus Keplerus	37. 30.
VIII.	15. 46. 19.	Totus Copernicus	46. 30.
		Totus Plato	48. 20.
VII.	15. 51. 17.	Totus Eratostenes	50. 40.
		Totus Architas	53. 10.
		Totus Tycho	54. 10.
VI.	15. 56. 15.		
		Aristoteles	57.
		Eudoxus	58. 30.
V.	16. 1. 12.	Manilius	16. 0. 45.
		Menelaus	4. 15.
IV.	16. 6. 10.	Sosigenes	5. 40.
		Dionysius	7. 40.
III.	16. 11. 7.	Plinius	8. 40.

Digit. Eclips.	H. ′ ″	Maculæ illuſtrratæ.	H. ′ ″
II.	16. 16. 5.	Initium Maris Criſium	16. 17. 25.
		Totus Taruntius.	17. 35.
I.	16. 21. 2.	Totum Mare Criſium	22.
Finis. 0.	16. 26. 0.	Totus Langrenus	16. 23. 0.

Rigel tranſitus per meridianum	15h. 16. 30″.	Sirii tranſitus per meridianum.	16h. 48.
Correctè per aſcenſ. rect.	15. 17.	Correctè per aſcenſ. rect.	16. 47. 34.

REMARQUES SUR LES TROIS OBSERVATIONS PRÉCÉDENTES.

1°. Comparaiſon de ces trois Obſervations.

		H.	′	″
Commencement de l'E'clipſe	ſelon le P. Kegler	0.	48.	0.
	ſelon le P. Slaviſeck	0.	47.	0.
	ſelon le P. Gaubil	0.	46.	0.
Différence	entre le P. Kegler & le P. Slaviſeck	0.	1.	0.
	entre le P. Kegler & le P. Gaubil	0.	2.	0.
	entre le P. Slaviſeck & le P. Gaubil	0.	1.	0.
Milieu de l'E'clipſe	ſelon le P. Kegler	2.	37.	0.
	ſelon le P. Slaviſeck	2.	36.	30.
	ſelon le P. Gaubil	2.	35.	40.
Différence	entre le P. Kegler & le P. Slaviſeck		1.	30.
	entre le P. Kegler & le P. Gaubil.		2.	40.
	entre le P. Slaviſeck & le P. Gaubil		1.	10.

		H.	′	″
Fin de l'E'clipse	suivant le P. Kegler	4.	26.	0.
	suivant le P. Slaviseck	4.	26.	0.
	suivant le P. Gaubil	4.	25.	20.
Différence	entre le P. Kegler & le P. Slaviseck	0.	0.	0.
	entre le P. Kegler & le P. Gaubil		1.	20.
	entre le P. Slaviseck & le P. Gaubil		1.	20.
Durée de l'E'clipse	selon le P. Kegler	3.	38.	0.
	selon le P. Slaviseck	3.	39.	0.
	selon le P. Gaubil	3.	39.	20.
Différence	entre le P. Kegler & le P. Slaviseck	0.	1.	0.
	entre le P. Kegler & le P. Gaubil	0.	1.	20.
	entre le P. Slaviseck & le P. Gaubil	0.	0.	20.
Commencement de l'immèrsion ou obscuration totale.	selon le P. Kegler	1.	46.	30.
	selon le P. Slaviseck	1.	46.	30.
	selon le P. Gaubil	1.	44.	52.
Différence	entre le P. Kegler & le P. Slaviseck	0.	0.	0.
	entre le P. Kegler & le P. Gaubil		1.	38.
	entre le P. Slaviseck & le P. Gaubil		1.	38.
Commencement de l'émèrsion ou recouvrement de la lumière.	selon le P. Kegler	3.	27.	30.
	selon le P. Slaviseck	3.	26.	30.
	selon le P. Gaubil	3.	24.	30.
Différence	entre le P. Kegler & le P. Slaviseck	0.	1.	0.
	entre le P. Kegler & le P. Gaubil	0.	3.	0.
	entre le P. Slaviseck & le P. Gaubil	0.	2.	0.

II. Cette Eclipſe totale de Lune du 22e. Octobre 1725. fut obsèrvée à Péking par trois Obsèrvateurs différens, comme on le voit, tous trois habiles Aſtronomes & Obsèrvateurs exacts. Le R. P. Kegler Jéſuite Allemand, Préſident du Tribunal des Mathématiques, le P. Slaviſeck autre Jéſuite Allemand, & le P. Gaubil Jéſuite François, le P. Pereyra Portugais avec le P. Slaviſeck & le P. Jacques avec le P. Gaubil. Cependant leurs Obsèrvations ne s'accordent point. Le P. Kegler & le P. Gaubil diffèrent le plus. Le P. Slaviſeck tient à peu près le milieu entre les deux, comme le remarque le P. Kegler. Le P. Kegler chèrche la cauſe de cette différence.

III. Le R. P. Kegler a obsèrvé dans l'Obsèrvatoire Impérial. Le P. Gaubil dans la Maiſon des Jéſuites François, & le P. Slaviſeck dans le Collége des Jéſuites Portugais. L'Obsèrvatoire eſt de ces trois endroits le plus oriental. Il eſt éloigné de ſept ſtades Chinoiſes de la Maiſon des Jéſuites François, & de huit du Collége des Portugais. Ce ſont les diſtances marquées par le P. Kegler. Le P. Gaubil me dit dans une Lettre du 31. Octobre 1726. que la Tour des Mathématiques, c'eſt-à-dire, l'Obsèrvatoire Impérial de Péking, eſt plus orientale que la Maiſon des Jéſuites François de près de $\frac{1}{2}$ lieue & $\frac{1}{2}$ quart. Que pour le Collége des Pères Portugais, il eſt un peu plus occidental que la même Maiſon des Jéſuites François. On vèrra encore ces différences dans le plan de Péking que nous donnerons dans les Obsèrvations Géographiques.

IV. Le R. P. Kegler corrigea ſon horloge dans le temps même de l'E'clipſe par les culminations des E'toiles d'Orion. Le P. Gaubil avoit corrigé la ſienne par des hauteurs correſpondantes. Le P. Slaviſeck corrigea la ſienne, ainſi qu'on le voit au bas de ſon Obsèrvation, par l'Obsèrvation qu'il fit du paſſage de Rigel & de Sirius par le méridien.

V. Tout ceci ſuppôſé, on demande d'où peut venir la différence qui ſe trouve entre les trois Obsèrvations. Eſt-ce aux yeux des Obsèrvateurs qu'il faut l'attribuer? Eſt-ce à la différence des lieux où les Obsèrvations ont été faites? Eſt-ce aux horloges dont on s'eſt sèrvi?

VI. Il n'y a nulle raiſon de rejetter cette différence ſur les yeux des Obsèrvateurs.

VII. Il n'y en a guères plus de l'attribuer à la différence des lieux; car comme le remarque le R. P. Kegler huit ſtades Chinoiſes ne donnent tout au plus ſur l'E'quateur de la Tèrre que 3'. de différence. De plus, ſi cette différence venoit de la différente ſituation des lieux où les Obsèrvations ont été faites, l'Obsèrvation du P. Slaviſeck faite dans le lieu le plus éloigné de l'Obsèrvatoire Royal, devroit différer plus de l'Obsèrvation du P. Kegler que celle du P. Gaubil, qui obsèrvoit dans un lieu plus voiſin du même Obsèrvatoire. Cependant le P. Slaviſeck à huit ſtades, diffère moins du P. Kegler que le P. Gaubil qui n'en étoit qu'à ſept ſtades. Enfin le P. Slaviſeck & le P. Gaubil ne diffèrent pas du P. Kegler à proportion de leur éloignement, puiſque ne différant pour l'éloignement que d'une ſtade ſur huit, ils diffèrent la moitié l'un de l'autre pour l'Obsèrvation.

VIII. Il ne reſte donc que les horloges ſur leſquelles on puiſſe rejetter cette différence; & je ne croi pas qu'il en faille chèrcher d'autre cauſe principale, que la manière différente de les corriger. Car il eſt cèrtain que la méthode des hauteurs correſpondantes, dont a uſé le P. Gaubil eſt incomparablement plus éxacte & plus sûre que toute autre.

IX. Il faut encore faire attention à une remarque du P. Kegler. C'eſt que le commencement de l'Eclipſe trompa, par la raiſon que la pénombre étant extrémement petite, on prit encore pour la pénombre le commencement de l'entrée dans l'ombre véritable.

X. Du reste, ajoûte encore le P. Kegler, le temps fut très-beau & le Ciel fort serein & fort tranquille pendant toute l'Eclipse ; si ce n'est que vêrs le temps de l'émèrsion, l'air parut plus épais & plus humide qu'auparavant, ce qui fit qu'on ne distinguoit pas si clairement les taches de la Lune. De là vient que le P. Jacques croit que les PP. Slavisećk & Pereyra n'ont marqué la plûpart des taches que par estime, & en en combinant 3. ou 4. qu'ils peuvent avoir obsèrvées.

XI. Voici une remarque du R. P. de Rebéque Jésuite sur l'Obsèrvation du R. P. Kegler. J'ai comparé l'Obsèrvation de l'Eclipse de Lune que le R. P. Kegler a faite à Péking la nuit du 22e d'Octobre 1725. avec le calcul que j'en avois fait pour le méridien de Paris & d'Aire (en Artois). Voici quel étoit mon calcul.

1725. 21. Octob. 6[h]. 58'. 59". après midy, tems vrai & apparent pleine Lune.
5. 11. 54. Commenc. de l'Eclipse.
6. 9. 10. Immèrsion totale.
7. 48. 48. Emèrsion.
8. 46. 22. Fin de l'Eclipse.

Si à ces nombres on ajoûte 7[h]. 37'. 6". pour la différence des méridiens de Paris & de Péking, cette Eclipse, selon mon calcul, a dû être à Péking, ainsi qu'il suit.

1725. Octob. 21[s]. 0[h]. 49'. 0". après minuit. Commencement de l'Eclipse.
1. 46. 16. Immèrsion totale.
3. 25. 54. Emèrsion.
4. 23. 28. Fin de l'Eclipse.

Où l'on voit que je ne suis éloigné des points principaux de l'Obsèrvation faite à Péking par le R. P. Kegler que d'une ou de deux minutes.

Obsèrvation

Obsèrvation de la même Eclipse du 22. Octobre 1725. faite par le P. Simonelli Jésuite à Sin Hoi, ville de la Province de Canton, plus occidentale que Peking de 3°. 56′.

1725. Octob. 21ˢ. 0ʰ. 33′. après minuit. Commencement de l'Eclipse.
1. 32. Immèrsion totale.
3. 10. Commencement de l'émèrsion.
4. 9. Fin de l'Eclipse.

Remarque.

Le R. P. Kegler qui envoye cette Obsèrvation, ne marque point si l'horloge fut corrigée ni comment. Une autre chose empêche encore qu'on ne puisse la comparer exactement avec les Obsèrvations faites à Péking, c'est qu'on ne sçait pas la différence de latitude de Sin Hoi à celle de Péking, ou la hauteur du Pole de Sin Hoi.

Obsèrvation de l'Eclipse partielle de Lune du 16. Avril 1726. faite à Peking par le P. Kegler, Président du Tribunal des Mathématiques.

Le Ciel s'étant couvèrt de nuages, on ne put voir la Lune que vèrs la fin de l'Eclipse. Alors les nuages s'étant à peu près éclaircis, la Lune parut deux ou trois fois entre des nuées dans des intèrvalles assez petits, & voici les phâses que l'on remarqua.

Heures après midi.	′	″	
9.	49.	30.	Tout Menelaus hors de l'ombre.
10.	4.	0.	Tout Possidonius hors de l'ombre : & le bord de l'ombre coupoit par la moitié le *Mare Crisium*.
10.	7.	0.	Tout le *Mare Crisium* hors de l'ombre.
10.	15.	30.	Fin de l'Eclipse, l'ombre sortant entre Mercurius & Messala.

L'horloge fut corrigée en prenant plusieurs fois les hauteurs de la Chévre & d'Arcturus.

Le P. Gaubil remarque qu'à 1. minute près le P. Kegler n'est pas sûr de son horloge pour cette Observation.

La même Eclipse observée par le P. Gaubil à Peking.

Fin de l'Eclipse 10h. 14′. 9″. horloge corrigée.

Le mauvais tems ne permit pas de faire plus d'Observations.

OCCULTATIONS
OU
ECLIPSES
DES ETOILES FIXES PAR LA LUNE,

Observées à Peking en 1721. & 22. par le P. Kégler; & en 1725. & 26. le P. Gaubil & le P. Jacques.

1721. 6. Avril. Occultation de ♌ dans ♋ par la Lune.
Immèrsion 9h. 55'. après midi.
Emèrsion 10. 40'.
L'étoile sortit de dèrrière Copèrnic par le bord occidental de Ptolémée.

3. Décembre à 7h. 54'. après midi la corne australe du ♉ entra dèrrière la Lune par le bord oriental près de Xénophanes.
Emèrsion près de Sénéque & de Plutarque à 8h. 40'. 30".

1722. 26. Janvier. La Lune passa près de la triple étoile ♌ dans la tête du ♉. Elle ne couvrit que la suivante la plus boreale des trois.
L'immèrsion à 12h. 0'. de nuit. L'étoile étoit en droite ligne avec Bullialdus, Ptolemæus & Ariadæus.
L'Emèrsion à 12h. 52'. l'Etoile étant en ligne droite avec Copèrnic & Pétavius.

26. Mars après 10h. du soir. Passage de la ☾ sur l'étoile μ dans ♋: l'étoile, Timo-

charis & Manilius étant en ligne droite. L'étoile fut 48'. dèrrière la ☾. On ne marqua pas ſur le champ le moment de l'immèrſion ; enſuite on ne s'en ſouvint pas exactement. Il ſemble néanmoins que ce fut 11h. ½.

1722. 23. Aouſt après 8h. du ſoir l'étoile χ dans ♐ ſe cache ſous la ☾ à l'extrémité de l'illumination auſtrale. L'occultation dura plus d'une demie heure, après quoi l'étoile ſortit ſous Claramontius.

24. Septembre au ſoir. La ☾ cacha les deux auſtrales du □ qui eſt ſur la queue de la Baleine. L'occultation de la plus occidentale ne put être obsèrvée à cauſe des nuées. L'orientale entra ſous la ☾ à 9h. 19'. étant en ligne droite avec Ariſtarchus & une petite montagne ſans nom, qui eſt entre Cardanus & Snellius, & alors la plus occidentale étoit éloignée du bord occidental de la ☾ de 20'. 30". & en ligne droite avec Proclus & le milieu du Mare Criſium. L'emèrſion de l'étoile cachée à 10h. 32'. elle étoit en ligne droite avec Cenſorinus & Firmicus.

1725. 16. Décembre. Soir. 9h. 49'. la ☾ éclipſa π dans ♈. l'étoile, le centre de Copèrnic & le bord Septentrional d'Ariſtarque étoient en droite ligne.

10h. 54'. 30". Emèrſion de l'étoile au deſſous de Mare Criſium vis-à-vis Firmicus.

1726. 8. Janv. ſoir. 7h. 50'. L'étoile plus boreale ψ dans ♒ éloignée du bord de la ☾ 3'. 50".

L'étoile étoit dans la ligne des cornes, & elle ne fut pas éclipsée.

Diamétre de la ☾ 30'. 6'.

9. Janv. Soir. 5^h. 59'. 22''. La ☾ éclipsa la prémière étoile boreale du □ au dessus de la queue de la Baleine. L'étoile, le bord inférieur de Langrenus, & Catharina en ligne droite.

Diamétre de la ☾ 30'. 38''.

6^h. 32'. L'étoile éloignée de la corne australe 1'. près de la tache Schambergerus. On ne fut pas attentif au moment de l'emèrsion.

La seconde étoile boreale ne fut pas éclipsée, mais à 8^h. 39'. elle étoit éloignée de la corne australe seulement de 30''.

1726. 13. Janv. Soir. Les deux étoiles australes de τ de la queue du ♈ furent éclipsées.

9^h. 35'. 30''. Immèrsion de la prémière. Alors la plus boreale éloignée de la corne boreale de la ☾ de 19'. 37''.

10^h. 25'. 30''. Immèrsion de la 2e. Alors la plus boreale éloignée du bord septentrional de la ☾ 23'. 55''.

10^h. 44'. Emèrsion de la prémière près du Mare Crisium.

11^h. 35'. Emèrsion de la 2e.

Diamétre de la ☾ 32'. 25''.

24. Févr. Matin. 5^h. 18'. 30''. Antarès, Grimaldus & Copèrnic en ligne droite. Antarès éloigné de Grimaldus 10'. 20''.

5^h. 20'. 30''. Antarès éloigné du bord oriental de la ☾ 10'. 12''.

5^h. 27'. 30''. Antarès, Galilée, Platon en

ligne droite. Antarès éloigné de Platon 22'.

5h. 46'. 53". Immerſion d'Antarès dans la partie claire de la ☾ en ligne droite avec Grimaldus & Ariſtarchus.

Depuis 46'. 48". juſqu'à 46'. 53". Antarès parut courir ſur le diſque apparent de la ☾, & quelques Obſervateurs eurent la même ſenſation que ſi l'étoile eût adheré 5". de tems au bord de la ☾. L'immerſion ſe fit en un inſtant, & l'on n'apperçût dans l'étoile aucun changement de figure ni de couleur.

Hauteur d'Antarès 24°. 20'. 20".

Diſtances d'Antarès au bord oriental.

5h. 2'. Antarès éloigné de		16'.	8".
15.	. . .	11.	50.
28. 30".	. . .	7.	47.
34. 0.	. . .	5.	55.

17. Sept. Matin. 4h. 11'. 37". Meropé des Pleïades au fil horaire. Au deſſous

12'. 17". Ariſtarchus à l'horaire au deſſus.

12' 24". Ariſtarchus & Meropé à l'oblique. Ariſtarchus eſt plus Sud que l'étoile.

4h. 16'. 29". Meropé éloignée du bord ſupérieur de la ☾ 58". en temps au parallele de Meropé.

5h. 16'. 46". La lucide des Pleïades au centre des fils.

17'. 32". Ariſtarque à l'horaire.

18'. 13". P. Atlas à l'oblique.

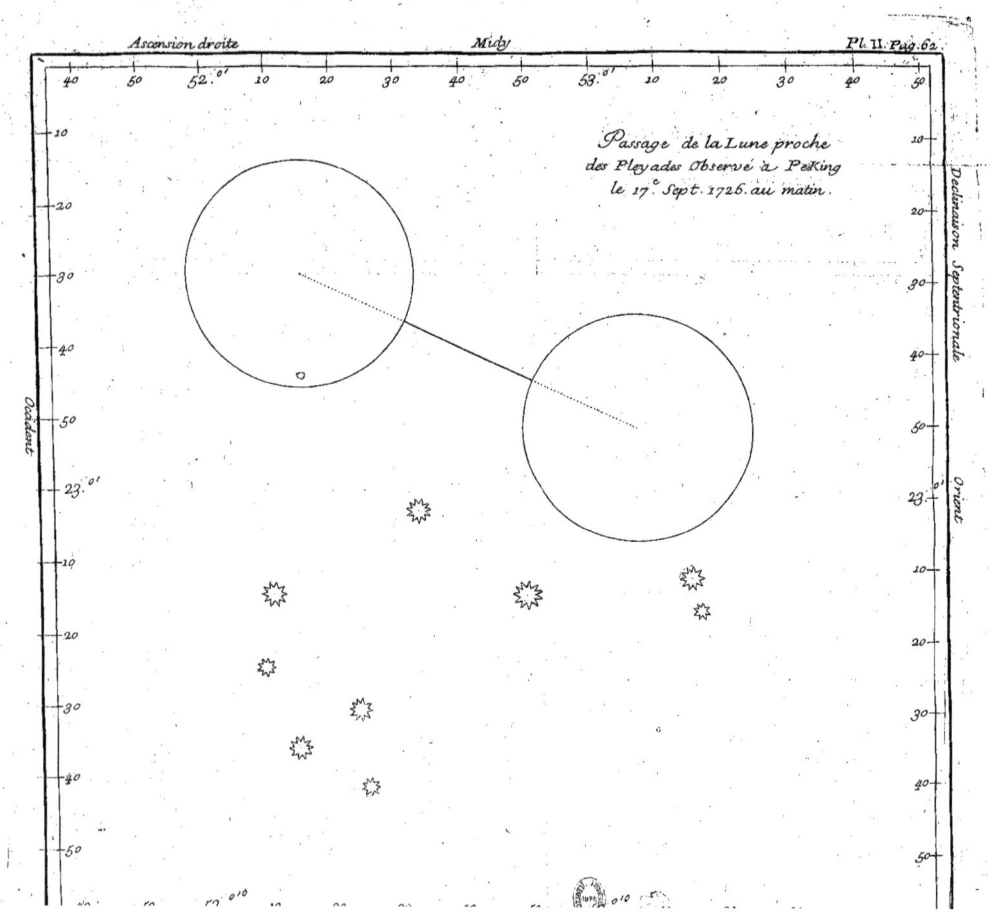

Ascension droite
Midy
Pl. II. Pag. 62.
Passage de la Lune proche des Pleyades Observé à PeKing le 17e Sept. 1726. au matin.
Occident
Orient
Declinaison Septentrionale

18'. 27". P. Atlas à l'horaire.

18'. 50. Ariſtarque à l'oblique.

Le quart de cèrcle dont on s'eſt ſèrvi pour cette Obsèrvation eſt de 3. pieds. C'eſt celui qui nous a été donné par le feu Roy LOUIS LE GRAND. Il fait les hauteurs trop grandes de 30".

On s'eſt auſſi ſèrvi du quart de cèrcle de 2. pieds 2. pouces, qui fait auſſi les hauteurs trop grandes de 20. à 30". Dans les hauteurs que j'ai rapportées, il faut avoir égard à cette correction.

Obsèrvation de la ☌ de la ☾ & d'Antarès le 30. Septembre 1726. par le P. Gaubil.

1726. 30e. Sept. Soir. Diſtance du bord NO. de la ☾ à Antarès 7^h. 10'. diſtance 29'. 0".

20'.	30. 40.
30.	32. 0.
40.	33. 40.

Occultation de l'étoile β dans ♍ par la ☽ le matin du 16. Octobre 1726. obsèrvée par le P. Gaubil à Péking dans la Maiſon des Jéſuites François.

Horloge corrigée.

4^h. 25'. 28". β dans ♍ éloignée de Grimaldi 8'. 15".

34. 54. éloignée de Grimaldi 5. 30".

43. 16. Immèrſion de l'étoile dans la partie claire de la ☽. Lunette de 11. pieds. L'étoile n'a pas paru courir ſur le diſque de la Lune.

$5^h. 59'. 46''$. Emèrſion de l'étoile en ligne droite avec Galilée & le Nord de Copèrnic.
Le P. Kegler. Emèrſion $6^h. 2'$. il la croit douteuſe.
6. 10. 35. Diametre de la ☽ $32'. 45''$.
27. 24. β à l'horaire.
28. 21. Corne boreale de la Lune à l'horaire.
La corne eſt plus auſtrale que β de $2'. 45''$.

Approximation de la ☾ à l'épic de la Vierge, obsèrvée à Péking par le P. Gaubil le matin du 18. Octobre 1726.

Horloge corrigée.
$3^h.47'. 2''$. Spica Virginis dans la ligne des Cornes.
Spica éloignée de la Corne auſtrale $15'. 30''$.
Diamétre de la ☽ $31'. 15''$.
50. 17. L'étoile, Schickard, Grimaldus en ligne droite.
L'étoile éloignée de Grimaldi de $32'. 45''$.

Approximation de la ☽ à l'étoile β dans ♉. obsèrvée à Péking par le P. Gaubil le matin du 9. Septembre 1727.

Horloge corrigée.
$5^h. 33'. 0''$. β in ♉ dans la ligne des Cornes.
β éloignée de la Corne boreale $50''$.

La

La même par le P. Kegler.

4h. 3′. 0″. Distance de β au bord de la ☾ 24′. 30″.
41. 0. . . . . 11. 20.
5. 11. 0. β éloignée de la corne Boreale 40. 0.
53. 0. β éloignée du centre de Copèrnic 15. 15.
6. 6. 0. β éloignée du centre de Copèrnic 18. 20.

Passage de la Lune par les Pleïades, obsèrvée par les PP. Gaubil & Jacques dans la Maison des Jésuites François à Péking la nuit du 30. Janvier au prémier Février 1727.

Horloge corrigée.
0h. 5′. 0″. Electra, Plato, Copèrnic en lige droite.
Electra éloignée du bord de la ☾ 3′.
5. 52. Immèrsion de Méropé.
Méropé, Eratostene, Ménélaus en ligne droite.
28. 40. Maia dans la ligne des Cornes.
Maia éloignée de Plato de 19′.
48. 42. Immèrsion de la Lucide.
L'étoile, Copèrnic & Ptolémée en ligne droite.
1. 11. 52. Méropé, Ménélaus, Copèrnic en ligne droite.
Méropé éloignée du bord de la ☾ 6′. 30″.
19. 30. Immèrsion d'Atlas.
21. 21. Emèrsion de la Lucide entre Mèrcure & Zoroastre. Cet alignement parut douteux.
27. 50. Immèrsion de Pleioné.
20′. avant minuit, Diamétre de la ☾ 31′. 40″.

Obsèrvation du même passage faite au Collége de Péking par le R. P. Kegler Président du Tribunal des Mathématiques.

0^h. 0'. 0". Electra dans la ligne des Cornes.
6. 25. Immèrsion de Méropé.
Méropé, Pline, bord Boreal de Copèrnic en ligne droite.
49. 20. La petite étoile qui précéde la Lucide disparoît.
49. 28. Immèrsion de la Lucide en ligne droite avec Eratostene & Petau.
1. 0. 0. Emèrsion de Méropé près de Mare Crisium, au dessous de Plutarque.
19. 40. Immèrsion d'Atlas.
21. 40. Emèrsion de la Lucide au dessous d'Endymion, vis à vis Atlas.
28. 8. Immèrsion de Pleione.
Un peu avant minuit diamétre de la ☽ 31'. 15".

Passage de la Lune par les Pleïades, obsèrvé à Péking dans la Maison des Jésuites François, par les PP. Gaubil & Jacques le 31. Octrbre 1727. au soir.

Horloge corrigée.
9^h. 1'. 56". Electra étoit immèrgée; une minute plûtôt elle ne l'étoit pas encore, & paroissoit en ligne droite avec Seleucus & Aristarchus.

9h. 24. 0″. Céléno étoit immèrgée. Les nuages ont empêché de voir le moment de ſon immèrſion.

50. 0. Immèrſion de Maia. Elle faiſoit une ligne droite avec Harpalus & Plato.

56. 22. Immèrſion de Méropé en ligne droite avec Tycho & Fracaſtor.

10. 9. 26. Emèrſion d'Electra un peu au Nord vrai de Langrenus.

16. 26. Méropé étoit ſortie & éloignée du bord de la ☽ de plus d'une minute. Elle faiſoit une ligne droite avec Tycho & Pitatus.

31. 40. Immèrſion de la Lucide Alcyone aux environs de Schickardus.

11. 17. 56. La Lucide étoit ſortie & éloignée du bord de la ☽ de 4. à 5′. Elle étoit en ligne droite avec Tycho & Grimaldus.

Autre Obsèrvation du même paſſage.

Inſignis ☾ Congreſſus cum Pleïadibus per medium earum tranſeuntis, obſervatus Pekini in Collegio Societ. Jeſu à RR. PP. Ignat. Kegler & Andr. Pereïra die 31. Octobris 1727. poſt meridiem.

9h. 22′. 22″. Immerſio Electræ proximè ac contra Cardanum.

22. 35. Immerſio Celænûs contra Harpalum & medium Sinum Iridum.

9. 50. 25. Immerſio Maiæ ad Xenophanem in recta cum Ariſtarcho & Keplero.

56. 50. Immerſio Meropes in recta cum Tychone per marginem orientalem Schilleri.

I ij

10^{h}. 5. 5. Emersio Celænûs in recta cum Plinio & litore boreo Maris Crisium.

9. 15. Emersio Electræ contra Langrenum tantisper ad Boream.

13. 30. Emersio Meropes in rectâ ex Tychone inter Casatum & Cabeum ducta.

32. 10. Emersio Alcinoës in recta ex Tychone inter Schickardum & Phocylidem ducta.

45. 0. Emersio Maiæ contra medium orientale littus Maris Crisium.

11. 6. 0. Emersio Alcinoës, sed dubia propter densiùs incurrentes nubes.

J'ai dit dans ma Préface ce que M. Maraldi me fit l'honneur de m'écrire de ces différentes Observations du passage de la Lune par les Pleïades, que je lui avois communiquées.

OBSERVATIONS DE SATURNE.

Approximation de ♄ & de l'étoile ν du ♐ le 22. Octobre 1724. par le P. Gaubil & le P. Jacques.

LEs Ephémérides de M. Manfredi annonçoient une approximation de ♄ à l'étoile ν du ♐ le 22. Octobre 1724. Voici ce que nous obsèrvâmes.

Nous vîmes trois étoiles *c*, *a*, *b*.

a & *b* étoient éloignés de 2′. 42″.

b étoit plus Boreale que *a* de 2′. 18″. & *b* passoit au fil horaire 52″. de temps après *a*. Ces Obsèrvations & les suivantes se firent le soir à 5^h. 30′. Et les distances furent prises au micrométre. On avoit un peu de peine à bien distinguer *c*.

20. Novembre. Ascension droite de Saturne plus petite que celle de *a* de 26′. 24″. & plus boreale de 10′. 30″.

24. Novembre. ♄ plus boreal que *a* de 12′. 13″. distance de 13′. 15″.

25. Novembre. ♄ plus oriental que *a* de 2′. 32″. distance de 13′. 50″. distance de *b* de 12′. 45″. distance de *c* de 4′. 48″.

26. Novembre. ♄ plus oriental que *a* de 8′. 46″. distance de *b* 10′. A 5^h. 30′. *a* & ♄ au même vertical.

27. Novembre. ♄ éloigné de *b* de 10′. 10″. ou 12″. plus oriental que *b* de 2′. 18″.

28. Novembre. Distance de ♄ & de *a*, 25′. 10″. Distance de ♄ & de *b* 13′. 40″.

29. Novembre Diſtance de ♄ & de *b* 18′. Diſtance de ♄ & de *a* 30′.

Le P. Kegler a bonne part à toutes ces Obſèrvations.

☍ ♄ *&* *du* ☉

Obſèrvée par le P. Kegler à Péking.

Anno 1718. 14. Aprilis hora 12. ſecundùm æquatorem celebrata eſt ☍ ♄ & ☉. Nam hora 11. 58′. 20″. poſt m. ♄ & humerus ſequens Centauri Bayer θ tranſivere per meridianum.

OBSERVATIONS DE JUPITER.

Hauteurs Méridiennes de ♃ obsèrvées par le P. Gaubil.

1725.	9e. Decemb. haut. mérid. de ♃	41°.	18′.	0″.
	10.	41.	20.	25.
	11.	41.	22.	40.
	24.	42.	5.	0.
	25.	42.	9.	30.
	26.	42.	14.	0.
	27.	42.	18.	24.
1726.	20. Janvier . . .	43.	57.	20.
	Hauteur mérid. de ♀	44.	49.	
	5h. 24′. soir. ♀ & ♃ Distance	1.	4.	12.
	21. Hauteur mérid. de ♃	44.	4.	0.
	de ♀	45.	21.	
	♀ passe par le mérid. 10″. après ♃			
	23. Hauteur mérid. de ♃	44.	16.	30.
	25. . . .	44.	26.	0.
	29. . . .	44.	45.	0.
	6. Février. . . .	45.	27.	0.

Le 8. & le 11. Février je vis encore passer ♃ par le méridien dans le Quart de cèrcle de 26. pouces. Le temps se brouilla ensuite, ainsi je n'ai pû voir jusqu'à qu'elle distance du ☉ on voit ici ♃.

Obſervations de ♃ & de ſes Satellites.

Conjonctions ou Approximations de ♃ à des étoiles fixes, tirées des anciens Livres d'Aſtronomie Chinoiſe, par le P. Gaubil de la Compagnie de Jeſus.

L'Aſtronomie Chinoiſe rapporte beaucoup de Conjonctions de ♃ avec les étoiles fixes. J'en ai choiſi pluſieurs, perſuadé que cela pouvoit donner quelque lumière ſur ce que dit M. Maraldi (Mem. de l'Acad. 1718.) que de 83. ans en 83. ans. Juliens Jupiter revient à quelque chôſe près au même point du Ciel, en même configuration avec le ⊙.

I. L'an 73. après J. C. 13. Févr. Approximation de ♃ à la Lucide du front du Scorpion. A Loyan. C'eſt aujourd'hui Honan-Fou dans le Honan. Latitude 34°. 46'. 15''. Longitude 4°. 5'. Oueſt de Peking.

II. L'an 93. prémier Sept. Approximation de ♃ au cœur du Lion. A Loyan.

III. L'an 225. 12. Juin. ♃ & ♂ étant en conjonction, il y eut approximation de ♃ à β dans ♍.

IV. L'an 537. de J. C. 26. Avril. ♃ éclipſa l'étoile ρ dans ♐ à Nanking.

V. L'an 569. de J. C. 11. Mars. ♃ éclipſa l'étoile σ dans ♌ à Nanking. Jupiter étoit rétrograde.

VI.

VI. L'an 652. de J. C. 15. de Mars. ♃ éclipsa la même étoile à Siganfou. Cette Ville est Capitale du Chensi.

VII. L'an 767. de J. C. 26. Aoust. Approximation de ♃ à Propus. A Siganfou.

VIII. L'an 773. de J.C. 5e. May. ♃ éclipsa la Lucide du front du Scorpion. Au même endroit.

IX. L'an 844. de J. C. à la seconde Lune ♃ éclipsa la même étoile. Au même endroit. On ne marque pas le jour.

X. L'an 1032. de J. C. 23. Février. ♃ éclipsa l'étoile μ dans ♍ à Caifonfou Capitale du Honan. Latitude 34°. 52′. Longitude 2°. 3′. 15″. Oouest de Peking.

XI. L'an 1034. de J. C. 15e. May. ♃ éclipsa la Lucide du front du Scorpion. A Caifonfou.

Le 17e. Aoust de la même année au même lieu. Approximation de Jupiter à la même étoile.

XII. L'an 1211. de J. C. 22e. Décembre. Approximation de ♃ à la Lucide du front du Scorpion.

XIII. L'an 1212. de J. C. 1. de Juin. Approximation de Jupiter rétrograde à la même étoile.

XIV. L'an 1212. de J. C. 11. Aoust. Approximation de ♃ direct à la même étoile.

XV. L'an 1212. de J. C. 16e. Aoust. Approximation de ♃ à l'étoile au dessous de la Lucide du front du Scorpion.

Ces quatre dernières Observations furent faites à Ham-Tcheou Capitale du Tchequiang. Latitude 30°. 20'. 20". Longitude 7^h. 50'. 48". à l'Orient de Péking.

XVI. L'an 1283. de J. C. 17. Avril. ♃ éclipsa la Lucide du front du Scorpion. A Péking.

XVII. L'an 1301. de J. C. 23e. Juillet. Approximation de ♃ à Propus. A Péking.

XVIII. L'an 1302. de J. C. 9. Janvier. Approximation de ♃ à Propus. A Péking.

XIX. L'an 1362. de J. C. 9. Octobre. Approximation de Jupiter à Régulus. A Péking.

XX. L'an 1363. de J. C. 24. Janvier. Approximation de Jupiter à Régulus. A Péking.

XXI. L'an 1367. de J. C. 23. Janvier. ♃ éclipsa la Lucide du front du Scorpion. A Péking.

ECLAIRCISSEMENTS DU P. GAUBIL SUR CE CATALOGUE.

I. JE n'ay pas mis la Latitude ni la Longitude de Péking, de Siganfou, & de Nanking. Ce sont les mêmes Villes dont il est parlé dans les Mémoires de l'Académie des Sciences de 1699.

Rem. On trouvera la Longitude & la Latitude de ces

Villes dans la Table qui se voit à la fin de cet Ouvrage.

II. J'ay réduit les années & les jours Chinois à nos années & à nos jours, selon la méthode que j'ai expliquée ailleurs, & que j'ai envoyée en France. (Voyez cy-dessus p. 28. & suiv.

III. Les Approximations dont il est ici fait mention, sont celles que les Chinois expriment par le charactère Fan, qui exprime celles où l'éloignement de l'astre à l'étoile n'est moindre que d'un degré.

IV. Les Chinois n'ont pas marqué dans ces Obsèrvations, 1°. L'heure. 2°. Si l'étoile étoit Australe ou Boreale. 3°. L'éloignement absolu. On voit assés que ces Obsèrvations ont été faites à la vûe simple.

V. L'Astronomie Chinoise rapporte une infinité d'autres Obsèrvations d'Approximations de ♃ aux étoiles & à la Lune. On y voit encore des Approximations des Planétes aux autres Planétes, & d'éclipses des Planétes par les autres Planétes. 2°. Des Approximations de Vénus, Saturne, Mars & Mèrcure à la Lune & aux étoiles, & des éclipses d'étoiles par la Lune & par ces Planétes. 3°. Des éclipses de Planétes par la Lune. Il faut remarquer que ces Catalogues ne remontent pas plus haut que l'Ere Chrétienne, & qu'ils ont les trois défauts que j'ai indiquez ci-dessus n. IV. Il y a beaucoup d'éclipses du Soleil & de la Lune où le temps est marqué, aussi-bien que la quantité de l'éclipse. Il y a quelqûes Obsèrvations d'éloignemens des Planétes aux étoiles, mais la distance est marquée en tèrmes que je n'ai pû encore comprendre.

Remarques.

Quoiqu'il fût à souhaiter que l'heure précise de l'Obsèrvation fût marquée dans les Livres Chinois, d'où ce Catalogue est tiré; ce défaut ne rend point ces

Obsèrvations absolument inutiles, & l'erreur que peut produire l'ignorance des temps précis de châque Obsèrvation, ne peut avoir des conséquences bien considérables. Car

1°. Ces Obsèrvations se sont faites, & n'ont pû se faire que pendant la nuit. Or en suppôsant la nuit même la plus longue dans les lieux où les Obsèrvations ont été faites, on ne peut guère se tromper que de 6. h. ou un peu plus. En effet, pôsant que l'Obsèrvation s'est faite au milieu de la nuit, eût-elle été faite de part ou d'autre, c'est-à-dire le soir ou le matin, le plus loin de ce tèrme qu'il est possible, il n'y auroit pourtant que 6. ou 7. heures au plus de différence entre le vrai temps de l'Obsèrvation, & celui auquel on la supposeroit faite. Or en 6. ou 7. heures le mouvement de ♃ est si peu de chôse qu'on peut le négliger par rapport à la fin de ces Obsèrvations, & à l'usage qu'on en doit faire, qui est de connoître la quantité du mouvement de ♃, c'est-à-dire dans la comparaison qu'on doit faire pour cela de ces éclipses entre elles, ou avec les Obsèrvations faites depuis 150. ans.

2°. Mais il y a plus encore : car on sçait le lieu de châque Obsèrvation & sa Latitude. On sçait encore le mois & le jour de l'Obsèrvation. On peut donc trouver la quantité précise de la nuit, pendant laquelle l'Obsèrvation fut faite, & plusieurs de ces Obsèrvations ayant été faites en Aoust, en Juillet, & même en Juin, la nuit étoit des plus courtes, & par conséquent l'erreur qu'il peut y avoir en suppôsant l'Obsèrvation faite à minuit, diminue beaucoup.

3°. Par le calcul on peut trouver le lieu de l'étoile avec laquelle Jupiter étoit en Conjonctiou ou en Approximation; on peut trouver le temps de son lever & de son coucher au jour de l'Obsèrvation, & combien de temps précisément elle étoit visible au lieu de l'Obsèrvation. Or si l'étoile en question se levoit & se couchoit peu de temps après le Soleil, le temps qu'on a pû faire l'Obsèrvation diminue beaucoup, & en la suppôsant faite au milieu de ce temps, l'erreur qu'il y peut avoir se réduit à rien, ou presque à rien, & la différence du temps vrai auquel l'Obsèrvation s'est faite, à celui où on la suppôse faite, est si petite, & le mouvement de Jupiter pendant cet espace de temps si court qu'on peut le négliger, sans que l'erreur qu'il peut y avoir, puisse empêcher de découvrir par la comparaison avec d'autres Obsèrvations, quelle est la quantité du mouvement annuel de Jupiter, si elle est toûjours constamment la même, ou si elle varie, & si à mesure qu'on approche de nos temps ce mouvement augmente, ainsi que nos plus habiles Astronomes, ont crû avoir lieu de le soupçonner.

4°. Ajoutez à cela que cette différence déja par elle-même si peu considérable, ne tombe pas sur une seule année, ni même sur une révolution de Jupiter, mais toûjours sur plusieurs, & que souvent elle doit être repartie sur un grand nombre de révolutions entières, d'où s'ensuit qu'étant déja si petite prise en entier, elle est réduite pour châque révolution à un infiniment petit qu'on doit négliger.

Approximation de ♃ & de l'étoile φ dans ♒ obsèrvée par le P. Gaubil.

1725. 23. Décembre. soir. $5^h. 30'$. ♃ éloigné de φ dans ♒ de 54'.

Après 5^h. φ plus Boreal que ♃ en temps 2'. 9''.

φ passe à l'horaire 3'. 13''. après ♃.

1725. 29. Décemb. Soir. 5h. 30'. ♃ éloigné de φ de 9'. 30".
20. Déc. Soir. 5h. 30'. ♃ éloigné de φ. 13'. 5".
♃ plus boreal que φ de 5'. 20".
♃ à l'horaire 52'. après φ.

☌ de ♃ & de l'étoile o dans ♓ du 4. Septembre 1726.

1726. 4. Sept. Matin. L'étoile *o* dans ♓ & ♃ différent
à 5h. en ascension droite 31'. 22".
en déclinaison 16. 49.
Distance au micrométre 10. 10.
10. Septembre. Matin. 5h. différence
en ascension droite 6. 25.
en déclinaison 7. 24.
Distance au micrométre 10. 10.
16. Septembre. Matin. 5h. différence
en ascension droite 22. 15.
en déclinaison 4. 5.
11. Sept. Soir. 9h. ♃ passe à l'horaire 2". avant l'étoile, & me parut plus boreal que l'étoile de 4'. 30". ♃ étoit retrograde.

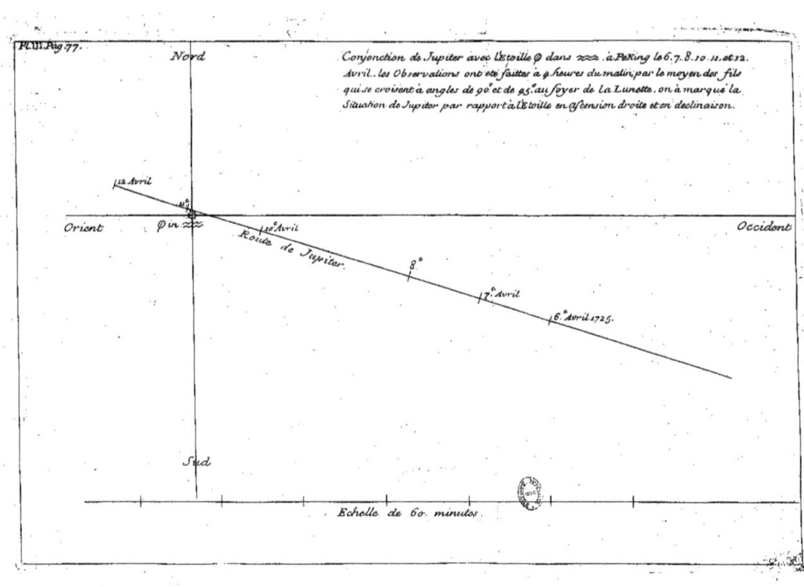
Pl. III. Pag. 77.
Nord
Conjonction de Jupiter avec l'Etoille φ dans ≈ à Peking le 6. 7. 8. 10. 11. et 12. Avril.. les Observations ont été faittes à 9. heures du matin, par le moyen des fils qui se croisent à angles de 90.° et de 95.° au foyer de la Lunette. on à marqué la Situation de Jupiter par rapport à l'Etoille en ascension droite et en declinaison.
12 Avril
11.e
Orient
φ in ≈
10.e Avril
Route de Jupiter
8.e
7.e Avril
6.e Avril 1725.
Occident
Sud
Echelle de 60. minutes.

Obsèrvations des Satellites de ♃.

Obsèrvations des Satellites de ♃ faites par le Père Kegler à Péking.

1722. 25. Avril après midi. Emèrſion du 3e. Satellite . . . 11^{h}. 15.

1. Juin après midi. Emèrſion du prémier Satellite . . . . 10. 3.

17. Juin après midi. Emèrſion du prémier Satellite . . 8. 17.

1722. 2. d'Avril. Matin. Emèrſion du prémier Satellite . . . . 5. 31. 30″.

27. d'Avril. après minuit. Immèrſion du prémier Satellite . . 0. 15.

11. May. Immèrſion du prémier Satellite le matin . . 4. 5.

12. May. Immèrſion du même après midy . . 10. 33.

5. Juin après minuit. Emèrſion du prémier Satellite . . 0. 52.

20. Juin. Le même ſort de l'ombre après midi . . . . 11. 7.

26. Juin après midi. Emèrſion du prémier Satellite . . 9. 30.

6. Juillet après midi. Emèrſion du prémier Satellite . . . 9. 21.

Le même jour après midi le troiſiême Satellite ſort de dèrrière Jupiter 10. 0.

Observations des Satellites de ♃, faites à Péking, par le P. Kegler & par les PP. Gaubil & Jacques en 1724. & suiv.

1724. Le 28ᵉ. Août & le 29ᵉ. on examina la pendule par des hauteurs correspondantes, & par celles de quelques étoiles du Sagittaire & de Sirius. Comme le lieu n'étoit pas fort commode, la correction de l'horloge ne fut pas dans la dernière justesse.

Le 28ᵉ. au soir à 10ʰ. 33′. de l'horloge corrigée, emèrsion du prémier Satellite.

Le P. Kegler Président du Tribunal des Mathématiques obsèrva au Collége des Jésuites Portugais la même émèrsion à la même heure.

Le 6ᵉ. Septembre on obsèrva au soir une émèrsion du prémier Satellite, dans le moment que le Satellite devoit sortir selon le calcul, sçavoir à 7ʰ. 2′. 30″. ou 40″. On donna un mouvement à la Lunette, & étant replacée à 7ʰ. 4′. 58″. de l'horloge corrigée, on vit le Satellite déja sorti de l'ombre.

Le P. Kegler obsèrva l'émèrsion à 7ʰ. 2′. 30″.

Le jour nous fîmes ici (dans la Maison des Jésuites François) deux Obsèrvations correspondantes du bord supérieur du Soleil.

A L'HORLOGE temps du matin.	*HAUTEURS du bord supérieur du ☉.*	*TEMPS DU SOIR à l'horloge.*
9ʰ. 12′. 4″.	40°. 39′.	2ʰ. 38′. 55″.
9. 26.	42. 56.	2. 24. 50.

Par

Par là on voit que le vrai midi fut à 11h. 55'. 39". de l'horloge, en faisant les calculs & les corrections nécessaires.

Le 20. & 21. Septembre on corrigea exactement l'horloge par des hauteurs correspondantes du Soleil prises avant & après midi.

Le 20e. Septembre au soir à 10h. 36'. 4. ou 5". de l'horloge corrigée, émèrsion du prémier Satellite.

Par des hauteurs correspondantes du bord supérieur du Soleil, & par des hauteurs des étoiles le 29. & 30. Septembre on corrigea l'horloge.

Le 29e. Septembre à 7h. 22'. 30". du soir. Emèrsion du prémier Satellite.

Le P. Kegler obsèrva cette émèrsion à 7h. 21'. 30". il croit que sa pendule retardoit alors de 1'. 30".

Le même jour à 8h. 33'. du soir à l'horloge corrigée, le second Satellite cacha entierement le prémier Satellite.

Le 6e. Octobre près de 9h. 17'. du soir à l'horloge corrigée, le prémier Satellite n'étoit pas sorti de l'ombre. A 17'. le Ciel se couvrit un peu. A 9h. 18'. on crut voir le Satellite. A 9h. 18'. 10". on vit distinctement le Satellite.

On s'est sèrvi d'une bonne lunette à deux vèrres, dont l'objectif est de 12. pieds de foyer.

On a dit qu'à Péking la Ville Tartare a 1. lieue de l'Est à l'Ouest. La Maison des Jésuites François est plus occidentale de $\frac{2}{5}$ de lieue que la partie orientale de la Ville. Et le Collége des Jésuites Portugais où le P. Kegler obsèrve, est plus occidental que la Maison des Jésuites François de près d'$\frac{1}{7}$ de lieue. Il est aussi plus au Sud de près d'une minute & 20". de degré.

1724. 15e. Octobre. Soir. Horloge corrigée. Emèrsion du prémier Satellite de ♃

P. Gaubil . . . . . 5h. 47'. 0".

L'émèrsion fut obsèrvée à 5h. 45'. de l'horloge non corrigée. Dans le temps de l'Obsèrvation

L

l'horloge retardoit de 2'. Ainsi l'émèrsion fut vèrs les 5h. 47'. du soir. Depuis trois jours on avoit reconnu que l'horloge étoit à 2. ou 3". près d'accord avec le moyen mouvement, & le 15e. après 7. heures du soir on examina l'état de l'horloge par deux hauteurs de Fomahan. Le 16. au matin & après midi on prit plusieurs hauteurs du bord supérieur du ⊙, & toutes ces hauteurs du Soleil & de l'étoile ont donné la même correction à très-peu de chôse près.

1724. 19. Octobre. Soir. Emèrsion du 2e. Satellite. P. Kegler		6h. 56'.
20e. Nov. Soir. Emèrsion du 2d. Satellite. P. Gaubil		6. 42. 33".
11. Décembre. Soir. Emèrsion du 3e. Satellite. P. Gaubil		5. 49.

Reflexions de MM. Cassini & Maraldi, sur cette Obsèrvation de l'an 1724. tirée de la Lettre que ces Messieurs écrivirent au P. Gaubil le 9. Décembre 1726.

Nous n'avons pû faire à Paris aucune des Obsèrvations des Satellites de Jupiter que vous avez obsèrvées à Péking, parce qu'elles sont arrivées de jour, & il n'y a que celles qui arrivent à Péking après minuit, qui peuvent être obsérvées de part & d'autre.

Pour trouver par vos Obsèrvations la différence des méridiens, nous les avons comparées aux calculs corrigés par les Obsèrvations prochaines. Voici cette comparaison.

L'an 1724. le 28e. Aoust. Emèrsion du prémier Satellite
à Péking 10h.33'.0". soir.
à Paris par le calcul elle arriva a 2. 55. 37. après midi

Différence	7. 37. 25.
6. Sept. Emèrsion à Péking	7. 2. 30.
à Paris par le calcul	11. 25. 23.
Différence	7. 37. 7.
20. Sept. à Péking. Emèrs.	10. 56. 4.
à Paris par le calcul	3. 17. 21.
Différence	7. 38. 43.
29. Sept. à Péking. Emèrs.	7. 22. 30.
à Paris par le calcul le matin du 28.	11. 44. 28.
Différence	7. 36. 2.
6. Octob. à Péking. Emèrsion du prémier	9. 17. 10.
à Paris par le calcul	1. 41. 20.
Différence	7. 36. 50.

Ces Obsèrvations ont été faites à Péking avec une lunette de 12. pieds, au lieu que celles de Paris ont été faites avec une lunette de 17. C'est pourquoi il faut ôter 15. ou 20. secondes à la différence des méridiens qui en résulte, pour avoir une différence telle qu'elle résulteroit par des Obsèrvations faites avec des lunettes d'une égale longueur.

Obsèrvations des Satellites de ♃ faites à Péking en 1725.

1725. 23e. Juin. Matin. Immèrsion du 3e. Satellite.
P. Gaubil 2^{h}.28′.

8. Juillet. Matin. Immèrsion du prémier Satellite.
P. Gaubil. 2. 55. 21″.

8. Aouſt. Soir. Immèrſion du prémier Satellite.
P. Gaubil. 11. 27. 20.
P. Kegler de même.

18. Septemb. Soir. Emèrſion du prémier Satellite.
P. Kegler 6. 51. 30.
P. Gaubil 6. 50. 0.
L'Obsèrvation n'eſt pas ſûre.

2. Octob. Soir. Emérſion du prémier Satellite.
P. Gaubil 10. 45. 0.

3. Octobre. Soir. Emèrſion du prémier Satellite.
P. Gaubil 7. 27. 40.

11. Octob. Matin. Emèrſion du prémier Satellite.
P. Gaubil 0. 41.

11. Octob. Soir. Emèrſion du prémier Satellite de ♃.
P. Gaubil 7. 10. 22.
P. Kegler 7. 9′.

1725. 13. Octob. Soir. Emèrsion du 2e. Satellite de ♃.

P. Kegler	6. 26.
15. Octob. Soir. Emèrsion du 3e. Satellite.	
P. Kegler	10. 20.
P. Kegler. Immèrsion	7. 3.
Emèrsion de dèrrière le disque de ♃	
P. Kegler	6. 46.
18. Octob. Soir. Emèrsion du prémier Satellite.	
P. Gaubil	9. 6. 23.
19. Octob. Soir. Emèrsion du prémier Satellite.	
P. Gaubil	5. 46. 8.
20. Octob. Soir. Emèrsion du 3e. Satellite.	
P. Gaubil	6. 25. 40. douteuse.
Emèrsion du 2e. Satellite.	
P. Kegler	9. 6.
25. Octob. Soir. Emèrsion du prémier Satellite.	
P. Gaubil	11. 5.
26. Octob. Soir. Emèrsion du prémier Satellite	7. 38. 30.
27. Octob. Soir. Emèrsion du 2e. Satellite.	
P. Gaubil	11. 45. 30.
3. Novemb. Soir. Emèrsion du prémier Satellite.	
P. Gaubil	7. 27. 40.
19. Novemb. Soir. Emèrsion du prémier Satellite.	
P. Gaubil	5. 46. 8.

1725. 20. Nov. Soir. Emèrſion du 3ᵉ. Satellite.

P. Kegler	6h. 26'. 0".
P. Gaubil	6. 25. 40. douteuſe.

26. Novemb. Soir. Emèrſion du prémier Satellite

P. Gaubil	7. 38. 30.

12. Décemb. Soir. Emèrſion du prémier Satellite.

P. Gaubil	5. 52. 56.
P. Kegler	5. 53. 48.

16. Décemb. Soir. Emèrſion du 2ᵉ. Satellite.

P. Gaubil	5. 59. 0.

23. Décemb. Soir. Emèrſion du 2ᵉ. Satellite.

P. Gaubil	8. 31. 40.

Toutes ces Obsèrvations des Satellites de ♃ faites par le P. Gaubil, ont été faites avec une lunette de 12. pieds. La pendule a été corrigée à l'ordinaire, & le Quart de cèrcle eſt de 26. pouces de rayon, & fait les hauteurs trop grandes de 20'. à 30".

On n'a point marqué la longueur du foyer de la Lunette du P. Kegler.

A en juger par les Obsèrvations du 18. Septembre & du 11. Octobre, il paroît qu'il ſe sèrvoit d'une lunette plus longue que le P. Gaubil. Tout ce que le P. Gaubil en marque, c'eſt que le Père Kegler ſe sèrt de lunettes qu'il eſtime.

En 1726. 2. Octob. Le P. Gaubil marque plus préciſément que pour les Immèrſions & Emèrſions des Satellites de ♃. Le P. Jacques s'eſt ſèrvi d'une lunette excellente de 11. pieds, dont les vèrres furent donnés au P. De Fontenay par feu M. Picard.

Que pour lui il s'est constamment servi d'une excellente lunette de 14. pieds, donnée aux Jésuites François de Péking par feu M. Cassini, & que c'est par les hauteurs correspondantes du bord supérieur du ☉ qu'il a toûjours réglé la pendule à demi-secondes du Sieur Thuret, que MM. Cassini, Picard & de la Hire procurèrent aux PP. Bouvet & De Fontenay.

Comparaison de ces Observations faites à Péking en 1725. avec celles qui ont été faites à l'Observatoire à Paris, tirée de la Lettre de MM. Cassini & Maraldi déja citée.

En 1725. le 8e. Aoust. Immersion du prémier à Péking 11h. 27'. 20".
A Paris par le calcul corrigé 3. 51. 28.

Différence 7. 35. 52.

Cette immersion ayant été observée à Péking avec une lunette de 12. pieds, aura été vûe 15. ou 20". plûtôt qu'avec une lunette de 17. C'est pourquoi en les ajoûtant à la différence trouvée, on aura 7h. 36' 7".

13. Octobre. Emersion à Péking 6. 26. 0.
A Paris par le calcul corrigé par une Observ. du 9. 11. 49. 24. matin.

Donc différence des méridiens 7. 36. 36.

Cette immèrsion ayant été obsèrvée à Péking avec une lunette de 12. pieds, il faut retrancher 15. ou 20″. & on aura pour différence 7h.36′.20″.

Le 18. Octob. Emèrsion du prémier à Péking à	9. 6. 23.
A Paris par le calcul corrigé à	1. 29. 39.
Différence des méridiens	7. 36. 44.

Obsèrvations des Satellites de ♃ faites à Péking en 1726.

1726. 2. Janv. Soir. Emèrsion du second Satellite.		
P. Gaubil. P. Kegler	6h. 15′. 0″.	
4. Janv. Emèrsion du prémier Satellite.		
P. Gaubil	5. 57. 8.	
P. Kegler	5. 57. 10.	
6. Janvier. Soir. Emèrsion du 4e. Satellite		
P. Gaubil	7. 44.	douteuse.
P. Kegler	7. 45. 0.	
9. Janvier. Soir. Immèrsion du 3e. Satellite		
P. Gaubil	7. 8. 0.	
P. Kegler	7. 8. 0.	
11. Janvier. Soir. Emèrsion du prémier Satellite.		
P. Gaubil	7. 49. 0.	
P. Kegler	7. 49. 50.	

17. Janv.

1726. 17. Janvier. Soir. Emèrſion du 2e. Satellite.

P. Gaubil	5^h. 29'. 0".
P. Kegler	5. 29. 0.

27. Janvier. Soir. Emèrſion du prémier Satellite.

P. Gaubil	6. 5. 30.
P. Kegler	6. 5. 30.

1. Aouſt. Matin. Immèrſion du 2e. Satellite.

P. Gaubil	2. 8. 0.
P. Kegler	2. 8. 0.

12. Aouſt. Matin. Immèrſion du prémier Satellite.

P Gaubil	3. 3. 30.
P. Kegler	3. 3. 30.

20. Aouſt. Soir. Immèrſion du prémier Satellite.

P. Gaubil	11. 28. 9.
P. Kegler	11. 28. 15.

25. Aouſt. Soir. Immèrſion du 2e. Satellite.

P. Kegler	11. 22. 0. douteuſe.
P. Gaubil	11. 23. 15.

28. Aouſt. Matin. Immèiſion du prémier Satellite.

P. Gaubil	1. 23. 45.
P. Kegler	1. 23. 30.

2. Sept. Matin. Immèrſion du 2e. Satellite.

P. Gaubil: un peu douteuſe.	2. 0. 0.

4. Sept. Matin. Immèrſion du prémier Satellite.

P. Gaubil	3. 20. 0.
P. Kegler	3. 18. 48.

1726. 5. Sept. Soir. Immèrsion du prémier Satellite.

P. Kegler	9h. 49'. 25".
P. Gaubil	9. 49. 25.

9. Sept. Matin. Immèrsion du 2e. Satellite.

P. Gaubil	4. 34. 0.
P. Kegler	4. 34. 0.

11. Sept. Matin. Immèrsion du prémier Satellite.

P. Gaubil	5. 17. 30.
P. Kegler	5. 17. 30.

12. Sept. Soir. Immèrsion du prémier Satellite.

P. Gaubil	11. 46. 6.
P. Kegler	11. 46. 10.

19. Sept. Soir. Immèrsion du 2e. Satellite.

P. Gaubil	8. 40. 0.

20. Sept. Matin. Immèrsion du prémier Satellite.

P. Gaubil	1. 41. 36.

21. Sept. Soir. Immèrsion du prémier Satellite.

P. Gaubil	8. 11. 22.

25. Sept. Soir. Immèrsion du 2e. Satellite.

P. Gaubil	11. 21. 0.

26. Sept. Soir. Immèrsion du 2e. Satellite.

P. Gaubil	11. 21. 0.

27. Sept. Matin. Immèrsion du prémier Satellite.

P. Gaubil	3. 39. 24.

28. Sept. Soir. Immèrsion du prémier Satellite.
P. Gaubil 10h.7'.30".

1726. 2. Oct. Matin. Immèrsion du 3e. Satellite.
P. Gaubil 0. 29. 30.

4. Oct. Matin. Immèrsion du 2e. Satellite.
P. Gaubil 1. 59. 35.

Immèrsion du prémier Satellite.
P. Gaubil 5. 35. 30.

Comparaison de ces Obsèrvations des Satellites de ♃ faites à Péking, avec celles qui ont été faites à Paris, ou le calcul corrigé.

1726. 11. Aoust à Péking. Immèrsion du prémier Satellite. 15h. 3'.30".
A Paris par le calcul corrigé 7. 28. 30.

Différence des méridiens 7. 35. 0.

20e. Aoust. Immèrsion du prémier à Péking à 11. 28. 9.
A Paris par le calcul corrigé 3. 52. 52.

Différence des méridiens 7. 35. 17.

27. Aoust. Immèrsion du prémier à Péking à 13. 23. 45.
A Paris par le calcul corrigé à 5. 48. 27.

Différence des méridiens 7. 35. 18

1726.		
	3. Septem. Immèrſion du prémier Satellite dans l'ombre de ♃ à Péking à	15h. 20'. 0".
	A Paris par le calcul corrigé ſur l'Obsèrvation faite le 1. Septembre à	7. 44. 27.
	Différence des méridiens	7. 35. 33.
	26. Septem. Immèrſion du prémier dans l'ombre de ♃ à Péking à	15. 39. 2.
	Cette Obsèrvation a été obsèrvée le même jour à Paris à	8. 3. 21.
	Donc différence des méridiens par les Obsèrvations immédiates faites de part & d'autre	7. 35. 41.

Ces comparaiſons ſont tirées de la Lettre écrite par MM. Caſſini & Maraldi aux PP. Gaubil & Jacques au mois de Novembre 1728.

Au reſte comme à raiſon de la différence des Lunettes, on a jugé dans les comparaiſons précédentes qu'il falloit retrancher 15. ou 20". il paroît qu'il faut faire ici le même retranchement, ce qui donne pour différence des méridiens entre Paris & Péking 7h. 35'. 26".

Quant à la comparaiſon des Obsèrvations faites à Péking avec les calculs corrigez pour Paris, ils donnent pour différence des méridiens depuis 7h. 23'. 23". juſqu'à 7h. 38'. 28". dont la différence moyenne eſt 7h. 30'. 55". mais il eſt plus sûr de s'en tenir à la différence qui réſulte de l'Obsèrvation immédiate faite de part & d'autre.

Suite des Obsèrvations faites à Péking en 1726.

1726. Oct. 10.	Soir. Emèrsion du 2e. Satellite. P. Gaubil	5h. 33'. 0".
12.	Soir. Prémière Emèrsion du 3e. Satellite. P. Gaubil	7. 0. 15.
15.	Soir. Emèrsion du prémier Satellite. P. Gaubil	9. 15. 20.
17.	Soir. Prémière Emèrsion du 2e. Satellite. P. Gaubil	8. 9. 2.
19.	Soir. Emèrsion totale du 3e. Satellite. P. Gaubil	8. 46. 30.
	Prémière Emèrsion du 3e. Satellite. P. Gaubil	10. 58. 4.

Ces six dernières Obsèrvations des Satellites ont été faites prèsque les mêmes au Collége par le P. Kegler. Quand on dit prémière Emèrsion, on entend commencement de l'Emèrsion.

1727. Janv. 31.	Soir. Immèrsion entière du 3e. Satellite. P. Gaubil	8h. 44'. 50".
	P. Kegler	8. 45. 0.

Sept. 16. Matin. Immèrsion entière du 1r. Satellite.

P. Kegler	3h. 16′. 15″.
P. Gaubil	3. 16. 25.

Pour les huit dèrnières Obsèrvations des Satellites de Jupiter, le P. Gaubil s'est sèrvi d'une Lunette de 11 ½ pieds, & la pendule a toûjours été corrigée par des Obsèrvations des hauteurs correspondantes du bord supérieur du ⊙.

OBSERVATIONS DE MARS

☌ de ♂ & de la ☾ le 23. Décembre 1725.

Matin.

Obsèrvée par le P. Gaubil.

7h. 2'. 0''. Grimaldus plus boreal que ♂ 5'. 30''.
21. 56. ♂ au centre.
29. 5. Bord supérieur de Grimaldus à l'horaire, & au même centre des fils. C'est-à-dire que ♂ & Grimaldus avoient la même déclinaison.
4h. 30'. ♂ éloigné du bord oriental de la ☾ 33'. 15''.
5. 0. - - - - - 31. 35.

☌ de la ☾ & de ♂ le 19. Janvier 1726.

Obsèrvée par le P. Gaubil.

Horloge non corrigée.
La Lune passe le méridien en 2'. 30''.
Hauteur méridienne du centre de Tycho 72°. 49'.
Le bord occidental de la ☾ passe le méridien
1h. 24'. 15'. avant l'étoile γ de Leo.
Mars passe le méridien 14'. après le bord occidental de la ☾.

♂ & taches en ligne droite.	*Diametre de la ☾ 33'.*
4h.14'.39".Bulliald.Grimal.	♂ éloig.de Bullial.de 37'.42".
38. 30. Ariſtarc.Dionyſ.	♂ élo.du bord de la ☾ 12. 0.
5h.11'.38.Ariſtarc.Grimal.	♂ éloign.d'Ariſtarch.9. 37.
24. 52.Plato, Pitheas.	♂ éloigné de Plato 5. 17.
57. 0.Dionyſ.Tycho.	♂ él.du bord de la ☾ 10.34.
4h.23'.38".Grima.au centre	
24. 52. ♂ au fil oblique.	Diamet.de la ☾ 33'.2".ou 4".
25. 30. ♂ à l'horaire.	
♂ eſt plus boreal.	

Mais n'eſt éloigné du bord le plus près de la ☾ que de 1'. & ce fut ſa plus grande approximation.

Mars n'eſt point éclipſé par la ☾. J'avois crû qu'il le ſeroit pendant quelques minutes.

Comme on étoit perſuadé qu'il y auroit éclipſe, on étoit attentif au moment où ♂ toucheroit le bord de la ☾, & on ne le fut pas au moment où ♂ fut plus près de la ☾, mais ce fut entre 5h.12'.30".
& 5. 15. de l'horloge.

Au temps de ces Obſervations, il faut ajoûter 3'.22". les hauteurs correſpondantes du 18. & du 19. donnérent cette correction. Les hauteurs correſpondantes de Régulus la donnérent auſſi.

Obſervation

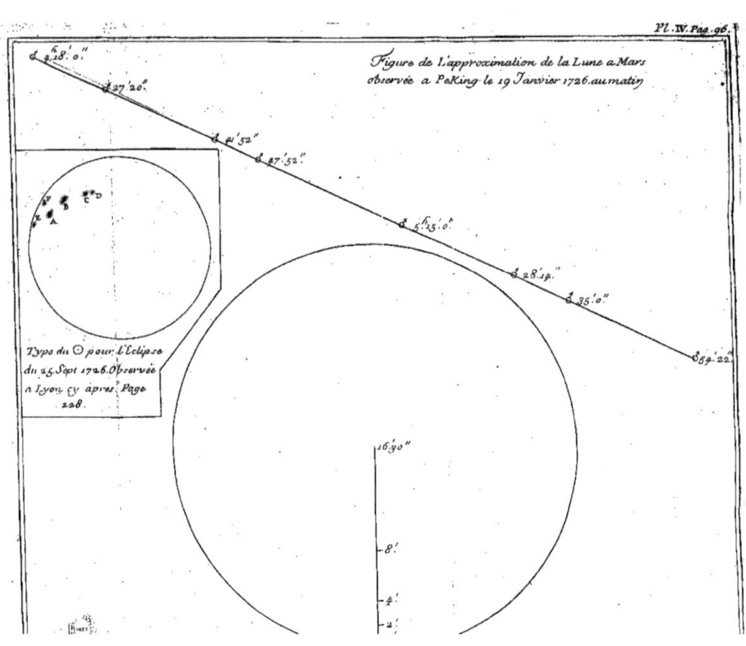
Figure de L'approximation de la Lune a Mars
observée a PeKing le 19 Janvier 1726. au matin
Type du ☉ pour l'Eclipse
du 25. Sept 1726. Observée
a Lyon, cy apres Page
228.
16'30"
8'
4'
2'

Obsèrvation de la même ☌ de ♂ & de la ☾ du 19. Janvier 1726. faite par le P. Kegler.

	Distantia ♂ à margine euroboreo ☾.
1726. 19. Januar. manè. 4^h. 1'. 40".	30'. 20".
31. 42.	15. 20.

♂ & maculæ in rectalinea.	Distantia ♂ à marg. ☾
4^h.41.44". Ariſtarch. Langren.	10'. 55".
51. 44. Ariſtarch. Albateg.	6. 35.
5. 1. 45. Copern. Maurolyc.	
11. 46. Copernic. Tycho.	
33. 48. Manilius Tycho.	
51. 50. Poſſidon. Manilius.	7. 30.
6. 1. 52. Poſſidon. Merſen.	11. 45.
31. 55.	29. 0. à marg. occid.

J'ai reçû une ſeconde fois du R. P. Gaubil la même Obsèrvation faite par le R. P. Kegler, mais avec quelques retranchemens & quelques additions. La voici.

♂ & maculæ in rectalinea.	Distantia ♂ à margine ☾ euroboreo.
1726. 19. Janv. 4^h. 1'. 40".	10'. 55".
11. 40.	26. 0.
31. 42.	15. 20.
4^h.41'.44". Ariſtar. Langreſ.	10. 55.
5. 1. 45. Copern. Mainolyc.	2. 45. dubia diſtant.
51. 50. Poſidon. Menelaus.	7. 30.
Diamet. ☾ 32'. 40".	
6. 1. 52. Poſidon. Merſennus.	11. 45.
11. 52. Proclus, Tycho.	17. 30.
31. 55.	29. 0. diſtantia à marg. occident.

OBSERVATIONS DE VENUS.

Approximation de Vénus à Régulus, observée à Péking par le P. Gaubil.

1724. 3. Juillet. Régulus n'étoit éloigné que de 5'. & quelques secondes, lorsque sa hauteur étoit de 19°. 22'. vers les 8^h. du soir.

Régulus à la hauteur de 13°. 25'. 30". l'horloge marque 8^h. 33'. 55".

A 9^h. 3'. de l'horloge ♀ est éloignée de Régulus d'un peu plus de 2'.

Le P. Kegler trouva au micrométre la distance de ♀ à l'étoile de 5'. 30". à 8^h.

Approximation de ♀ à l'étoile χ dans ♐, observée à à Péking par le P. Gaubil en 1725.

1725. 9e. Novembre. Soir.

5^h. 30'. 0". ♀ au centre.

35. 52. χ dans ♐ à l'horaire. } χ est au Sud.

36. 15. — à l'oblique. }

Approximation de ♀ & de l'etoile γ dans ♑ & de ι dans ♒. obsèrvée à Péking en 1725. le 24. Décembre. Par le P. Gaubil.

1725. 24. Decem. haut. mérid. de ♀ 32°. 34'. 30".
Soir. 5h. 24'. 47". ♀ à l'horaire. | au dessous du centre.
25. 50. à l'oblique.
27. 50. γ dans ♑ au premier oblique. | l'étoile est au Sud de ♀.
28. 30. à l'horaire. | au dessus du centre.
29. 10. au 2e. oblique.
30. 0. ♀ éloignée de γ 57'. 25".
30. Déc. Soir. 5h. 15'. 0". ♀ au centre.
18. 22. ι dans ♒ à l'horaire & plus australe que ♀ de 6'. 20".
31. Déc. Soir. 5h. 30'. ♀ arrive à l'horaire 35'. après ι. ♀ plus boreale de 32'. 50".

Distance de ♀ & de λ dans ♒ obsèrvée à Péking au mois de Janvier 1726. par le P. Gaubil.

1726. Janv. Soir.		Distance de ♀ & de λ dans ♒.
10. Jour.	5h. 30'.	1°. 23'. 30". à l'Ouest.
11.		0. 31. 35. au Sud.
12.		0. 49. 5. à l'Est.
12.	5h. 24'. 0". λ au centre.	
	27. 30. ♀ à l'horaire. ♀ plus australe de 4'.	

Approximation de ♀ à quelques étoiles de ♌ obsèrvée au mois d'Octobre 1726. par le P. Gaubil.

1726. 2. Oct. Matin. $5^h.30'$. L'étoile χ dans ♌ passe à l'horaire 1'. 1". avant ♀.

5. Oct. Matin. $5^h.25'.41'$. ♀ au centre.

26'. 56". L'étoile σ dans ♌ à l'horaire.

♀ plus Sud de 15'. 12".

Distance de ♀ & de l'étoile au micrométre près de 25'. douteuse.

OBSERVATIONS DE MERCURE.

Approximation de ♃ & de ☿ au mois de Janvier 1725. obsèrvée par le P. Gaubil.

19. Janvier. 5h. 19'. du soir. ☿ au centre des fils. Jupiter différoit en ascension droite de 1°. 24'. 36''. ♃ plus boreal que ☿ de 15'. 37''.

20. Janvier. 5h. 39'. du soir. ♃ est arrivé au fil horaire 1'. 55''. de temps après ☿. ♃ plus méridional que ☿ de 13'. 14''.

5h. 50'. Distance de ♃ & de ☿ 30'. 14''. Le P. Kegler obsèrva cette distance plus grande de 1'. 16''.

21. Janvier. 5h. 22'. du soir. ♃ au fil horaire. 1'. 39''. après ☿ est arrivé à l'horaire.

à 5h. 20'. ♃ & ☿ étoient éloignez de 43'. 40''. Le P. Kegler a trouvé cette distance de 43'. 45''.

Approximation de ☿ ♀ ♂ & ♃ en Mars 1725. obsèrvée à Péking par les PP. Gaubil & Jacques, avec les Obsèrvations du P. Kegler.

Ie. Obsèrvation Le 13e. Mars à 5h. $\frac{3}{4}$ du matin.
Distance de ☿ & de ♀ 61'. 50''.
Distance de ♀ & de ♂ 42'. 40''.
Le P. Kegler a fait cette Obsèrvation.

II. Obsèrvation. Le 14e. au matin. ♀ au fil horaire 5^{h}. 31′. 30″.
♂ plus boreal que ♀ de 80″. de degré.
Distance de ♀ & de ♂ 18′. & quelques secondes. Le P. Kegler a obsèrvé la même distance.

III. Obsèrvation. ♀ plus orientale que ☿ en ascension droite de 35′. 55″. à 5^{h}. 49′. 42″.
♀ plus boreale que ☿ de 51′.
Distance de ♀ & de ☿ 61′. C'est le P. Kegler qui a obsèrvé cette distance.

IV. Obsèrvation. Le 15. au mat. ♂ au fil horaire 5^{h}. 32′. 1″.
♀ au fil horaire 5. 32. 34.
Distance de ♀ & de ♂ 10′.
♂ plus boreal que ♀ de 6′. 30″.
Le P. Kegler a aussi obsèrvé la distance de ♀ & de ♂ de près de 10′.

V. Obsèrvation. ☿ au fil horaire 5^{h}. 36′. 19″.
♂ au fil horaire 5. 38. 1.
♀ à l'horaire 5. 38. 34.
Distance de ♀ & ☿ 60′. 30.
Le P. Kegler a trouvé la distance de ♀ & de ☿ de 1°. 1′.

VI. Obsèrvation. Le 16e. au matin 5^{h}. 36′.
Distance de ♂ & de ☿ 42′. 11″.
Hauteur méridienne de ♀ 37. 51.
On a crû voir ☿ & ♃ au méridien, mais on n'a pas eu le temps d'obsèrver, le Ciel s'est brouillé.

VII. Obsêrvation. Le 17. au matin ☿ au fil horaire 5^{h}. 35′. 6″.
♀ au fil horaire 5. 36. 17.
Distance de ♀ & de ☿ 50′. 30″.

VIII. Obsèrvation. ♀ au fil horaire 5. 37. 20.
♃ au fil horaire 5. 38. 12.

♃ est plus boreal que ♀ de 19′. 10″.

Tandis qu'on faisoit ces Obsèrvations, on voyoit dans une lunette de 6. pieds ces Planétes disposées de la maniere ou dans la situation qu'on les a représentées cy-après dans la Planche VIII. Figure 4.

Vers les $5^{h}.\frac{1}{4}$. comme on se diposoit à obsèrver la situation de ♂, cette Planéte disparut sans qu'on s'apperçût d'aucun changement dans l'air.

A 6^{h}. le P. Kegler obsèrva la distance de ♃ & de ♀ 22′. 10″.

IX. Obsèrvation. Le même jour 17. Mars.

Hauteur méridienne de ♀ 38°. 20′.

Dans une lunette de 12. pieds

♃ au fil horaire 10^{h}. 40′. 58″. au matin.

♀ à l'horaire 10. 41. 8.

Distance de ♀ & de ♃ 20′. 20″. ou 30″.

On vit aussi Mèrcure, & il avoit avec ♀ à peu près le même rapport qu'au matin 5^{h}. 35. 6″. Pour ne pas pèrdre le temps, on fut obligé de faire cette Obsèrvation avec un peu de précipitation, & quelques momens après le Ciel s'obscurcit.

Le 18. il y eut des nuages.

X. Obsèrvation. Le 19. au Matin.

♂ au fil horaire 5^{h}. 36′.

♃ au fil horaire 5. 36. 8″.

♃ est plus boreal que ♂ de 19′. 30″.

Distance de ☿ & de ♀ 51′. 40″.

A 6^{h}. le P. Kegler obsèrva la distance de ♂ & de ♃ 20′. 55″.

Distance de ☿ & de ♀ 51′.45″.

Obsèrvée par le même Père.

On s'est servi d'une pendule à demi-secondes corrigée par des hauteurs correspondantes du Soleil, & par plusieurs hauteurs de Rigel.

Les hauteurs méridiennes de ♀ sont telles que les donnoit un instrument de 3. pieds de rayon, qui fait les hauteurs trop grandes de 20′. ou 30″.

Les distances ont été prises au micrométre.

On s'est sèrvi des fils qui se croisent à angles de 45°. & 90°. au foyer de la lunette, & on a connu de combien une Planéte étoit plus boreale ou plus australe que l'autre, en réduisant les secondes de temps employées à aller du fil oblique à l'horaire, & de l'horaire au second fil oblique.

Ce n'est que par un réticule qu'on a connu dans la III. Obsèrvation que ♀ étoit plus boreale que ☿ de 51′. & cette Obsèrvation ne fut pas faite avec toute l'exactitude qu'on auroit souhaité.

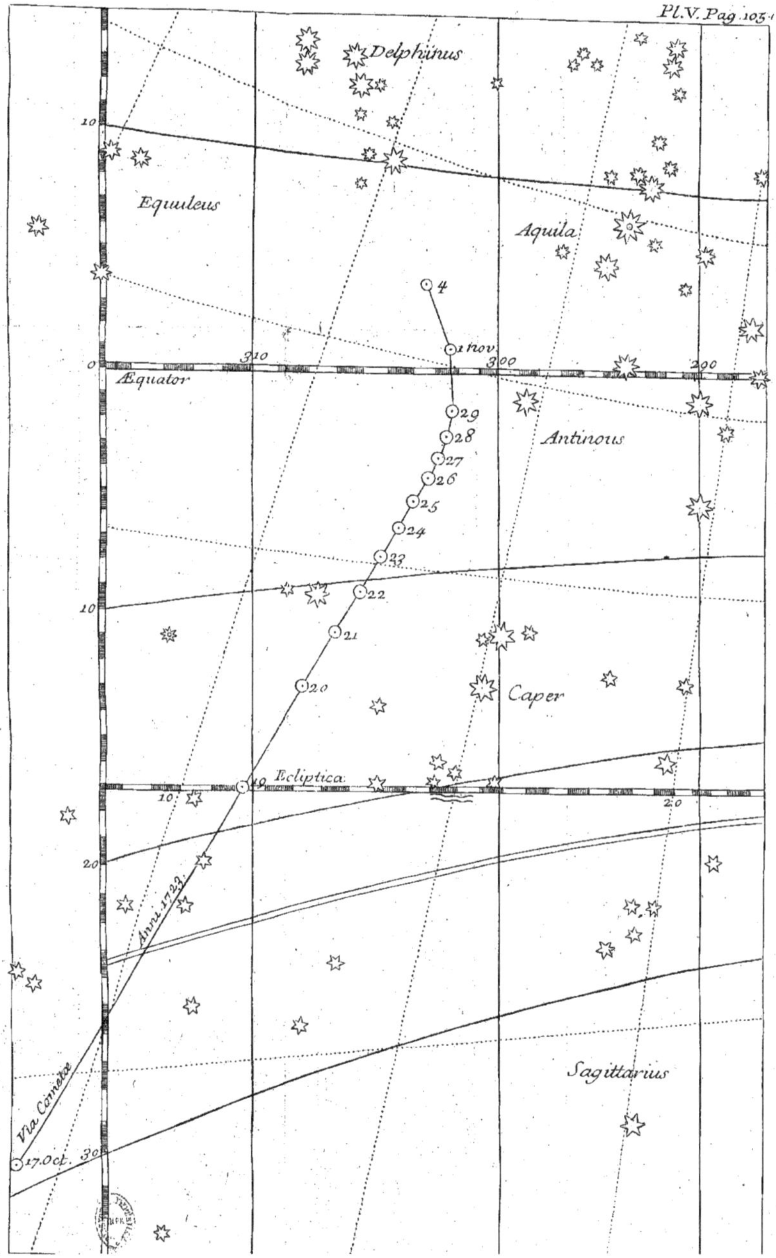

Delphinus

Equuleus

Aquila

Æquator

Antinous

Caper

Ecliptica

Sagittarius

Via Cometæ

Anni 1723.

17. Oct.

1 nov.

4

29 28 27 26 25 24 23 22 21 20 19

310 300 290

10 0 10 20 30

10 20

OBSERVATIONS

DE LA COMÉTE DE 1723. faites à Péking d'abord par des Chinois, & ensuite par les PP. Gaubil & Jacques.

LE 11e. Octobre de l'an 1723. il parut a Péking une Cométe dont voici le cours.

Le 11e. Octobre, quelque tems avant quatre heures du matin, les Chinois commis pour veiller à la Tour du Tribunal des Mathématiques, apèrçûrent pour la prémière fois la Cométe entre le Navire & le grand Chien, un peu au dessus de l'étoile que Bayer marque G. dans la pouppe d'Argo. Elle avoit alors une queue fort longue au Nord-Ouest. Elle passa au méridien à $5^h. 15'$. haute de 11°.

Le 12. après avoir avancé beaucoup au Sud-Ouest, elle parut fort au dessous de la Colombe. Elle passa au méridien à $4^h. 30'$. du matin, haute de $4^o. 30''$.

Elle parcourut ensuite d'un cours fort précipité la partie du Sud.

Le 17e. du même mois elle reparut le soir au dessous de Caper. On obsèrva sa longitude au 12°. de ♒ & sa latitude de $12^o. 50'$. vèrs les 7. heures du soir.

Le 18e. il y eut des nuages.

Le 19e. elle fut obsèrvée sous l'écliptique à $8^o. 49'$. de ♒ vers les 7 heures du soir.

Les jours suivans on l'obsèrva à l'œil dans la Maison des Jésuites François, sur les 8^h. du soir. On se sèrvit de la méthode que donne Pardies, qui est d'examiner les étoiles voisines, & de voir le rapport qu'elles ont avec

O

la Cométe. C'est pour cela que pour faire une petite carte de son cours, on n'a fait que copier l'endroit correspondant de la carte de Pardies, sur laquelle on a marqué jour par jour le lieu de la Cométe. Ainsi pour en avoir la vraye longitude, il faut ajoûter le chemin que les fixes ont fait depuis que les Cartes de Pardies ont été construites, c'est-à-dire depuis 1674.

Réflexions de Messieurs Cassini & Maraldi sur ces Obsèrvations.

Ces Réflexions sont tirées de la Lettre que Messieurs Cassini & Maraldi écrivirent au P. Gaubil le 9. Dec. 1726.

C'Est dommage que les Chinois, qui ont les prémiers vû la Cométe pendant deux jours dans le crépuscule du matin, n'en ayent pas mieux détèrminé la situation. Ils en donnent à la vérité le passage par le méridien, mais apparemment leur horloge n'étoit pas bien réglée, ou le méridien n'est pas éxact : car ayant calculé ces Obsèrvations, elles ne s'accordent pas avec celles qui furent faites à Péking par vos Pères, & par vous-même, ni avec celles que nous avons faites ensuite à Paris, où elle commença de paroître le 17e. Octobre. Les Obsèrvations de la même Comète que vous avez envoyées, & qui sont marquées sur la Carte du P. Pardies, sont conformes à celles que nous en avons faites, autant qu'on en peut juger par la situation qui y est marquée.

Lorsque ces sortes d'apparences arrivent, il est bon d'en détèrminer la situation par la différence d'ascension droite, & de déclinaison à l'égard de quelque étoile qui se trouve en même tems dans le parallele de la Cométe.

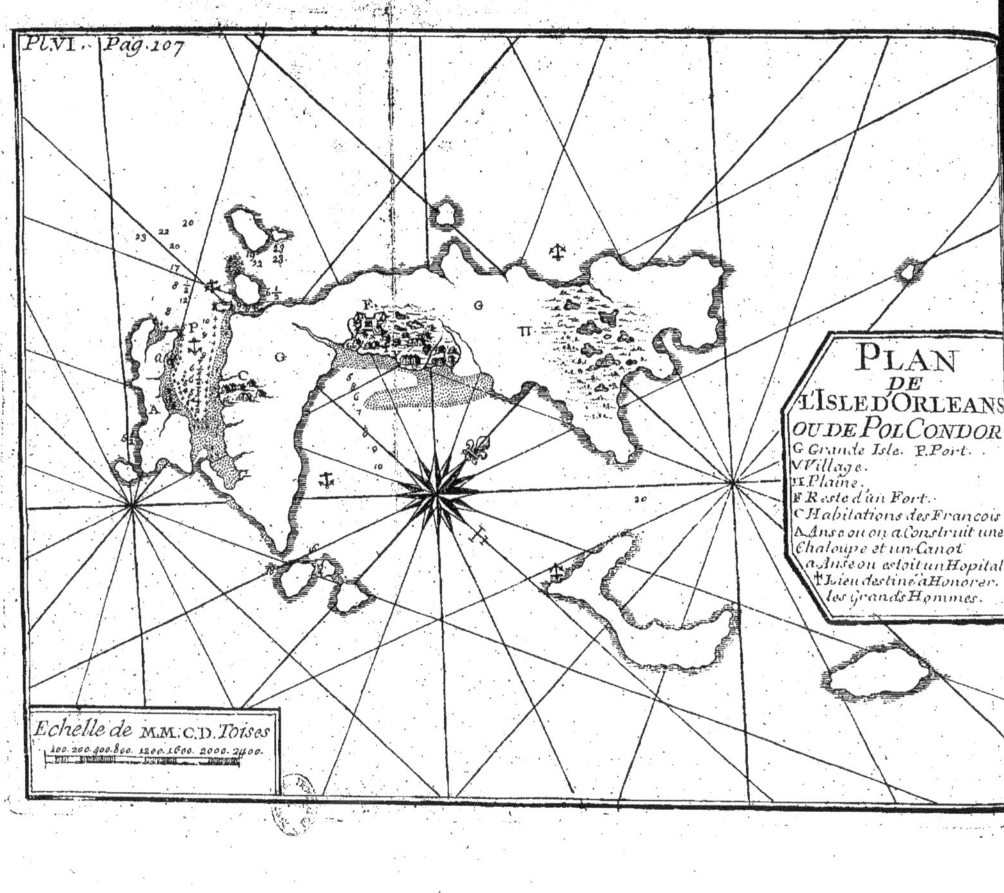
Pl.VI. Pag.107
PLAN
DE
L'ISLE D'ORLEANS
OU DE POL CONDOR
G Grande Isle. P. Port.
V Village.
Π Plaine.
F Reste d'un Fort.
C Habitations des François
A Anse ou on a Construit une Chaloupe et un Canot
a Anse ou estoit un Hopital.
† Lieu destiné a Honorer les Grands Hommes.
Echelle de M.M.C.D. Toises
100. 200. 400. 800. 1200. 1600. 2000. 2400.

OBSERVATIONS GEOGRAPHIQUES.

EXTRAIT d'une Lettre du P. Gaubil au P. E. Souciet, à Poulo-Condor le 23. Févr. 1722.

Longitude & Latitude de l'Isle de Poulo-Condor.

J'Ay observé la Latitude de cette Isle de plusieurs manières.

I°. Par la suite des triangles loxodromiques, j'ai trouvé 8°. 40'. Lat. Nord.

II°. Par une ligne méridionale, un stile, & l'ombre du Soleil, j'ai trouvé 8°. 38.

III°. Par l'arbalestrille, en corrigeant l'opération par la parallaxe, la réfraction & la hauteur de l'Oeuil sur mèr, j'ai trouvé 8. 37. 34".

IV°. Et voici celle à laquelle je m'arrête. Le 15. Févr. (1722.) je traçai une ligne méridienne ; je trouvai à midi la hauteur apparente du limbe supérieur du Soleil de 60°. 30'. 0".

Otant le demi-diamétre du Soleil de	16. 20.
Et la réfraction de	0. 0. 34.
En ajoutant la parallaxe de	6.
Reste pour la hauteur du centre du ☉	60. 13. 12.
Le complément est donc de	29. 46. 48.
De ce complément j'ôte la déclinaison	21. 11. 34.
Reste	8. 35. 14.

Le 24. Janvier la déclinaison du Soleil étoit de 21°. 21′. Sud à Boulogne, & le 15. de 21°. 9′.

L'instrument dont je me suis sèrvi est une bonne planchette d'un demi pied de rayon, où il y a une bonne lunette à deux vèrres, & deux fils qui se divisent.

Je prends la longitude de Poulo-Condor de 105°. à l'Orient du méridien de Paris, & voici mon raisonnement.

Selon M. Manfredi & M. Des Places, Batavia est plus Orientale que Paris de 104°. Nous mouillâmes à la fin d'Octobre vêrs la pointe de Bantam la plus Nord de celles du détroit de la Sonde du côté de Java. Ainsi la longitude de cette pointe m'étoit connue. De cette pointe jusqu'ici, la route est prêsque toûjours Nord, tirant un peu vêrs l'Ouest. Châque jour j'ai pû corriger l'èrreur de la route calculée, ou par les lieux connus, ou par la hauteur méridienne : & j'ai trouvé Poulo-Condor, plus orientale que Batavia d'ûn degré.

M. De la Hire marque Batavia plus à l'Ouest ; les vieilles cartes Hollandoises la marquent plus à l'Est. Vous pouvez, mon Reverend Père, aisément sçavoir sa longitude : mais je croi sûre celle de M. Manfredi ; je ne sai même si elle n'est pas fondée sur quelque Obsèrvation.

Remarque.

M. De la Hire, au moins dans la seconde édition de ses Tables Astronomiques, ne diffère point de M. Des Places, & de M. Manfredi, sur la longitude de Batavia, ou plûtôt M. Des Places, & M. Manfrédi l'ont prise de M. De la Hire, qui met 6h. 56′. de différence entre les méridiens de Paris & de Batavia. Or 6h. 56′. réduites en parties de l'Equateur, donnent 104°. justes. Ainsi Batavia, selon eux, est plus Orientale que Paris de - - - - - 104°. 0′. 0″.

Si donc Paulo-Condor est plus Oriental que Batavia de - - - - 1. 0. 0.

Poulo-Condor est plus Oriental que Paris de - - - - 105. 0. 0.

Mais M. de la Hire ne marque point si la différence qu'il met entre le méridien de Paris & celui de Batavia est fondée sur des Obsèrvations.

Au contraire M. Harris dans son Dictionnaire des Arts, a donné une liste de la longitude & de la latitude de plusieurs lieux, dans laquelle il marque ceux dont la longitude & la latitude ont été déterminées par des Obsèrvations célestes, & Batavia est du nombre.

Pour la latitude, il ne diffère point de M. De la Hire : c'est - - - - 6°. 15'. 0".

Quant à la longitude il en diffère de 5. à 6. degrez.

Car selon M. Harris Batavia est plus Orientale que l'Obsèrvatoire de Grenvvich de 100°. 43'. 0".

Paris est plus Oriental que Grenvvich de 2. 15. 0.

Ainsi Batavia est plus Orientale que Paris de - - - - - - 98°. 28. 0.

Paulo-Condor étant plus Orientale que Batavia de - - - 1.

Elle est plus Orientale que Paris de 99. 28. 0.

Selon M. de la Hire la différence des méridiens de Paris & de Londres est de 9h. 10'. 0". qui réduites en parties de l'Equateur, donnent - 2°. 17'. 30".

Selon M. Harris, l'Obsèrvatoire de Grenvvich est plus Orientale que Londres de 5'.

Et par conséquent plus occidental que Paris de - - - -	2°. 12'. 30".
Ainsi de la différence des méridiens de Grenvvich & de Batavia marquée par M. Harris	100°. 43' 0".
Retranchant - - -	2. 12. 30.
Il s'ensuit que la différence des méridiens de Batavia & de Paris est de	98°. 30'. 30".
Poulo-Condor étant plus Oriental que Batavia de - - - -	1
Poulo-Condor est plus Oriental que Paris de - - - - -	99. 30. 30.
Par conséquent en attendant que le R. P. Feuillée nous donne son voyage au Pic de Ténérif & les Observations qu'il y a faites, supposant, comme on a fait jusqu'ici, la longitude de l'Observatoire de Paris	20°. 0'. 0".
Il s'ensuit qne selon le prémier calcul Poulo-Condor étant plus Oriental que Paris de - - - - -	99. 28. 0.
La longitude de cette Isle est	119. 28. 0.
Et selon le second calcul Poulo-Condor étant plus Oriental que Paris de	99. 30. 30.
Sa longitude est de - -	119. 30. 30.

Suite de la Lettre du R. P. Gaubil.

La Religion & le langage des Habitans de Poulo-Condor ont quelque chôse de remarquable. Du reste l'Isle ne produit rien, ni oranges, ni bananes, ni ris, &c. Il faut tout faire venir d'ailleurs. En récompense la mèr y fournit beaucoup de poisson. L'Isle n'a pas plus de trois lieues de long sur une lieue & demie de large. Elle a deux bons ports. Le meilleur est SE. & NO. entre deux Isles. L'autre est aussi SE. & NO. parallele à celui-ci.

Autres Obsèrvations sur l'Isle de Poulo-Condor par le même Père.

I.

POulo-Condor est la plus grande, & la seule habitée des Isles & des Islots qui portent ce nom, qui leur est commun, & qui se donne aussi en particulier à celle dont je parle. Ces Isles & Islots sont si près les unes des autres, qu'étant à trois ou quatre lieues au large, on croit voir une seule Isle. Les habitans du Pays l'appellent Conon, & quelques François lui donnent aujourd'hui le nom d'Isle d'Orleans. Poulo-Condor signifie Isle-Condor.

II. *Latitude de cette Isle.*

Par plusieurs hauteurs méridiennes du centre, & des bords inférieurs & supérieurs du Soleil, obsèrvées dans les mois de Janvier & de Février 1722. nous avons trouvé que le Port de Poulo-Condor est situé par le 8°. 35'. de latitude Septentrionale.

Par la hauteur méridienne prise sur une fléche, & trois autres prises par le moyen d'un stile placé pèrpendiculairement sur un plan horizontal, j'ai trouvé que la latitude étoit de 8°. 37'.

Remarque.

Le P. Gaubil ayant trouvé la Latitude de Poulo-Condor - - - 8°. 35′. 0″.
& - - - - - - 8°. 37. 0.

J'ai cru qu'il falloit prendre la moyenne latitude entre ces deux trouvées ; c'est pour cela que dans les Tables qui sont à la fin de ce Livre, je l'ai marquée 8°. 36′. 0″.

Ainsi Dampier s'est trompé quand il place ces Isles - - - 8°. 40′.

Les cartes, qui mettent cette Isle par le 8°. 40′. ou 45′. 50″. doivent être corrigées.

III. *Longitude de Poulo-Condor.*

Par l'estime que j'ai faite du chemin depuis la pointe de Bantam dans le détroit de la Sonde, j'ai trouvé que Condor est d'un degré plus Orientale que Batavia.

Remarque.

		H.	M.	S.	D.	M.	S.
La longitude de Batavia est	selon M. De la Hire	6.	56.	0.	104.	0.	0.
	selon M. Des Places	6.	56.	0.	104.	0.	0.
	selon M. Harris	* 6.	33.	49.	68.	24.	25.
Par conséquent celle de Poulo-Condor sera sel.	M. De la Hire. & M. Des Places.	7.	0.	0.	105.	0.	0.
	selon M. Harris	6.	37.	39.	99.	24.	45.

IV

IV. *Variation de l'Aiman.*

Par les amplitudes ortives & occases de Soleil observées au mois de Mai 1722. on a trouvé que l'Aiman déclinoit vèrs l'Oueſt d'un degré & de quelques minutes.

Sur une méridienne tracée par M. Didier Ingénieur du Roi & Commandant dans l'Iſle, nous avons trouvé la déclinaiſon de l'aiguille d'un degré vêrs l'Oueſt.

La carte des Variations de M. Halley marque auſſi qu'en 1700. la Variation étoit à Poulo-Condor d'un degré vêrs l'Oueſt.

V. *A quelle diſtance on voit Poulo-Condor.*

Le 2e.jour de Juin 1722. dans mon voyage de la Chine, j'obsèrvai par un beau temps en mèr la hauteur méridienne du centre du Soleil, je trouvai que le vaiſſeau étoit à 8°. 51'. de latitude Septentrionale ; je relevai alors les plus hautes montagnes qui ſont ſur le port de Poulo-Condor, je les trouvai à OSO. Juſqu'à 5. heures du ſoir nous fimes la même route, & je vis que le vaiſſeau ne dérivoit point. On fit dans cet eſpace de temps pour le moins 5. lieues. A 5. heures on voioit diſtinctement le ſommet des montagnes. Ainſi par un beau temps Poulo-Condor ſe voit pour le moins de 16. lieues.

VI. *Marées de l'Iſle de Poulo-Condor.*

Les jours de la nouvelle & de la pleine Lune il eſt haute mèr à $2^h \frac{3}{4}$. après midi. La mèr hauſſe & baiſſe ordinairement de 9. pieds. Les changemens qui arrivent ailleurs le troiſiême jour après la nouvelle & la pleine Lune, les jours des Equinoxes, des Solstices & des nouvelles Lunes sont à Poulo-Condor fort irréguliers.

VII. *Vents & Pluyes.*

Nous arrivâmes à Poulo-Condor le 7. Septembre 1721. Les vents réglés d'Oueſt, tirant vêrs le Sud, ceſsèrent de ſouffler trois ſemaines après l'Equinoxe de Septembre. Enſuite pendant près de 15. jours les vents furent variables & très-forts. N. NO. & NNO. Ils ſe fixèrent enfin au NE. NNE. ENE.

Dans les mois de Janvier & de Février il y eut quelquefois des vents de SE. Près d'un mois après l'Equinoxe de Mars les vents d'Eſt ceſſèrent de ſouffler. Des vents variables & violents regnèrent environ 3. ſemaines. A ceux-ci ſuccédèrent les vents de SO. Et nous ſortîmes du port le prémièr Juin pour aller en Chine.

Quand nous arrivâmes à Condor les pluyes étoient continuelles : elles durèrent juſque vêrs le 15. ou le 16. de Novembre, & toûjours très-fortes. Le temps fut enſuite aſſés inconſtant pendant trois ſemaines. Le beau temps vint enfin & dura juſqu'à la fin d'Avril. Vêrs cette ſaiſon le temps ſe brouilla. Il y eut beaucoup d'éclairs & de coups de tonnèrre. Peu de jours ſe paſſoient ſans grains. A meſure que nous avançions dans le mois de May les pluyes devenoient plus fortes & plus fréquentes. On dit que dès le 10ᵉ. au 12ᵉ. de Juin elles deviennent prèſque continuelles.

VIII. *Phénoménes vûs à l'Iſle de Poulo-Condor.*

Le 24ᵉ. Septembre 1721. on vit vêrs les trois heures après midi, une pompe d'une hauteur & d'une groſſeur extraordinaire. Je n'en fus pas témoin, ainſi je n'en rapporte aucune particularité.

Vêrs la fin de Novembre & le commencement de Décembre de la même année, je vis beaucoup de tourbillons d'eau. L'eau bouillonnoit d'abord, les vagues se dispôsoient en rond, le diamétre de l'eau qui bouillonnoit étoit de 4. à 5. pieds. Des vapeurs assés épaisses montoient à 14. & à 15. pieds. L'eau en colonne cilindrique, couroit en ligne droite jusqu'à 30. & 40. pas. Ce Phénoméne duroit communément 4. à 5. minutes.

IX. *Poissons.*

La Mèr de Poulo-Condor abonde en bons poissons de toute espéce. Il y a quantité de tortues de mèr : elles sont très-grandes & fort bonnes de la mousson d'Est, surtout dans les mois de Janvier, Février & Mars. L'écaille & l'huile de ces animaux sont d'un grand secours aux Habitans de l'Isle pour leur commèrce avec la tèrre fèrme.

On y trouve en quantité un petit poisson sèmblable à l'Anchois. Les Insulaires ont de grandes cuves pour en faire une saumure qu'ils appellent MAN. Ils le portent à la Cochinchine, & ils la trouvent fort bonne pour assaisonner leur ris.

On voit sur les Côtes de l'Isle beaucoup de Requins d'une grôsseur extraordinaire. Les Milêts, les Rougêts, les Bécunes, les Rès, les Tatares, & cent autres espéces de poissons, y sont fort communes, & pour peu de chôse on pourroit pèrsuader aux Habitans d'en apporter tant qu'on voudroit.

X. *Oiseaux.*

Il y a fort peu d'oiseaux à Poulo-Condor, surtout très-peu de gibier. Les Ramiers n'y ont point de gout. On voit quelques oiseaux de la grandeur d'une Gélinote. Leur couleur eſt un beau vèrd de mèr. Ils ont à l'extrémité de la queue une bande blanche. Leur tête reſſemble aſſés à celle d'un Pigeon. Leur chair eſt grisâtre & fort délicate. Ces oiſeaux ont tous dans le géſier deux petites pièrres. On voit dans le Port pluſieurs Epèrviers qui font une guèrre continuelle aux poiſſons.

XI. *Animaux tèrreſtres.*

On voit dans cette Iſle une quantité prodigieuſe de Singes, qui ont tous la queue fort longue.

J'y ai obsèrvé cinq eſpéces de Lézards. Les uns ſont comme ceux de France. D'autres ſont de la groſſeur & de la grandeur des Sèrpens ordinaires. Il y en a qui ont des aîles (1). Ceux-ci ſont de la grandeur & de la couleur ordinaire des Lézards. Au deſſous du menton ils ont une bourſe de la figure d'un cœur & de couleur blanche. Elle s'enfle & ſe déſenfle dans la reſpiration. On trouve d'autres Lézards plus grôs qui ont des écailles, & l'air affreux. Leur morſure eſt mortelle; ils ſe mettent dans le creux des arbres, & ſur le ſoir ils pouſſent de grands cris. On diroit que c'eſt quelque grôs oiſeau pèrché ſur l'arbre; on regarde de tous côtés, & l'on eſt bien ſurpris de trouver que celui qui fait tant de bruit, eſt un petit Lézard. On l'appelle *Koqué*, parce qu'il paroît prononcer ce mot quand il crie. Les Lézards de la cinquiême eſpéce ſont grands, couvèrts d'écailles. Ils ont des mains & des pieds auſſi grands qu'en ont des enfans de 15. ans. Ces mains & ces pieds ſont armés de crochêts au bout. La queue de ces animaux eſt triangulaire. Ils ont juſqu'à 7. & 8. pieds de long. On dit qu'ils ſont bons à manger.

(1) Voyez dans les Obsèrvations Phyſiques la deſcription de ce Lézar, & la figure qu'on en a fait graver. Pl. VIII. Fig. 1.

On voit encore à Poulo-Condor plusieurs (1) Ecureuils qui volent. Des Râts qui ont les oreilles semblables à celles des hommes; Des Chauve-souris aussi grôsses & aussi grandes que des Poules; Des Papillons qui ont des trompes.

Dans l'Isle qui est au Sud-Ouest du Port, il y a plusieurs Bœufs sauvages.

Dans toutes les Parties de l'Isle on voit beaucoup de Poules & de Coqs, qui de domestiques sont devenus sauvages.

Il y a quantité de Serpents, de Râts, de Fourmies, & toutes sortes d'insectes qui infectent tout.

XII. *Arbres & Plantes.*

Les Isles & les Islôts sont couvertes partout d'Arbres toûjours verdoyants. Ils sont en général fort grôs, hauts, droits, & fort durs.

Les Aréquiers, les feuilles de Béthel y sont très-communes. On voit beaucoup de Bambou & de Rotin, des Pignoniers d'Inde, des Arbres à laict, des Ebéniers de toute espéce, des Manguiers & des Muscadiers sauvages.

Il y a un petit arbrisseau, qui a des grappes de raisin sauvage: c'est plûtôt une espéce de groseilles.

Beaucoup d'arbres sentent très-bon; & de quelques-uns coulent des gommes, dont l'une ressemble fort au Benjoin.

Un Arbre fort commun à Poulo-Condor & fort beau est celui d'où découle une espéce d'huile que Dampier appelle Goudron. Il est très-haut, fort droit, & fort grôs. Le bois en est dur; les feuilles & l'écorce approchent beaucoup de celles du Châtaignier. A 3. ou 4.

(1) Voyez dans la planche VIII. la figure de cet animal, Fig. 3.

pieds au dessus de terre on fait un trou à l'Arbre en forme de calote ; on lui donne un pied de haut, un pied & demi de large, & un demi-pied de profondeur. On y met le feu, & quelque temps après l'huile découle. Elle a d'abord la couleur d'huile de noix, ensuite elle est blanchâtre, & dans sa consistance elle est roussâtre ; elle a la consistance du beurre, & elle est d'une odeur fort suave. Toute l'année on peut avoir de cette huile. Le bon temps est en Septembre, Janvier & Février. Les Insulaires en enduisent l'écorce d'un Arbre qu'ils mettent dans un fourreau fait d'aloës sauvage. Ce sont des flambeaux dont la lumière est fort claire. Cet Arbre, comme bien d'autres, est fort bon pour les mâts, vergues, bordages, &c. On trouve encore dans cette Isle beaucoup d'autres Arbres propres à faire toutes sortes d'ouvrages.

Pour les Arbres Fruitiers ils sont en grand nombre, mais prêsque tous sauvages. On voit des Amandiers, des Nêfliers, on trouve des pignons renfermez dans une grôsse gousse rouge ; étant grillez ils ont le goût du mârron. On voit une espéce de Sorbe, & beaucoup d'autres fruits très-beaux à voir, mais insipides, & peut-être dangereux. En général beaucoup de ces Arbres ont la feuille de Noyer.

On ne voit dans l'Isle que quelques Cotoniers, Papayers, Citroniers, Tamariniers. Tous les Arbres Palmistes y sont sauvages. On y voit du Squolante, du Capillaire, des Ananas, beaucoup d'Aloës sauvage ; les Lataniers & Bananiers y sont aussi sauvages. On dit que les Botanistes y trouveroient de belles plantes & de belles fleurs.

XIII. *Le Village de l'Isle.*

Le Village est le seul endroit où il y ait des Habitants. Il est dans la grande Isle, au fond d'une grande baye, dans laquelle on entre par trois grandes passes. Ce Village est entre plusieurs petites rivières dans une plaine qui a la figure d'un demi-cèrcle, dont le demi-diamétre est d'un quart de lieue du SE. au NO. & autant du SO. au NE. Entre deux rivières on voit vèrs le SO. un magasin, un four, & les masures d'un Fort que les Anglois avoient construit. Dans la Planche que l'on a fait graver, & que l'on donne ici, la croix † marque un lieu du Village où l'on voit plusieurs Oratoires dispôsez en demi-rond; au milieu est un grand arbre où l'on met le pavillon les jours de fêtes. Ce lieu s'appelle *Tour*, qui veut dire Seigneur. C'est là que les Insulaires rendent beaucoup d'honneur aux âmes des Héros, des Princes & des Léttrez morts. Ils ont prèsque tous dans leurs cabanes de petits Oratoires qu'ils appellent *Tlan*. C'est-là qu'ils honorent leurs Ancêtres. Vèrs le NE. on voit une espéce de Pagode, où il y a un Bonze fort ignorant.

En basse mèr il y a sur le sable une très-belle promenade, quand le Soleil ou la pluye n'y mettent pas d'obstacle. Le fonds de la baye est admirable, mais les vents d'Est y sont tèrribles.

XIV. *Le Port.*

Dans le lieu marqué P. (*Voyez la Planche.*) est un petit, mais beau Port. L'eau y est pleine de vèrs qui ruinent les Canôts & les Chaloupes. Les montagnes aboutissent prèsque au bord des rivages; les Vaisseaux y sont à l'abri, mais en temps de pluye l'endroit est affreux. On entre & on sort par deux endroits selon la mousson; entre la tèrre de la grande Isle, & un Islot, il y a un passage, on y trouve 8. brasses, mais il est dangereux d'y passer. C'est l'endroit où les François en 1721. s'étoient postez, & où ils ont beaucoup souffert.

XV. *Tèrrein de l'Isle.*

Le Village & la plaine marquée T T sont remplis de marécages ; mais avec de la dépense on pourroit pratiquer, du moins dans le Village, des jardins, des allées, &c. on pourroit semer du ris, des légumes, planter des arbres fruitiers, nourrir de la volaille, des cochons, des brebis, &c.

Vèrs l'endroit C le tèrrein peut avoir en large demi-quart de lieue, & le long du rivage depuis l'entrée du port jusqu'au fonds, on peut pratiquer un chemin.

A mesure qu'on va vêrs le SO. le tèrrein plein s'élargit.

Pour ce qui est du rivage de l'Isle I. les tèrres du côté de l'entrée sont inaccessibles jusqu'au lieu *a* où l'on trouve une petite anse. En basse mèr on peut aller de *a* en A où est une anse plus grande ; & même en cet endroit on peut aisément travèrser l'Isle I. & au milieu de ce passage il y a une petite plaine. Le tèrrein en tous les endroits que je viens de nommer, est sabloneux. Par tout ailleurs ce n'est que rochers, précipices, montagnes escarpées, couvèrtes à la vérité de beaux arbres, mais coupées par mille ravines, remplies d'insectes, de sèrpents, sans fruits, sans fleurs, &c.

Tout cela surtout en temps de pluye, c'est-à-dire près des deux tiers de l'année, fait de Poulo-Condor un des plus mauvais endroits du monde. Les Insulaires font tout venir de la tèrre fèrme : ils n'ont chez eux ni volailles, ni bestiaux, ni ris, ni légumes, ni hèrbages.

XVI *Des Eaux.*

Au dessus du Sud-Ouest du lieu marqué A dans la planche,

planche, & le long du ruisseau C nous avons toûjours trouvé de l'eau assés bonne. L'eau des rivieres du Village, & des fontaines tarit vèrs les mois de Mars & d'Avril, & alors les Insulaires ont recours à d'assés mauvais puits. Dans l'endroit *a* est une belle fontaine, & c'est-là où les Vaisseaux dans le temps des pluyes doivent faire de l'eau.

XVI. *Habitants de Poulo-Condor.*

Les Habitants de l'Isle sont sujêts du Roy de la Cochinchine. Leur demeure dans l'Isle n'est pas fixe. Ce sont de pauvres pêscheurs. Ils font de l'huile de tortue, des bordages, des flambeaux, de la saumure de poisson pour les Mandarins de la Tèrre-fèrme, qui les traitent très-durement. Ils vont & viennent : ils sont un jour 200. ou 300. un autre 400. & quelquefois l'Isle est désèrte. C'est pour cela qu'à Poulo-Condor on ne trouve prèsque rien de ce qui est nécessaire à la vie.

Dans la Cochinchine il y a beaucoup de Chrétiens, & quelques-uns sont quelquefois envoyez à Condor.

Je ne dis rien de la langue des Habitants de l'Isle, de leur Religion, de leurs mœurs, &c. parce que plusieurs Relations de la Cochinchine en traitent.

J'ai obsèrvé que ces peuples ont tous les cheveux longs & noirs, qu'ils croyent la métempsycôse, & qu'ils connoissent les caractères Chinois, & c'est une chôse qui m'a paru digne de remarque, savoir que les peuples de plusieurs Provinces de la Chine, ceux du Tunquin & de la Cochinchine qui ne s'entendent nullement les uns les autres en parlant, s'entendent très-bien en écrivant.

Remarque.

La raison de cela est que ces peuples différens ont

tous les mêmes charactères, & que ces charactères expriment les chôses même & les objêts des pensées, & non point les sons de la voix comme les nôtres.

XVIII. *Du Plan de l'Isle.*

Le Plan de l'Isle a été levé fort exactement par MM. Didier & Vèrrier Ingénieurs du Roy, & Chevaliers de l'Ordre Militaire de S. Louis. Celui qu'on voit ici est une copie de celui qu'ils ont fait. M. le Chevalier de la Vicomté Capitaine de la Frégate la Danaë donna à ces Messieurs des Officiers & des Pilotes pour les aider à prendre une connoissance exacte des fonds, sondes, &c.

Le Plan que Dampier a fait du Port de Condor est fautif en bien des chôses. Il met par exemple le Nord, où il faut placer le Nord-Est. Il ne dit rien de la grande passe.

Les Anglois étoient maîtres de l'Isle. Il y a quelques années qu'ils fûrent égorgez par des Soldats Malayes, & par les gens du Pays. Depuis ce temps-là ils paroissent avoir abandonné l'Isle.

PLAN DE CANTON, sa longitude & sa latitude, sa description par le P. Gaubil.

A Canton 28. Octobre 1723.

J'Ay profité de quelques beaux jours pour chercher avec le P. Jacques la hauteur du Pôle, & voir la ville (de Canton) & les environs. S'il avoit été sûr de paroître avec des instrumens, nous en aurions fait un Plan exact. Voyez la Planche VIII. figure 2.

Canton ou Quan-tong, ou comme nous disons en Chine, Quan-tcheou-fou, est la Capitale de la Province de Canton, la plus méridionale de celles de la Chine.

La Ville & le Faubourg ont à peu près la figure que l'on voit ici, & je croi que la proportion de grandeur de l'une à l'autre y est bien gardée. Pour la grandeur absolue, par plusieurs estimes que j'ai faites, après avoir consideré le chemin que j'avois fait, avec les détours, & après avoir mesuré le temps sur une bonne montre, l'une & l'autre Ville m'ont paru avoir du Nord au Sud une demie lieue de celles qui font un degré de latitude de 20. en 20.

N est le Nord.
F le Sud.
E l'Est.
O l'Ouest.
A la Ville des Tartares.
B la Ville des Chinois.
C un grand Faubourg.
MM une muraille qui sépare les deux Villes.
GGG Faubourg du Sud & & de l'Est.
HHH la rivière.

La petite croix est l'endroit où sont les Jésuites François. Nous y avons constamment observé la hauteur du Pôle de 23°. 8'. Nord.

Pour la longitude nous trouvâmes qu'elle est plus orientale que Toulouse de près de 7h. & 24'. Ce fût sur une éclipse de Lune que nous observâmes le 22. Décembre que nous en jugeâmes ainsi. Car nous trouvâmes que l'éclipse finît à Canton le 22. Decembre 1722. à minuit & 31. minutes, & par le calcul nous vîmes qu'elle devoit finir à Toulouse le 22e. Décembre à 5h. & 7'. du soir. Mais il pourroit bien se faire que les tables dont nous nous sommes servis, & l'horloge que nous avions fussent défectueux On pourra voir en France si notre Observation s'accorde avec celles qu'on aura faites à Toulouse, à Montpellier, ou à Paris *.

Du côté du Nord, la ville Tartare a de grands vuides & est mal peuplée. Du centre jusqu'à la Ville Chinoise, elle est belle, bien bâtie ; elle a de belles rues, bien pavées, & remplies de beaux arcs de triomphe. Comme ils sont disposez en ligne droite, & que les portes se répondent, cela fait un fort bel effet.

Le Palais où les Lettrez se rendent pour honorer Confucius, celui où on les enferme pour les examens, ceux du Viceroy & du Général des troupes sont magnifiques.

La Ville des Chinois n'a rien de considérable, sinon quelques rues du côté du Sud, où l'on voit de belles boutiques ; du reste ces rues sont fort étroites.

Le Faubourg de l'Occident est l'endroit le plus peuplé, & à tout prendre le plus beau à voir. On y trouve

* La différence du méridien de Toulouse à celui de Paris est de 6'. 40''. à ajouter. Ainsi la différence des méridiens de Canton à celui de Paris, seroit de 7h. 17'. 20''. qui réduites en parties de l'Equateur, donnent 109°. 20'. Et supposant Paris au 20°. Canton seroit au 129°. 20'.

une infinité de rues droites, pavées de grands quartiers de pierre de taille, avec de grandes boutiques très-propres. On couvre ces rues à cause de la grande chaleur, & l'on croit se promener dans les galleries du Palais à Paris. On rencontre partout une infinité de portefaix, qui vont & viennent chargez de marchandises. Le Faubourg dont je parle, est encore à remarquer par deux endroits. 1°. Par la belle Eglise bâtie à l'Europeanne par les Jésuites Portugais. 2°. Par les Hams ou Magasins qu'ont les Marchands le long de la rivière.

Je ne dis rien des Faubourgs qui sont au Sud & à l'Est de la Ville. Ce ne sont que de vilaines rues, habitées par de pauvres gens.

La plus belle chôse de Canton est la vûe de la rivière, qui va de l'Est à l'Ouest, & se répand par divêrs canaux vèrs le Sud, Sud-Est, & Sud-Ouest, qui arrôsent partout de grôs villages. Le grand nombre de barques de toutes grandeurs, qui montent & descendent continuellement; des chemins, ou si vous voulez des allées bordées, non pas d'arbres, mais de barques, de vastes plaines semées de ris, & coupées de canaux, ou plûtôt qui n'ont d'autres chemins que des canaux couvêrts de barques que l'on voit marcher à milliers sans voir l'eau, que les bleds, les arbres & les hèrbes dérobent à la vûe; tout cela fait un spectable des plus agréable, & digne assûrément d'être vû.

Les Vaisseaux de Manille, des Indes & d'Europe s'arrêtent à deux lieues & demie de là à l'Orient de la Ville près d'une Isle appellée Vam-pou.

Extrait d'une Lettre du P. Gaubil au P. E. Souciet de la Compagnie de Jesus.

A Canton ce 12. Décembre 1722.

Hauteur de Canton.

TOut ce que j'ai pû faire dans cette Ville, c'est d'en prendre la hauteur du Pôle, & d'y obsèrver la variation de l'aiman. Je n'ai trouvé ni Astrolabe, ni quart de cèrcle, ni anneau Astronomique. J'ai donc eu recours à un Gnomon, & par l'ombre j'ai tâché d'obsèrver la hauteur méridienne du Soleil 3. fois en Septembre, 2. fois en Octobre, 2. fois en Novembre, & 3. fois en Décembre.

Dans les deux prémiers mois, j'ai trouvé constamment la latitude de 23°. 8'. & quelques secondes.

Dans les deux dèrniers mois, j'ai trouvé une diminution de 30. à 35. secondes.

Extrait du Journal du Voyage du P. Gaubil & du P. Jacques de Canton à Péking, contenant plusieurs Observations Géographiques sur la situation des Provinces, Villes & Canaux, &c. qui se sont rencontrez sur la route. Par le P. Gaubil de la Compagnie de Jesus.

Décembre 1722.

LE 31. Décembre nous nous sommes embarquez le matin pour nous rendre à Péking. Nous sommes allé coucher le soir à Fochan à 3. lieues $\frac{3}{4}$. vers l'Ouest de Canton.

Janvier 1723.

Fochan est reputé Village, mais il y a prèsqu'autant de monde qu'à Canton. Il y a un nombre infini de gens sur les barques, comme à Canton. C'est un des endroits des plus considérables de la Chine pour le commerce. Les Jésuites Portugais y ont une belle Eglise.

Le 2e. nous sommes allé coucher près d'un *Tampou*, c'est-à-dire un Corps-de-garde. Quand on fait ici voiage par eau, on a une grande barque dans laquelle il y a une chambre où l'on couche. On a soin de faire faire des provisions, & dans le chemin on trouve abondamment de tout. On mange dans la barque, & il faut des valêts pour servir & pour préparer à manger. Selon qu'on veut & qu'on peut faire de la dépense, on a deux ou trois barques fort propres. Le Tsoumpto avoit donné 850 livres pour les frais de notre voyage, que l'Empereur faisoit, parce que nous allions à Péking par ordre de l'Empereur en qualité de Mathématiciens.

Quand une perſonne eſt Lettrée ou Mandarin, les *Tampous* ou Corps-de-garde de Soldats, ne manquent pas de ſaluer la Barque, qu'ils reconnoiſſent aiſément aux banderolles, aux piques, & aux noms Chinois de ceux qui ſont ſur les Barques. Le ſalut ſe fait ſur de grands Baſſins de cuivre que l'on frappe à diverſes repriſes. Le Baſſin s'appelle *Lo*.

Tous les ſoirs la Barque arrivant au lieu du coucher frappe deux ou trois fois le *Lo*; c'eſt pour avertir les gens du *Tampou*, qu'il y a ſur la Barque des gens dont on doit répondre. Alors le *Tampou* répond par deux ou trois coups de *Lo*, & il eſt obligé de faire garde la nuit pour la ſureté de la Barque dont il répond. Ces *Tampous* ſont portez de lieue en lieue, ou de deux lieues en deux lieues, & ſont tellement diſpôſez que le prémier voit le ſecond. Ils ont des vedetes pour donner en cas de beſoin des ſignaux.

Le 3e. nous ſommes allé dîner à San-Choui-Hien, ville du 3e. ordre, & coucher ſous un *Tampou*. Près de Sanchoui nous ſommes entrez dans une rivière qui va à Nan-yongfou. Sanchoui n'eſt qu'à 5. lieues O $\frac{1}{4}$ NO de Fochan. Le pays eſt un des plus beaux, des plus peuplez & des plus fèrtiles de la Chine.

Le 4e. Nous avons fait aujourd'hui près de 7. lieues vèrs le Nord. Les pays que nous côtoyons ſont bien inférieurs à ceux que nous avons quitté.

Le 5e. Nous avons dîné à Tſin-Yuen-Hien ville du 3e. ordre.

A midi j'ai obſèrvé la hauteur du Pole, & j'ai trouvé que nous étions par les 23°. 45'. Nord, & quelques minutes à l'Occident de Canton. L'aiman m'a paru décliner de deux degrez vèrs l'Occident.

Le 12e. Nous avons paſſé ce matin par Chaou-Tcheou-Fou, grande ville du prémier ordre, au confluent de deux rivières. J'ai eſtimé que Chaotchun eſt par le

29e. degré 51. minutes de Latitude Nord, un peu à l'Est de Canton.

Le 16e. Nous sommes arrivez le soir à Nan-yong-Fou ville du prémier ordre, grande, basse & assez bien bâtie. Il y a deux ponts sur deux rivières & une Eglise d'Augustins Espagnols.

Nang-yong est par le 25°. 17'. de Latitude Nord & plus Oriental que Canton d'un degré & quelques minutes.

Le pays depuis 3. lieues au Nord de Tsin-yven-Hien est pièrreux, montagneux, & mal habité. La rivière fait beaucoup de détours, & est fort difficile à remonter.

On va par tèrre de Nan-yong dèrnière ville de la Province de Canton jusqu'à Nan-gan, première ville qu'on trouve dans le Kiam-si.

Nangan est éloignée de Nan-yong de 6. lieues. Au milieu du chemin est une haute montagne appellée Mélin. Une grande porte de Ville fait la séparation du Kiam-si & du Canton. Le chemin d'une ville à l'autre est escarpé, étroit, mais bien pavé. C'est proprement une chaussée. Un nombre infini de Porteurs & de Portefaix remplissent ce chemin, & je n'ai guére vû de rue dans Paris plus embarrassée. C'est dans ce chemin que l'on connoît le grand commèrce qui se fait dans le pays. Toutes les soyes de Nankin & du Schequian, la Porcelaine du Kiam-si, le coton de Hougan, vont par la rivière de Nangan, d'où l'on transporte ces marchandises & beaucoup d'autres à Nan-yong, & de là à Canton. Ainsi toutes les marchandises qui vont de la Chine en Europe ou aux Indes, tout ce qui vient d'ailleurs à la Chine; tout passe par le chemin dont je parle, & est porté sur les épaules des Portefaix.

Le 17. Nous arrivâmes à Nangan. Les Pères Franciscains Espagnols y ont une belle Eglise.

Le 19. Nous nous embarquâmes à Nangan sur une rivière qui a sa source près de la ville. Elle fait beaucoup de détours entre des montagnes, & va se rendre à Cancheou, & grossie des eaux de plusieurs rivières, elle devient un fleuve considérable. On trouve sur ses bords beaucoup de jolis Bourgs & de Villages, & une Ville du troisiéme ordre nommée Nan-Kam-Hien à près de 14. lieues au N. E. de Nangan.

Cancheou est la seconde ville du Kiam-si. Elle a de bonnes murailles, de belles rues, de beaux Palais, & un grand district. Il y a deux Eglises, l'une de Franciscains Espagnols, & l'autre de Jésuites Portugais.

La Ville est située par les 25°. 52'. de latitude, & est plus orientale que Canton de 2. degrez & quelques minutes.

A trois lieues au Nord de Cancheou on trouve les Che-po-tans. Ce sont des Rochers dont la rivière est couverte. Il faut faire bien des ziguezagues pour passer à travers deux rochers. Quand les eaux sont grandes, le passage est dangereux. Les Chinois en passant font des vœux, & il y a des Bonzes qui ont construit un Temple à l'entrée, & un autre à la sortie de ces écueils. Ils ne manquent pas de demander l'aumône aux passants, & ils ont grand soin de faire voir des listes de Mariniers qui se sont sauvez par les aumônes qu'ils ont faites aux Bonzes.

Après 7. lieues de pays, on arrive à Van-gan-hien, ville du 3e. ordre, très-bien située, & à près de 12. lieues au Nord-Ouest de Cancheou.

On trouve ensuite un pays charmant & abondant en tout, plein de Villes & de Villages. On voit Kiganfou ville du premier ordre, Tai-hio, Kie-Chouey. Hia-Kiam-Hien villes du 3e. ordre; Cancheou gros Bourg où se trouvent toutes les drogues qui sont en Chine; & Fou-Chin ville d'un très-grand commerce. On arrive enfin à Nan-Chan-Fou Capitale du Kiam-si.

Cette Ville est grande & bien peuplée. Il y a quelques belles rues. La rivière qui l'entoure, & qui est couverte partout de grôsses barques, les quais qui regnent le long de la rivière, les jardins qu'on voit en tèrrasse, les Palais des Envoyez de l'Empereur, qui donnent sur le port, tout cela rend la vûe de Nan-Chan très-agrèable. La Ville est par le 28e. degré & 35. minutes de latitude, & un peu à l'Ouest du méridien de Péking. Les Jésuites y ont une Eglise.

Nous prîmes à Nan-Chan la résolution de passer dans le Hanquan : ainsi au lieu de prendre le chemin de tèrre pour Péking, nous continuâmes notre route par eau, & nous partîmes de Nan-Chan le 7e. Février 1723.

Février 1723.

Le 11. Nous arrivâmes à Kieou-Kian le matin, après avoir fait quatre lieues par tèrre.

Kieou-Kian est une grande Ville du premier ordre, elle a une enceinte de bonnes murailles, mais elle est prêsque entièrement desèrte. Les Jésuites François y ont une jolie Eglise. Nous y trouvâmes le R. P. Prémare Jésuite François, & le R. P. Slaviseck Jésuite Alleman de Prague. La Ville est par le 29e. degré 56. minutes de latitude, au Nord de Nan-Chan.

De Nan-Chan à Kieou-Kian, on doit remarquer le Lac Poyan. Ce lac est formé par plusieurs grandes rivières qui s'y déchargent. Son commencement est au 28°. 45'. de latitude au Nord-Est de la Capitale, & sa fin est au 29°. 57'. à l'Ouest de Kieou-Kian, dont il n'est éloigné que de 4. lieues. Le long du Lac il y a des Villes & des Villages, & dans le Lac des Isles assez agréables. Nan-Kan mauvaise ville mal bâtie, se voit sur le bord occidental au 29°. 30'. de latitude. Le Lac va d'abord du Sud-Est au Nord-Oueſt 16. lieues ſur près de 4. lieues de large. Enſuite par le Nord Nord-Eſt il va ſe décharger dans le Kian. Près de Nan-Kan il ſe reſerre, & ſa plus grande largueur n'eſt enſuite que de 2. lieues.

DeNan-Kan à Kieou-Kian on voit la fameuſe montagne de Lachan, où l'on dit qu'il y a plus de 300. Temples d'idoles avec une infinité de Bonzes.

Le 13. Nous nous embarquâmes ſur le grand Kian & le lendemain nous arrivâmes à Hoantcheou dans la Province de Houquam. A peine y fûmes-nous arrivez qu'il s'éleva une furieuſe tempête ; enſuite nous eûmes un très-grand froid ; les montagnes étoient couvèrtes de neige & les ruiſſeaux tout glacez. Nous n'étions cependant qu'au 30°. 26'. de latitude. Le mauvais temps nous y retint quinze jours. Le beau temps étant revenu, nous allâmes prendre le chemin de tèrre à Han-Keou pour nous rendre inceſſamment à Péking, & paſſer à Caifonfu Capitale du Honan, & pour voir ce que l'on pourroit tirer des Juifs qu'on y a découvèrts.

Mars 1723.

Le 6e. de Mars. Nous débarquâmes à Han-Keou ſitué par le 30°. 36'. de latitude, & un peu plus de deux degrez à l'Occident de Péking.

Depuis Kiem-Kian juſqu'à Voutchan les bords du Kian ſont très-agréables ; on y voit de belles plaines, & beaucoup de Bourgs & de Villages.

Vis-à-vis Voutchan on entre dans une rivière appellée Han, c'eſt là où eſt Han-Keou ; à main gauche eſt la ville de Honian. Voutchan, Honian & Hankeou ſont l'endroit de la Chine le plus grand & l'un des plus conſidérables de l'Empire. Quand on voit une multitude prodieuſe de barques, dont quelques-unes ſont aussi grandes que des Navires, une quantité inconcevable de monde aller & revenir sans cesse, on diroit que tout l'Empire accourt à cette ville. Nous fûmes plus d'une lieue & demie sur la riviére ; à tout moment nous rencontrions des barques, & de ma vie je n'ai vû un si grand embarras, ni une si grande affluence de monde. On trouve à Han-Keou toutes les plantes, hèrbes médecinales, drogues, &c. qui naissent ou qui se font dans l'Empire ; & nos Chimistes, Botanistes, Apoticaires & Médecins Européans trouveroient dans les boutiques de cette ville de quoi satisfaire leur curiosité.

Le 9. Nous partîmes de Hân-Keou ; & nous arrivâmes le 9e. Avril à Péking. Nous ne séjournâmes qu'un jour & demi à Caifum. Voici ce que j'ai remarqué dans le voyage, qui est de près de 230. lieues d'une heure de chemin châcune.

I°. Nous marchâmes 5. journées vèrs le Nord pour entrer dans le Honan. Le pays étoit médiocrement peuplé, assés fèrtile, sans Villes neanmoins ou Bourgs qui méritent d'être vûs.

Pour la Province de Honan nous la travèrsâmes du Nord au Sud, & jusqu'à Caifumfu capitale: le païs est admirable; c'est une vaste plaine, bien couvèrte avec de grands & beaux chemins bordés d'arbres. A châque pas on rencontre de tous côtez des Villes & des Villages, & il n'en est aucun où l'on n'aille par des chemins bordez de très-beaux arbres. Le grand chemin se fait remarquer, car il est plus élevé que les autres. C'est proprement une levée d'où l'on découvre de charmantes plaines. De lieue en lieue il y a des pôteaux qui marquent le chemin qu'on a fait & celui qu'on a à faire. De distance en distance on trouve des aubèrges pour se rafraîchir, & dans les Bourgs, Villes & Villages de grandes Hôtelleries pour loger. Il faut que châcun porte son lit, & si un Européan méne avec lui une pèrsonne qui sache apprêter à manger, il voyagera en Chine plus commodément qu'en France.

Le chemin de Caifumfu à PÉKING est le même, avec cette différence qu'il est plus fréquenté, mais que le pays n'est pas si beau, ni si fèrtile. Deux ou trois journées au Nord de Caifumfu ce n'est qu'un marais, & on fait par tout là des levées magnifiques.

Dans le Chanton on trouve beaucoup de sâbles, & partout la poussière est très-incommode.

II°. A 4. lieues au Sud de Caifumfu, on voit un endroit de commèrce qui peut passer pour une belle & grande ville. Caifumfu est près de deux degrez à l'Ouest de Péking & à 34°. 51'. de latitude. C'est une très-grande ville, mais mal bâtie & peu peuplée. Le Hoan-ho si fameux par le ravage qu'il a fait à la Chine, passe à une lieue & $\frac{1}{4}$ de Caifumfu au Nord.

Touchanfou dans le Chanton, est une grande & belle ville, fort riche & très-commèrçante. Elle est sur le Canal royal. La Ville est située par les 36°. 34'. de latitude & à 15'. Ouest de Péking.

Tetchem est encore une grande ville sur le Canal 20. lieues au Nord du Touchan à 15. lieues au Sud de Péking. C'est une belle Ville, on y voit des ponts de pièrre magnifiques. A quatre lieues à l'OSO de cette Ville on passe un des plus beaux ponts que l'on puisse voir.

Je ne dis rien des Temples d'idoles que j'ai vûs, des ponts de marbre, & de mille autres chôses que je n'ai pû assés examiner.

Extrait d'une Lettre du P. Gaubil au P. E. Souciet.

De Péking le 7. Novembre 1725.

SUR LA LONGITUDE D'ASTRACAN.

MOnsieur Delisle a placé Astracan à 67°. à l'Orient de Paris. C'est dans la nouvelle Carte de la Mèr Caspienne que vous nous avez envoyée. Cette position d'Astracan trouble un peu mes idées de Géographie. Par les Satellites de Jupiter obsèrvez à Siganfou par le P. Le Comte, dont j'ai ici les Obsèrvations en original; car le P. Gouye s'est trompé en attribuant ces Obsèrvations au P. Defontenay qui obsèrvoit alors à Nanking : par l'éclipse de Lune du mois de Septembre 1708. obsèrvée à Leong-Tcheou dans le Chensi, & par la résolution des triangles, il est évident que *Kia-yu-Koan* dernière ville du *Chensi* est plus orientale que Paris de 96°. 20. ou 21′. Par les hauteurs méridiennes du bord supérieur du Soleil, sa hauteur fût trouvée de 39°. 49′. 20″. Je ne vois pas trop comment placer les pays qui sont entre *Kya-yu-Koan* & la mèr Caspienne, d'autant plus que par les triangles *Hami* (*Camoul* dans les Cartes) est près de 50°. plus Ouest que *Kia-yu-Koan*, & par plusieurs itinéraires il paroît cèrtain que *Touronphan* ou *Turphan* est plus oriental que Hami de 30°. 30′. pour le moins. Que ferons-nous donc, M. R. P. de Casgar, de Sairem, de Schach, de Samarkand, de Bogar, & de l'Est de la mèr Caspienne. Eclaircissement sur ce point, qui nous est ici très-important. Vous ne devez rien négliger pour nous instruire. Faute de cette instruction on a été ici un peu embarrassé à l'occasion d'une Carte faite dans le Palais sur le rapport de Tartares venus du côté de la mer Caspienne. Si M. Delisle n'a pas quelque bonne Observation faite à Astracan, ou dans un lieu dont la distance à Astracan soit connue, il me paroît qu'Astracan doit être placé plus occidental de 7. ou 8°.

PLAN DE PE'KING.

Voyez la Planche VII.

Explication des marques ou Lettres gravées sur ce Plan.

TTTT. Enceinte de la Ville Tartare.

1. 2. 3. 4. 5. 6. 7. 8. 9. Les neuf portes de la ville Tartare.

CCCC. Enceinte de la ville Chinoise.

YYYYYYY. Sept Portes de la ville des Chinois.

H Temple où l'Empereur sacrifie à Tien.

h Temple de la Terre.

P Palais de l'Empereur.

AAAA. Quatre portes.

EE. Grandes Cours.

M. Lieu de plaisance où il y a une montagne faite à la main.

BBB. Portes du lieu de Plaisance.

VVVV. Enceinte extérieure du Palais.

DDD. Portes.

F. Maison & Eglise des Jésuites François. Latitude Nord 39°. 54. plus orientale que Paris de 7h. 37'. & quelques secondes. (1.)

p. Collége des Jésuites Portugais. Latit. Nord. 39°. 52'. 54".

J. Résidence de S. Joseph. Maison & Eglise des Jésuites Portugais.

(1.) Ou plûtôt selon les Observations rapportées cy-dessus page 92. 7h. 35'. 26".

m. Tour

Plan de Pekin Capital de la Chine

Latitude 39°. 55'. 54".

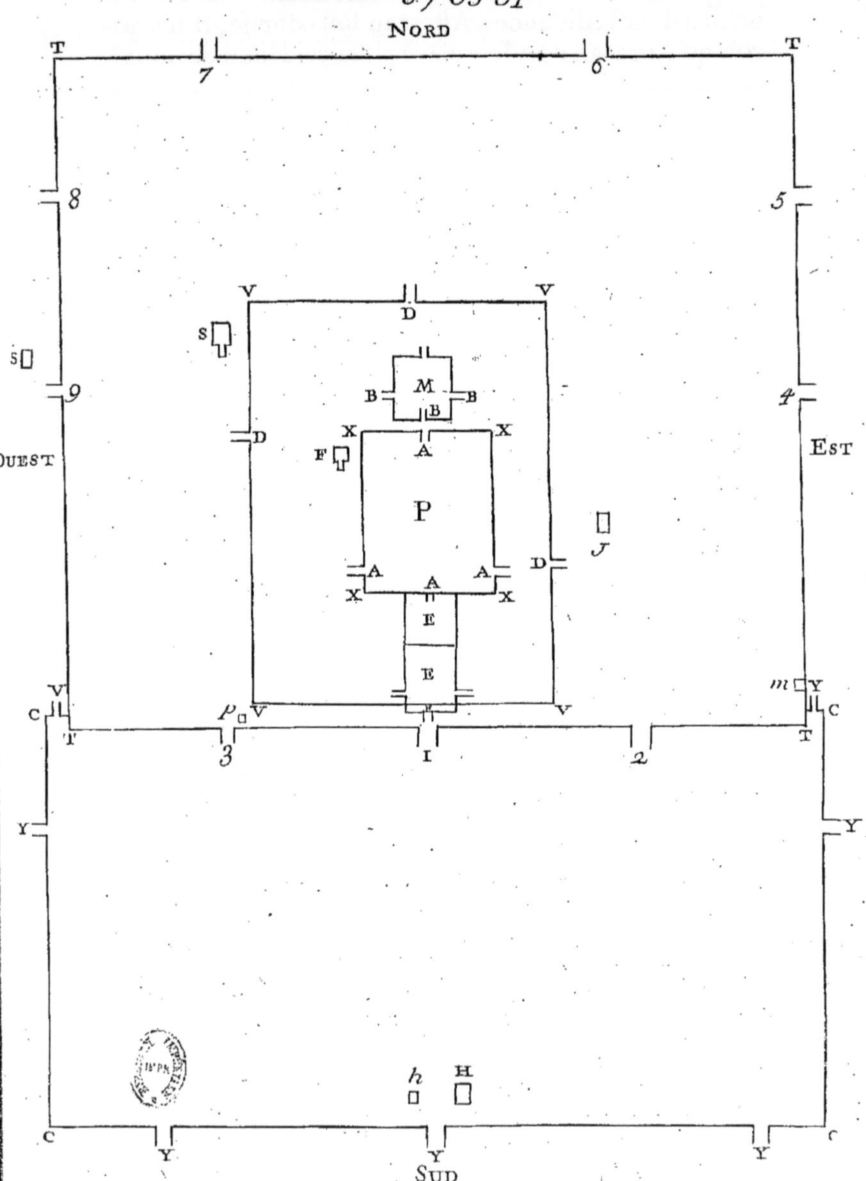

m. Tour des Mathématiques, ou Observatoire Impérial.

S. Sépulture des Jésuites.

Par le Plan que l'on voit ici de Péking, on peut savoir au juste sa grandeur & celle de son Palais. La ville Tartare a du Nord au Sud une grande lieue, & un peu plus d'Orient en Occident. La ville Chinoise a du Nord au Sud plus de ½ lieue. Les murailles sont de brique. Il faut que dans les deux villes il y ait plus de trois millions d'ames. C'est un monde infini; mais à la réserve des Mandarins, c'est une ville remplie de gueux. Le train des Princes du Sang est magnifique & bien ordonné. Les rues sont très-larges, elles ne sont point pavées: les maisons n'ont qu'un étage, & la plûpart ont une pauvre figure en dehors. Le dedans de celles des grands Mandarins est très-propre & bien ordonné. Je n'ai vû encore que quelques cours du Palais de l'Empereur: elles sont grandes, & différens ponts de marbre sur lesquels on y passe de petits canaux, font un assés bel effet. Les portes de la Ville sont belles, aussi-bien que les murailles, sur lesquelles dix ou douze cavaliers peuvent marcher de front. Il y a dans cette Ville de beaux Temples d'idoles, dans l'un desquels on dit que se conserve un ancien exemplaire de notre sainte Bible en Hébreu. Il y a plusieurs Mosquées pour les Mahométans, une Eglise de Moscovites, & un Temple de Lazaris, ou Religieux idolâtres du Mogolistan dans les Indes. Les Jésuites y ont trois Eglises, grandes, belles & bien bâties. Des canaux font le tour de la ville.

Les Japonois ne viennent point ici. On y voit des Moscovites & des Coréens. Les Rois de Tonquin & de Siam envoyent souvent des Ambassadeurs. Les Lamas, ou Prêtres d'idoles du Tibet peuvent y venir. Il y a un Temple de Prêtres idolâtres Indiens, comme je l'ai dit;

voilà tout. Les Européans & les Môres des Indes peuvent aller aux ports du Fokien & de Canton, mais ils ne peuvent pas entrer dans les tèrres. Les Pèrsans, Arméniens, Usbeqs, Mogols de Cochemire & d'Agra s'arrêtent aux frontières du Chensi pour le commèrce. Les Chinois ne peuvent aller qu'au Tonquin, Cochinchine & Siam pour le commèrce, & ceux qui vont à Achen, Batavie, Malaque & Manile sont des Chinois établis depuis long-tems dans ces Villes, ou du moins qui passent pour tels. Quoique les Provinces de Junnan & de Siluen confinent avec le Pégu, Arocan & Bengale, &c. les étrangers ne peuvent venir par tèrre qu'aux frontières du Chensi.

Il y a dans Péking trois endroits remarquables, à cause de toutes les Obsèrvations que nous donnons ici, & que nous pourrons donner dans le suite; ce sont ceux où se font ces Obsèrvations, c'est-à-dire l'Obsèrvatoire Impérial, le Collége des Jésuites Portugais, & la Maison des Jésuites François, dont par conséquent il est bon de marquer exactement les situations.

Il y deux villes à Péking, la ville Chinoise, & la ville Tartare. Ces deux Villes ne sont séparées que par une muraille. La Ville Tartare est au Nord & la Ville Chinoise au Sud. La Ville des Tartares est quârrée, & a du Nord au Sud, & de l'Est à l'Ouest une lieue de celles qui de vingt en vingt font un degré de latitude. La Ville des Chinois a $\frac{1}{2}$ lieue du Nord au Sud, & un peu plus d'une lieue de l'Est à l'Ouest. La Maison des Jésuites François est dans la Ville Tartare, à près de 1'. & 20''. de degrez au Nord de la Chinoise. Par là on peut voir la latitude du centre de ces deux villes. Car de ce que l'on vient de dire, il s'ensuit que les deux villes prises ensemble ont du Sud au Nord 1 $\frac{1}{2}$ lieue de celles qui de vingt en vingt font un degré de latitude. Elles ont donc en ce sens 90'. de degrez d'étendue. Et leur centre est à 45'. des deux extrémitez Nord & Sud.

La Maison des Jésuites François est 1'. & 20". au Nord de la ville Chinoise qui a $\frac{1}{2}$ lieue ou 30'. du Nord au Sud. La Maison des Jésuites François est donc à 31'. 20". de la muraille, ou de l'extrémité du Sud des deux villes prises ensemble. La différence de 31'. 20". à 45'. est 13'. 30". ainsi la latitude de la Maison des Jésuites François est plus Sud de 13'. 30". que le centre des deux villes de Péking prises ensemble.

La même Maison des Jésuites François est plus Occidentale de $\frac{2}{5}$ de lieue que la partie Orientale de la ville, qui a de l'Est à l'Ouest aussi-bien que du Nord au Sud, une lieue ; par conséquent elle est de $\frac{1}{10}$. de lieue plus Orientale que le méridien du milieu ou du centre de Péking.

Le Collége des Jésuites Portugais, selon le P. Kegler est d'une stade Chinoise plus Occidentale que la Maison des Jésuites François.

L'Obsèrvatoire Impérial est, selon le P. Kegler, 8. stades Chinoises plus Oriental que le Collége des Jésuites Portugais, de 7. stades Chinoises plus que la Maison des Jésuites François, ou selon la mesure du P. Gaubil dans une Lettre qu'il m'a écrite du 31. Octobre 1726. l'Obsèrvatoire de Péking est plus Oriental que la Maison des Jésuites François de $\frac{1}{2}$ lieue $\frac{1}{2}$ quart de lieue, c'est-à-dire $\frac{1}{2}$ lieue plus $\frac{1}{8}$ de lieue égales à $\frac{10}{16}$ ou $\frac{5}{8}$ de lieue, & par conséquent $\frac{29}{40}$ de lieue plus Oriental que le mèridien du milieu ou centre de Péking ; & en supposant la lieue de 3000. pas géométriques, l'Obsèrvatoire de Péking sera plus Oriental que le centre de Péking de 1812.$\frac{1}{2}$. pas géométriques.

Situation de Poutala demeure du grand Lama, des sources du Gange & des pays circonvoisins, le tout tiré des Cartes Chinoises & Tartares, par le P. Gaubil de la Compagnie de Jésus, avec des Remarques du même Pére.

Voyez la Carte des sources du Gange. Planche VIII. figure 5e.

Explication des notes de cette Carte.

AAA. Sources du Gange.
B Mont Cantès.
C Tchasirking.
D Pagode.
E Latac.
F Temourtchen.
G Lac.
g Pagode au Nord du lac.
H Tchoumourti.
I Tseprong.
K Kouke.
L Lanka lac.
M Lapama lac.
N Miao ou Temple d'idole, appellé Mila.
O Piti.
P Kertouma.
Q Pourisina.
R Giti.
S Temple d'idoles.
T Temple d'idoles.
V Confluent de la riviére Matchou & du Gange.

Remarques sur la même Carte.

Je ne saurois bien répondre du détour & de la figure du Gange d'abord après sa source. Le P. Régis croit aussi que cela doit être corrigé. Je suis bien sûr que les positions des deux Cartes Chinoise & Tartare que j'ai vûes, ne sont pas exactes dans cette carte de la source du Gange.

II. L'entredeux de toutes les riviéres marquées dans cette Carte, les environs & tout le pays est montagneux.

Noms des lieux.	Latitudes.	Longitudes Ouest de Péking.
(1) Poutala.	29°. 6'.0".	25°.58'.0".
(2) Source du Grang Kiang	35. 30. 0.	26. 30. 0.
(3) Source du Lantsan.	34. 30. 0.	21. 40. 0.
(4) Source du Noukang.	33. 30. 0.	21. 30. 0.
(5) Eglise Françoise de Péking.	39. 54. 0.	114. 16. ou 17. à l'Est de Paris.
Agra dans la Connoissance des Temps 1721.	26. 43. 0.	74. 24. à l'Est de P.
Lapama lac M.	29. 50. 0.	35. 50. 0.
Lanka lac L	29. 50. 0.	36. 30. 0.
Lac au dessus de Lanca.	30. 45. 0.	36. 50. 0.
Lac au dessous de Lanca.	29. 20. 0.	36. 55. 0.

(1) Poutala, nom de la montagne où est la Pagode & la demeure du Grand Lama. Le nom de la ville est Lassa ou Latsan; ou Barantola, au Sud de laquelle passe la grande rivière du Tsampou, dont la source n'est pas éloignée de celles du Gange, & qui se décharge dans le Golfe de Bengale.

(2) C'est cette grande rivière qui passe à Uoutchang Capitale du Houquang, à Nankin, &c. & qui traverse la Chine d'Ouest en Est, & va se jetter dans la mer orientale. Cette source est à la montagne Paha dans le Thibet.

(3) C'est cette grande rivière qui se décharge dans le Golfe du Tonquin. C'est le Lantsan-kiang.

(4) C'est la grande rivière de Camboje.

(5) Quand le R. P. Gaubil écrivoit ceci, il supposoit la longitude que l'on donne communément à Péking; & ne pouvoit encore savoir celle qui résulte de l'Observation du premier Satellite de Jupiter faite par lui à Péking & en même temps par MM. Cassini & Maraldi à l'Observatoire de Paris, & rapportée cy-dessus p. 92. Il en résulte, comme on l'a vû en cet endroit que la différence des méridiens entre la Maison des Jésuites François de Péking & l'Observatoire de Paris n'est que 7h. 35'. 26". ou 113°. 31'. 30".

Noms des lieux.	Latitudes.	Longitudes Oueſt de Pékin.
Kèrtouma ville P.	29°. 15'. 0".	36°. 40'. 0".
Pourima ville. Q.	28. 45. 0.	36. 40. 0.
Giti ville R.	28. 20. 0.	36. 40. 0.
Pagode S.	28. 12. 0.	36. 20. 0.
Pagode T.	27. 52. 0.	36. 20. 0.
Tchaſirkeng ville C.	30. 35. 0.	38. 10. 0.
Pagode D.	30. 45. 0.	38. 45. 0.
Latac ville E.	30. 45. 0.	39. 40. 0.
Témourtchen ville F.	31. 0. 0.	41. 0. 0.
Lac G.	30. 30. 0.	41. 0. 0.
Pagode g au Nord du lac G	30. 40. 0.	41. 0. 0.
Confluent du Matchou & du Gange. V.	29. 35. 0.	41. 30. 0.
Kouke ville K.	29. 50. 0.	37. 30. 0.
Tſeprong ville I.	29. 40. 0.	38. 10. 0.
Piti ville O.	28. 40. 0.	41. 30. 0.
Tchoumourti ville H.	29. 30. 0.	39. 20. 0.
Mila Pagode N.	28. 40. 0.	41. 50. 0.
Mont Cantès.	30. 30. 0.	35. 50. 0.

I. Ces poſitions ſont fort approchantes des Cartes Chinoiſes & Tartares que j'ai vûes. Elles me paroiſſent fautives. Elles n'ont été priſes que ſur le rapport des gens du pays.

II. La meſure actuelle faite par des Lamas a donné la poſition du Mont Cantès & des Lacs Lanka & Lapama. Les Lamas y allèrent de Poutala en meſurant.

III. Je ne vois pas comment accorder ces poſitions avec celle d'Agra marquée dans la Connoiſſance des Temps.

Position de Kong-Ki-Tao Capitale de la Corée.

LA Capitale de la Corée s'appelle *Kong-Ki-Tao*. Le feu Empereur *Cam-hi* y envoya il y a quelques années des Mandarins du Tribunal des Mathématiques. Ils obsèrvèrent une latitude de 37°. 30′. 15″. On a estimé cette ville plus orientale que Péking de 10°. 30′.

L'Empereur Coblay petit-fils de Gentchiscan fit obsèrver la latitude de la Capitale de Corée, & j'ai trouvé que la latitude fut obsèrvée de 37°. 27′. Cette dèrnière Obsèrvation fut faite avec un Gnomon de 8. pieds. Elle se trouve dans l'Astronomie des Tartares Occidentaux. *P. Gaubil.*

Mémoire Géographique sur les sources de l'Irtis & de l'Oby, sur le pays des Eleuthes & sur les Contrées qui sont au Nord & à l'Est de la Mèr Caspienne. Par le P. Gaubil de la Compagnie de Jesus.

I. LE Pays au Nord de la Mèr Caspienne entre Saratof, Astracan & la rivière Jaicq, est habité par les peuples Tourgout. Leur Kan ou Han s'appelle Ayuki, & leur Religion est celle du grand Lama. Ils n'ont ni villes, ni villages, ils campent.

II. Les Pères Gréber & Dorville Jésuites qui ont été à Lassa ont marqué cette ville à la latitude de 29°. 6′. Pour la longitude le P. Jartoux la marque de 26°. Ouest de Péking. C'est sur le rapport qu'on lui a fait des routes.

La Carte de la Chine faite par les Jésuites marque

ainsi la longitude & la latitude de ces trois places.

		Latitude.	Longitude Oueſt de Péking.
Dans le Chenſi	Sining	36°.39′.	14°.46′.
Dans le Setchuen	Tatſienlou	30°.10′.	14°.40′.
Dans le Yunnan	Likianfou	26°.52′.	16°. 0′.

Dans des Routiers faits par des Mandarins Chinois qui ont été à Laſſa, je trouve les diſtances ſuivantes.

De Laſſa à Sining 3600 lis.

De Laſſa à Tatſienlou 3300 lis.

De Laſſa à Likiangfou 3600 lis.

On ne marque pas de rhumb de vent, & les lis ſont de ceux dont 250. font un degré de l'Equateur ; au lieu que les lis dont les Jéſuites ſe ſont ſervis pour leur Carte de la Chine, ſont de ceux dont 200. font un degré ſur l'Equateur.

III. Hami à l'Oueſt du Chenſi, eſt la ville marquée ou appellée ſur les Cartes *Camul*.

En 1711. la latitude de Hami fut obſervée de 42°. 53′. 20″. & d'après pluſieurs obſervations & meſures actuelles, on peut preſque aſſûrer que Hami eſt 22°. 32′. Oueſt de Péking.

IV. Noms des lieux.	Latitudes.	Longitudes Oueſt de Péking.
Fin des monts Altay.	46°. 20′.	20°. 20′.
A l'Oueſt de ces monts ſont les Tartares Eleuthes.		
A l'Eſt ſont les Calcas, ſujets de l'Empereur de la Chine.		
Source de la rivière Irtis.	46°. 4′.	21°. 30′.

Source

Noms des lieux.	Latitude.	Longitude Oueſt de Péking.
Source de l'Oby, fleuve.	49°. 30'.	18°. 30'.
Source de la rivière Jéniſia.	53°. 0'.	14°. 0.
Source de la rivière Sihun.	40°. 10'.	36°. 30'.
Cette rivière ſe jette dans un lac à l'Eſt de la mèr Caſpienne.		
Source de la rivière Ili.	43°. 35'.	31°. 30'.
Lac Palkaſi.	46°. 50'.	37°. 40'.
La rivière Ili ſe décharge dans ce lac.		
Campement de Harcas.	46°. 6'.	37°. 0'.
C'eſt le campement de Nſe-vang-raptan Kan des Eleuthes.		
Ce campement eſt ſur le bord oriental de la rivière Ili.		
Grand lac appelié Lop.	42°. 20'.	25°. 0'. centre.
Tourphan, Ville.	43°. 30'.	26°. 40'.
Campement de Kor.	45°. 15'.	30°. 16'.
Irghen, Ville.	38°. 20'.	32°. 40'.
Caſgar, Ville.	39°. 30'.	34°. 0'.

V. Le Tſe-vang-raptan eſt neveu du feu Kaldan, & aujourd'hui il eſt Roy des Eleuthes, dont la langue & la religion eſt la même que celle des Mongous. Le pays des Eleuthes s'étend depuis les monts Altay juſqu'au lac Palkaſi, & ne va pas loin de Tara & de Tomsko en Sibérie. Outre cela le Tſe-yang-raptan ſe fait payer tribut par les Tartares Mahométans de Hami, de Tourphan, de Caſgar & d'Irghen.

VI. Plus de 110. lieues Oueſt de Harcas eſt la réſidence d'un Prince Tartare qui gouvèrne des peuples appellez Karacalpac. De la réſidence de ce Prince à la mèr Caſpienne il y a plus de 12. jours de chemin. C'eſt ce qu'ont rapporté des Officiers Tartares qui avoient fait ce voyage.

VII. L'an 1712. l'Empereur *Cang-hi* envoya des Seigneurs Chinois au Roy des *Tourgouts*. Ces Chinois paſsèrent de Péking au lac *Paical*; de là ils ſe rendirent à *Tobol* de Sibérie; enſuite à Caigoto, à Coſan, à Saratof. Un d'eux nommé *Tou-li-chen*, après ſon retour l'an 1715. écrivit en Chinois la relation de ſon voyage. C'eſt un aſſés bon routier. J'en ai tiré ce qu'il y a de meilleur, & j'y ai joint quelques Remarques.

VIII. Dans les montagnes qui ſont entre le 7°. & 8°. Oueſt de Péking, & le 48. & 49°. de latitude, eſt le Tombeau du fameux Gentchiſcan mort dans la Province du Chenſi en Chine l'an 1227. Les Princes Calcas deſcendent de *Gentchiſcan*, & les Princes *Eleuthes* de *Tamèrlan*. La plûpart des Princes *Mongous* viennent auſſi de Gentchiſcan. Les *Eleuthes*, les *Kalcas*, les *Mongous* parlent la même langue, & reconnoiſſent pour Chef de leur Religion le grand Lama, dont la réſidence eſt à Poutala vis-à-vis la ville de Laſſa. Le Royaume eſt auſſi appellé *Barantola*, *Tipet*, *Topet*. Les Chinois le nomment *Tſang*. Les charactères du Tibet ſont appellez Charactères de Tangout, & ils ſont différens des charactères Chinois tant anciens que nouveaux; ils diffèrent auſſi des Mongous & des Montcheoux.

IX. Le P. Régis a envoyé en France une Carte des Pays qui ſont entre la Chine & la mèr Caſpienne. Elle a été faite ſur des Mémoires des Tartares & des Mandarins. J'ai eu entre les mains pluſieurs Routiers de Hami à Harcas ſéjour de Vang-raptan. Un de ces Routiers Tartares a été traduit par le P. Parennin, il eſt excellent. Il marque jour par jour le chemin & le rhumb. C'eſt ſur ce Routier que j'ai détèrminé les poſitions de Tourphan, de la ſource de l'Ili, de Kor, de Harcas & de Palkaſi. La Carte que le P. Régis a envoyée, & qui eſt venue du dedans du Palais, a ſuivi la route marquée dans le Routier dont je me ſuis ſèrvi ; & les latitudes & longitudes qui réſultent du Routier, ne ſont pas différentes de celles de cette Carte. Pour les autres latitudes & longitudes j'en ai rendu raiſon dans mes Remarques ſur la Relation Chinoiſe de Toulichen. C'eſt celle qui va ſuivre.

RELATION CHINOISE

Contenant un Itinéraire de Péking à Tobol, & de Tobol au pays des Tourgouts.

Traduite par le P. Gaubil, & envoyée au P. E. Souciet de la Compagnie de Jesus en 1726.

AVERTISSEMENT.

L'Auteur de cette Relation Chinoise est un Seigneur Mongou d'origine, & dont la famille est établie à Péking. Il s'appelle *Toulichen*. Il entend le Mongou, le Montcheoux, & le Chinois, & sait quelque chôse de la langue Moscovite. C'est un de ceux qui on traduit de Chinois en Tartare Montcheoux l'Histoire Chinoise. Il nous apprend lui-même l'occasion de son voyage de Péking à Tobol, & de Tobol au pays des Tourgouts.

Au Nord de la mèr Caspienne entre le Jaïq, Astracan & Saratof, est un peuple appellé *Tourgout*. Le Roi de ces Tartares se nomme *Ayuki han*, ou le Roy *Ayuki*. Il a un neveu appellé *Karapoutchour*.

L'an 1703. *Karapoutchour* avec la Princesse sa mère vint au Tibet pour rendre ses devoirs au grand *Lama*. Dans le temps qu'il étoit au Tibet *Ayuki* & le Roi des *Eleuthes*, *Tse Vang Raptan* se brouillèrent. *Karapoutchour* n'osa pas s'expôser à revenir dans les Etats de son oncle en passant par le pays des *Eleuthes*, il eut recours à l'Empereur Cang-hi. Cang-hi en usa très-bien, il lui donna des tèrres près de K*ia-yu-koan* à l'Ouest du Chen-si, & le déclara *Pei-tse* ou Régule du quatriême ordre.

En peu de temps Karapoutchour devint riche, & obtint la pèrmission de revenir dans le pays des *Tourgouts*. L'Empereur Cang-hi voulut que plusieurs Chinois l'accompagnassent, & il fut résolu qu'on demanderoit au Kzar la pèrmission de passer par ses Etats de Sibérie & de Casan. *Toulichen* fut du nombre des Seigneurs Chinois qui accompagnèrent Karapoutchour.

Je n'ai pas crû devoir faire une traduction entière de la Relation Chinoise. Je n'en ai pris que ce qui m'a paru nouveau & curieux. J'y ai joint quelques Remarques sur la Géographie & sur quelques autres points. Je n'ay prèsque rien dit du chemin de Péking à Tchou Kou Paiseng. La Relation Chinoise n'est dans le fond qu'un Routier, & nous avons une bonne Carte de la Chine. Quand je dis qu'il y a dans une ville 200. maisons, 500. maisons, il faut entendre maisons où il y a dans châcune une famille.

RELATION CHINOISE.

L'An (1) 51e. du regne de Cang-hi, (2) le 20e. de la 5e. Lune *Toulichen* & ses compagnons, avec le Prince *Karapoutchour* passèrent la grande muraille à (3) *Tchang*-Kia-Keou.

Le 3e. de la 7e. Lune ils arrivèrent au pied de la montagne *Han* (4). Ils virent l'endroit où le (5) Caldan fut défait. Après avoir passé le (6) *Toula*, ils arrivèrent à *Tchou-kou-Paiseng* le 23e. de la 7e. Lune. Il fallut attendre la permission du Kzar pour passer dans ses Etats.

Tchou-kou-Paiseng est sur la rivière Sélingué, dont la largeur est là de 45. *tchang* (7). Dix lis au Sud du *Paiseng* le *Sélingué* reçoit la rivière *Tchou-kou*. A la jonction des deux rivières est le magasin des marchandises. On y voit 20. barques larges de 10. pieds & hautes de 80. pieds, & plus de 100. petites barques.

REMARQUES.

(1.) 1712.

(2.) 23. Juin.

(3.) *Tchang-Kia-Keou*, Latitude 40°. 54'. 15". Longitude 2°. 30'. Ouest de Péking.

(4.) *Han Alin.*

(5.) Le Caldan étoit Roi des Eleuthes. Le P. Gerbillon en a souvent parlé ; il fut défait en 1697. & mourut de misère & de chagrin. Le lieu de sa défaite n'est qu'à deux lieues du mont Han. Latitude observée par le P. Jartoux en 1711. 47°. 42'. 8". Longitude 8°. 40'. Ouest de Péking.

(6.) La source du *Kérolen* ou de la rivière *Kerlon*, est dans une fameuse montagne appellée *Kenté-Han*. L'an 1711. Le P. Jartoux fit plusieurs Observations près de cette montagne, & trouva la latitude 48°. 33'. & la longitude 7°. 3'. Ouest de Péking.

(7.) Un Tchang vaut 10. pieds Chinois.

Tchou-Kou-Paiseng appartient (1) aux Olosses: ils y sont mêlez avec les Mongous, & on y voit 200. maisons de bois, 300. soldats, trois *Tien-tchou-tang* (2). Il y a toutes sortes de grains, beaucoup de poisson, & de bonne viande. C'est là qu'est le (3) *Ga-mi-sa-eul*. *Tchou-Kou-Paiseng* n'a point de murailles.

(4) L'an 52. de Cang-hi le 14e. de la prémière Lune, un courier apporta la permission que les Envoyez Chinois attendoient pour partir, & le 16e. de la même Lune ils se mirent en marche. Ils avancèrent 200. lis au N E. & ils arrivèrent au *Paiseng* ou village de (5) *Outi*. Il y a deux Eglises, 200. soldats, & 200. maisons de bois. La rivière Sélingué est là fort large.

300. lis au NO de *Outi* est (6) *Posoeul* sur le bord méridional du lac Paikal. Entre le lac Paikal & *Tchou-kou-Paiseng* tout est plein de montagnes. Le long du Sélingué on voit des terres labourées, des pâturages, & quelques Villages. (7)

Le lac Paikal a 100. lis du Nord au Sud & 1000. de l'Est à l'Ouest. De toutes parts il est bordé de montagnes. Dans le lac il y a une Isle appellée *Ho-Leao*. Elle a 50. lis du SO. au NE & elle est habitée par 50. familles de Mongous qui y ont des pâturages.

REMARQUES.

(1.) Russiens ou Moscovites.

(2.) Mot chinois qui veut dire, Palais du Maître du Ciel, Eglise.

(3.) Mort corrompu de *Comissar, Commissarius*. C'est le Russien qui a soin du Commèrce.

(4.) L'an 1713. le 8. Février.

(5.) Outé ou Outi, latitude 52°. 25', longit. 8°. 8'. Ouest de Péking. Outé est le nom d'une rivière. Source latit. 51°. 10'. longitude 5°. 10'. Ouest de Péking. Cette rivière se jette dans le Sélingué près de Outé.

(6.) Posol, ou Posor.

(7.) Le Sélingué se jette dans le Païkal latit. 54°. longitude 8°. 30. Ouest de Péking. Cette embouchure répond à peu près au milieu du lac.

A la fin de la 12ᵉ. Lune on peut passer le lac Païkal sur la glace. A la fin de la 3ᵉ. Lune commence la fonte des glaces.

Le fleuve (1) *Yang-ga-la* sort du Païkal & court NO.

En trois jours les Envoyez arrivèrent du bord Septentrional du Païkal à (2) *Go-eul-kou*. Il y trouvèrent un Officier envoyé par (3) *Ga-ga-lu* Gouvèrneur de Sibérie. Ils apprirent de cet Officier que le chemin de tèrre étoit impratiquable, & le Gouvèrneur Russien leur dit qu'il n'oseroit les laisser partir avant la fonte des glaces.

(4) *Go-eul-kou* est 150. lis au NO du *Paikal*. C'est un Bourg sur la rivière Angara, qui y reçoit la rivière *Go-eul-kou*. (*Ergut*.) Il y a 800. maisons de bois, 500. soldats, 3. Eglises, plusieurs moulins, de grandes & petites barques.

Les bords de l'Angara sont montagneux. Après de 1900. *lis* (5) l'Angara reçoit la rivière Ilimo. De cette jonction jusqu'à la rivière (6) *Y-nie-che*, l'Angara porte aussi le nom de T*ongosco*. L'Angara a 8. *pake*, 8. *pa-*

REMARQUES.

(1.) Angara rivière.

La rivière Angara est proprement la continuation du Sélingué. Elle sort du Paikal latitude 54°. 35′. longitude 10°. 5. Ouest de Péking. Le Paikal a la figure d'une ellipse, dont le grand axe est de l'Est à l'Ouest. Il a plus de 13. lieues du Nord au Sud, & n'a pas plus de 3°. 25′. à 30′. de l'Est à l'Ouest.

(2.) Ergut, ville. La rivière Ergut qui donne son nom à cette ville, vient d'une montagne lat. 52°. 30′. longit. 13. Ouest de Péking.

(3.) C'est le Prince Gagarin dont nos Gazettes ont souvent parlé.

(4.) Ergut ville.

(5) Qui font 190. lieues.

(6) Jénisia, rivière qui vient des montagnes au Nord des Tartares Kalcas. latit. 53. longitude 14. Ouest de Péking. Quelques-uns l'appellent Jenisco.

loke,

loke, 4. *fola*. Ce ſont trois noms Ruſſiens qui ſignifient rochers pointus, caſcades, torrens.

Le 4e. de la 5e. Lune, les Envoyez Chinois partirent d'Ergut, & après avoir fait ſur l'eau 3000. lis en dix-neuf jours, ils arrivèrent au (1) *Paiſeng* de *Y-nie-che*. Ils virent très-peu de villages, quelques tèrres labourées. Outre les Moſcovites, on parle des (2) *Pou-la-te*, & des (3) *Solun* peuples Tartares.

Le Bourg de Jéniſia ſur la riviére du même nom, eſt au Nord d'Ergut (3). Par eau il y a 3000 lis de l'un à l'autre, par tèrre le chemin eſt de 30. jours. La rivière Jéniſia eſt plus grande que l'Angara, & l'Angara plus grande que le Sélingué. Le bourg de Jéniſia n'eſt point muré. Il y a 1000. maiſons, 800. ſoldats, 8. Egliſes. Le pays eſt très-froid, & en 30. jours on peut aller de là à la grande mèr du Nord.

De Jéniſia à Macoſio, les Chinois paſſérent par des

REMARQUES.

(1) Bourg de Jéniſia ſur la rivière du même nom.

(2) Burates.

(3) Les Tartares *Solun* ſont les mêmes que les *Komnihun* & *Tongouſt*. A l'Eſt des Kalcas, il y a d'autres Tartares, dits *Solun* qui dépendent de l'Empereur de la Chine.

(4) Si la diſtance d'Ergu à Jéniſia & le rhumb ſont bien marquez, il faut que la Jéniſia ſoit plus au Nord que ne la place la carte de Sibérie, qu'on voit à la tête de la Relation de M. le Brun, Edition d'Amſterdam 1718. car le 5. Aouſt 1711. dans la tente d'un Roi avec un grand inſtrument de plus de deux pieds vérifié, les PP. Jartoux, Frédéli & Bonjour obsèrvèrent la hauteur méridienne du bord ſupérieur du Soleil 58°. 25'. d'où ils conclurent la latitude 46°. 6'. 33''. Le lieu eſt près de la rivière de Sélingué plus de 12°. Oueſt de Péking.

A la rivière Ypen près de 11°. Oueſt de Péking, ils obsèrvèrent la hauteur du Pole 49°. 26'. 47''. ils étoient bien au Nord de *Tchou-Kou-Paiſeng*, & il eſt cèrtain que *Tchou-Kou-Paiſeng* eſt pour le moins 2°. 30'. plus Sud que le Païcal.

montagnes, & ils disent qu'il y a 270. lis. Macosio est sur la rivière (1)*Keti*. Il y a peu de maisons, une Eglise, plusieurs grandes barques, & beaucoup de petites. Les Chinois parlent icy des visites & des présents qu'ils reçûrent à Macosio, d'un Général Suédois appellé (2) *Ya-na-eul*. Il y étoit prisonnier de guèrre avec plusieurs autres Officiers de sa Nation. La rivière a 60. ou 70. pieds de large, & sa source est dans une montagne à 20. lis au S E. de Jénisia.

(3) *Nalimo* sur la rivière Keti est à 2500. lis de Macosio au NO; le long du *Keti* sont des Villages, & une espéce de Tartares (4) *Go-sse-ti-ya-sse-ke*. Ils se retirent souvent dans les bois. *Nalimo* est sans murailles sur la rivière (5) *O-pou*, plus grande que la Jénisia. Il y a 40. ou 50. maisons, 2. Eglises, point de soldats.

(6) *Sou-eul-gou-te* est au Nord-Ouest de *Nalimo*. Entre ces deux Bourgs on compte 1400. lis sur la rivière (7) *O-pou*. Sur le rivage Septentrional de cette rivière il y a 200. maisons, 3. Eglises, 100. soldats. C'est comme *Narim* ou *Nalimo* un Bourg sans murailles.

Le 27e. de la (8) Lune intèrcalaire, les Chinois arrivèrent à (9) Sama-eul-sse-ko.

REMARQUES.

(1) Keta.

(2) C'est le Général Suédois Ganarif, fort estimé même des Moscovites.

(3) Narim.

(4) Ostiak. Les Tartares Ostiaks.

(5) L'Oby. Les Tartares Chinois connoissent l'Oby sous le nom de *Kem*.

Source de l'Oby ou du *Kem*. Latitude 49°. 30'. Longitude 18°. 30'. Ouest de Péking. Ils ajoutent que loin au Nord elle reçoit la rivière Irtich ou Ertchis, & qu'il y a un grand lac appellé *San-kin-ta-li*. Sur des Routiers & d'autres Mémoires, le P. Régis marque le centre de ce lac latitude 49°. longitude 17°. 30'. Ouest de Péking.

(6) Sourgout.

(7) L'Oby.

(8) Cinquiême Lune intèrcalaire.

(9) Samarosko,

Sama-eul-ſſe-ko eſt un Bourg 600. lis au SO. de Sourgout. Ce Bourg eſt ſitué ſur la rivière (1) *Ga-eul-tſi-ſſe*, qui 20. lis au NO ſe joint à la rivière *O-pou* ou *Oby*. On ne voit point dans ces quartiers de tèrres labourées; les proviſions viennent de (2) *Topo-eul*. Il y a à Samarosko ou *Sama-eul-ſſe-ko* une grande halle ou marché, 50. maiſons, une Egliſe, mais il n'y a point de ſoldats.

(3) Timoyensko eſt au Sud-Oueſt de Samaroſko. Par eau il y a 600 lis. Sur le rivage de l'Irtis il y a de beaux

REMARQUES.

(1) Ga-eul-tſi-ſſe, c'eſt l'Ertchis ou l'Irtis. A la tête de la Relation Chinoiſe on voit une carte de la façon de l'Auteur. La ſource de la rivière *Ga-eul-tſi-ſſe* y eſt marquée près de la fin des monts Altaï. L'an 1711. le P. Jartoux; ſuivi des PP. Frédeli & Bonjour, obsèrvèrent avec l'inſtrument dont j'ai parlé, une latitude de 45°. 24′. ſur la petite rivière Tégouric. Calculant exactement les rhumbs & les routes, ils détèrminèrent ce lieu à 19°. 30′. Oueſt de Péking. Il allérent enſuite 7. à 8. lieues à l'Oueſt vèrs le Sud, & obsèrvèrent une latitude de 45°. 10′. Ayant fait encore plus de 7. lieues à l'Oueſt tirant vèrs le Sud, ils obsèrvèrent la latitude 44°. 49′. Le P. Jartoux ſe sèrvant de ces Obsèrvations, & calculant les diſtances, détèrmina ainſi la poſition de la fin des monts Altaï vèrs l'Oueſt. Lat. 46°. 20′. Longitude 20°. 20′. Oueſt de Péking. Il ſçut qu'il n'étoit pas loin de la ſource de la rivière Ertchis ou Ertis, & il détèrmina la ſource de cette rivière latitude 46°. 4′. longitude 21°. 30′. Oueſt de Péking. Ce Père ne ſavoit pas que l'Ertchis ou Irtis étoient la même chôſe. Des Tartares Kalmouks étant venus icy, dirent que la rivière Ertchis eſt l'Irtis, qu'elle paſſe à Tobol; qu'aux ſources de l'Ertis ou Ertchis étoit le lac Kiſalpai; que l'Ertchis deux degrez au Nord & un degré à l'Oueſt de ſa ſource, travèrſoit le lac *Hou-Houtou*; qu'à quelques lieues à l'Eſt de ce lac, eſt un autre lac dans lequel ſe décharge la rivière *Tel*, qui vient de la montagne d'où ſort l'Oby. Enfin qu'à l'Eſt de l'Ertchis, loin au Nord-Oueſt de ſa ſource étoit un grand Tapſou-Omo (lac de ſel) *Tapſou* en Tartare Mantcheou veut dire ſel,

(2) Tobol.

(3) Demiankoi.

arbres. Aux environs sont les peuples Ostiacs, & Tatalas. Il y a à Timoyensko une grande halle, une Eglise, 50. maisons, & des tèrres labourées.

Le 4ᵉ. de la 7ᵉ. Lune les Chinois arrivèrent à (1) *To-po-eul*. To-po-eul est 600. lis au SO de Timoyensko. Au SO l'Ertchis reçoit la rivière (2) *To-po-eul*. Vingt lis au Nord de cette jonction sur la rive occidentale de l'Irtis, on voit 1000. maisons de bois. Il y a deux (3) Miao de pièrre. Tout cela est sur une montagne. De là allant à la rivière, on trouve 2000. maisons & 20. Eglises de Chrétiens. Il y a 2000. soldats & 10. Officiers. La Ville est sans défense & n'est point murée. Il y a beaucoup de grains, de poisson, & de la viande. *To-po-eul* est la capitale de (4) *Si-pi-eul-se-ko*. (5) Le Gouvèrneur Gagalin fit aux Chinois beaucoup d'honêtetés, & ordonna à un Officier de les conduire au pays des Tourgout. Gagalin partit ensuite pour Moskou.

Le 12ᵉ. de la 8ᵉ. Lune les Chinois & l'Officier Moscovite partirent pour Toumin, où ils arrivèrent le 23ᵉ.

REMARQUES.

(1) Tobol ville capitale de la Sibérie.

(2) Tobol rivière.

(3) Miao a différentes significations. Icy il veut dire Temple d'idoles.

(4) Sibérie.

(5) Des Tartares Calmouks venus icy (à Péking) l'an 1725. dirent qu'ils avoient été à *Topo-eul*, ou Tobol, sur la rivière Tobol. Ils appelloient cette rivière *Ezil*. Ils disoient que sa source étoit dans des montagnes qui couroient au Nord. Sur leur rapport, & sur les distances qu'ils marquoient, on détèrmina ainsi la source de la rivière Tobol. Latitude 53°. 40′. longitude 49°. Ouest de Péking. Je n'ai garde de garantir la justesse de cette position : mais il est à remarquer que ces Tartares qui avoient été trois fois à la mèr Caspienne, & qui paroissoient instruits des routes, mettoient la source du Tobol un peu à l'Est de la mèr Caspienne, & plusieurs degrez au Nord.

Ils trouvérent en cette Ville plusieurs Officiers Suédois prisonniers. A *Toumin* ils quittèrent la rivière Tobol, & se mirent sur la Toula, & après avoir fait 500. lis, ils arrivèrent à *Yanpansin* au NO de *Toumin*. Sur le chemin ils trouvèrent entre ces deux lieux beaucoup de forêts & plus de 20. villages.

Yanpansin a peu de maisons. On y voit trois Eglises. Il n'y a point de soldats.

On prit là le chemin de tèrre ; en douze jours on arriva à (1) *Vèrgatour*. Le chemin est plein de boue, on y trouve neanmoins beaucoup de monde, & l'on diroit que l'on voyage dans les Provinces méridionales de la Chine.

Vèrgatour est à 400. lis au NO de Yapansin. Il y a 700. maisons, 5. Eglises, & 300. soldats de garnison.

La montagne *Vèrgatour volok* est à 200. lis au NO. de Vèrgatour.

Le 18e. de la 9e. Lune on passa cette montagne, & on trouva bien des boues.

Vèrgatour VOLOK est une grande chaîne de montagnes, d'où sortent les rivières de Tobol, de Toula, de Komo, & autres.

Au NO de Vèrgatour est la montagne *Pesoulin*, toûjours couvèrte de neige. Personne n'ose y monter.

200. lis au SO. des montagnes de *Vèrgatour* est *Solikomosteko*, bourg composé de 500. maisons. Il y a une garnison de 300. soldats & 3. Eglises. Les Salines sont au NO du bourg. Dans le chemin il y a des forêts & beaucoup de boues.

Le 5e. de la 10e. Lune les Chinois arrivèrent à (2) Caigoto à 400. lis au NO de Solikomosteko. Entre ces deux

REMARQUES.

(1) En Chinois Fou-ye-eul-ho-tou-eul.

(2) Caigorod.

bourgs il y a 6. ou 7. villages, & beaucoup de tèrres labourées. Dans Caigoto il y 200. maisons, 2. Eglises, point de garnison. Une rivière appellée (1) *Komo* & qui vient du NO passe à Caigoto. Un grand chemin va à MOSKOU, un autre à (2) Cachan. De Tobol à Caigoto il y a (3) 2200. lis. Et de Caigoto à MOSKOU il y a aussi 2200. lis. Près de la rivière de Komo sont les peuples (4) Pie-eul-ma-ki.

De *Caigoto* on va à *Solopota*, où il y a plus de 5000. maisons de Russiens ou Suédois. De Solopota on va à Hélinofou, qui est 400. lis au SO de Caigoto. La rivière Fougate y passe. Elle est aussi grande que le Sélingué. Elle vient de Vèrgatour & se jette dans le Komo. On trouve sur la route beaucoup de tèrres labourées & de villages. A Hélinofou il y a 1000. maisons, 300. soldats, 7. Eglises bâties de pièrre, & 5. de bois. Tous les pays dont nous avons parlé ci-dessus sont de la Sibérie, dont le Gouvèrnement s'étend d'icy à (5) *Ni-pou-tchou*, & c'est Gagalin qui gouvèrne tout ce pays.

Cachan est sur la rivière (6) *Fou-eul-ko*. Cette rivière est aussi grande que (7) l'*O-pou*. A 60. lis au SE le (8) Komo

REMARQUES.

(1) Kom.

(2) Casan.

(3) Les 2200. lis font 220. lieues, 20. lis font une lieue, comme on l'a dit ci-dessus.

(4) Permak.

(5) Niptchou. Niptchou est sur le bord Septentrional du fleuve Onon, ou Yamair, ou Sahalienoula, ou He-long-kiang, Latitude 51°. 45'. longitude 0°. 16'. Ouest de Péking.

Nipchou est encore le nom d'une rivière dont la source est par la latitude de 53°. 50'. longitude 20°. 40'. Ouest de Péking. Elle entre à *Nipchou* dans l'*Onon*.

(6) Le Volga.

(7) L'Oby.

(8) La Relation Chinoise parle distinctement de deux rivières nommées *Komo*; l'une qui vient des monts Vèrgatour, & va près de Cachan; l'autre qui sort des montagnes qui sont au NO de Caigoto, & passe à Caigoto.

se jette dans le *Fou-eul-ko*. On voit beaucoup de forêts, & on rencontre 20. villages, & beaucoup de tèrres labourées. Les peuples qui habitent ces contrées sont les Tatalas (1) Tcheulmisses.

La ville de Cachan a 3. portes & 8 lis de tour. Elle a aussi des Fauxbourgs. On y voit 5. Eglises de pièrre & 3. Miao de bois. Dans la ville seule il y a plus de 5000. maisons toutes de bois. La garnison est de 2000. hommes. C'est un grand abord de Tatalas Tcheulmisses, & de Tourgouts.

(2) Si-mo-pi-eul est 300. lis au Sud de *Cachan*. C'est une ville sur le Volga. Elle a des murailles, des fossez, 8. portes, 1000. maisons, 4. Eglises, & 500. soldats de garnison. Le long du Volga on voit plusieurs villages.

Le 16e. de la 11e. Lune les Chinois arrivèrent à (3) *Salatofou* à 500. lis au SO de *Simopieul* ou Simopis. *Salatofou* est la frontière des (4) *Olosses* & des (5) *Tou-eul-gout*. Le Fou-eul-ko ou Volga passe au Sud de la ville. Les Russiens appellent cette rivièrè *Fou-eul-ko*, & les Tourgouts la nomment (6) *Go-tsi-eul*. Aux environs de Salatofou, il y a beaucoup de tèrres labourées & plus de 20. villages. Au Nord de la rivière il y a 500. maisons, 6. Eglises, & 200. soldats. On y voit de grandes barques, & les Arméniens sujets du (7) *Cha-tchan-han* y font commèrce. Au NE on voit de hautes montagnes.

D'abord que les Chinois, l'Officier Moscovite, & Carapoutchour furent arrivez à Saratof, ils firent avèrtir (8)

REMARQUES.

(1) Czérémisses.
(2) Simopis.
(3) Saratof.
(4) Russiens ou Moscovites.
(5) Le Volga.
(6) Etchil.
(7) C'est le nom ou le titre du Roy de Pèrse.
(8) Ajuka-han ou Khan des Tartares, qui en 1722. salua le Kzar près d'Astracan. La Gazette de France le faisoit âgé de 103. ans.

A-yu-ki Prince des (1) To-eul-gou-te. Cette nouvelle combla ce Prince de joye, & il dispôsa tout pour recevoir son chèr neveu, les Grands Chinois, & l'Officier Moscovite.

(2) L'an 53. de Cang-hi le 6e. de la 5e. Lune, les Chinois, que les mauvais temps avoient retenus à Saratof, passèrent le Volga. Le 18. un (3) Taiki vint au-devant des Chinois. Il étoit envoyé par le Prince *Natsarmamou* père de *Carapoutchour*. Le Taiki se mit à genoux, il remèrcia l'Empereur Canghi des grâces qu'il avoit faites au Prince *Carapoutchour*, &. félicita les Chinois de leur heureuse arrivée : après quoi il leur fit des présents.

Le 20e. le Taiki avec sa suite, l'Officier Moscovite *Carapoutchour* & les Chinois se mirent en marche, & après 10. jours ils arrivèrent à Manontchai, lieu de la résidence du Prince Ayuki. Ce Prince fit ranger ses troupes, envoya un Taiki & un (4) Bonze, & les Chinois furent introduits à l'Audience publique. Ayuki s'informa d'abord de la santé de l'Empereur Cang-hi, le remèrcia publiquement, & fit de ce grand Prince des éloges magnifiques. Il fit rendre aux Chinois toutes sortes d'honneurs, & leur fit des présents considérables. Il traita de même l'Officièr Russien. Ce Prince fit paroître beaucoup d'esprit dans les questions qu'il fit aux Chinois sur l'Empereur & sa famille, sur la Chine, sur la Tartarie, (5) sur le Grand Lama, & sur le Tibet, sur les conquêtes des

REMARQUES.

(1) Tourgout.

(2) L'an 1714.

(3) Taigi ; c'est le nom commun aux Princes qui sont de la famille regnante.

(4) C'étoit sans doute un Lama, car Ayuki & ses sujêts suivent la Religion des Mongous, & sont soumis au grand Lama du Tibet.

(5) La résidence du grand Lama est sur une montagne appellée Poutala. Elle est près de deux rivières, dont l'une s'ap-

Mantcheoux

Mantcheoux sur leur charactère, & les différences qu'il y a entre eux & les *Mongous*. Les Chinois furent 12. jours à Manonto-hai, & ce fut une fête continuelle. Ils reçûrent des présents du Prince père de *Carapoutchour*, de *Carapoutchour*, & d'autres Seigneurs.

Entre Saratof & Manontohay, le pays est plein de montagnes. Les Tourgous n'ont ni villes, ni villages. Ils habitent sous des tentes. Leur pays va de Saratof à la rivière (1) Tsay; au Sud il est borné par le grand lac de *Tong-ki-ssé* qui reçoit (2) le Volga & le Tsay.

REMARQUES.

pelle Lassa, & donne le nom à la ville. Barantola est aussi le nom de la ville & du Royaume que les Chinois appellent Tsang, & les Tartares Topet ou Toupet. La ville de Lassa par observation des PP. Gerbillon & Dorville, est par le 29°. 6'. de latitude; & selon trois Routiers dont j'ai pris ces distances, elle est à 3600. lis de Sining ville du Chen-si, à même distance de Likiang-fou ville du Yunnan, & à 3300. lis de Tatsienlou ville du Setchuen. Sining, dont la latitude a a été plusieurs fois observée en 1708. par les PP. Régis & Jartoux est à 36°. 39'. Longitude 14°. 46'. Ouest de Péking. Tatsienlou latitude 30°. 10'. longitude 14°. 4'. Ouest de Péking. Likiangfou latitude 26°. 52'. longitude 16°. 0'. Ouest de Péking. Ces situations sont tirées de la carte de la Chine faite par les Jésuites.

Les lis dont j'ai parlé ci-dessus sont de ceux dont 250. font 20. lieues marines.

Les charactères du Tibet sont appellez charactères de *Tangout*.

(1) C'est le Jaiq.

(2) Bochard dans son Phaleg appelle le Volga אתל; Jékinson dit que les Tartares l'appellent *Edel*. D'autres métamorphôsent autrement ce nom. Les Calmouks venus ici (à Péking) l'an passé (1725.) prononçoient *Etchil*. Ils appelloient la mèr Caspienne *Tengkisse*, Ils nommoient aussi le Jaiq *Tsay*.

La relation Chinoise dit que le pays au Sud du lac *Tengkisse* s'appelle *Cosolipoche*, & qu'il dépend du *Cha-tchan-han*. Les Calmouks venus icy prononçoient *Calsalpatchi*.

La Relation Chinoise dit en général que la Russie est un païs vaste très-froid, & peu habité. Ce qu'elle dit de l'année civile

Manontohay n'eſt pas loin de (1) Aſetooulhan.

Quand on a paſſé les montagnes qui ſont au SO de Saratof, ſi on va vèrs l'Oueſt on entre dans les tèrres du (2) *Kong-ka-han* Roy de (3) Touließeko.

Le 14e. de la 6e. Lune, les Chinois & le Moſcovite partirent de *Manontohay. Ayuki* les fit accompagner par un Taiki juſqu'au Volga.

A la fin de la 7e. Lune ils arrivèrent à Caſan, & le (4) 7e. de la 11e. Lune à Tobol. Le 6e. de la 12e. Lune, Gagalin revint de Moskou. Ce Seigneur fit beaucoup d'honnêtetez aux Chinois. Il leur apprit que le Czar venoit de remporter par mèr & par tèrre de grands avantages ſur les Suédois. Il leur donna la ſituation de Pétèrſbourg, & les inſtruiſit de l'origine de la guèrre avec la Suéde, la

REMARQUES.

en uſage chez les Ruſſiens, de leurs jeûnes, fêtes, entèrrements, coûtumes, &c. eſt très-curieux pour un Chinois peu inſtruit des pays étrangers; mais il n'y a rien en tout cela qui mérite de vous être envoyé, & que vous n'ayez mieux & plus exactement ailleurs.

Pour les autres pays d'Europe, la relation n'en rapporte que les noms fort défigurez. *Sifeyyeſeko*, Suéde. *Tye-yn*, *Hoeulſetiyn*; *Poulouſiki*, Pologne. *Poeeulsski*, Pruſſe. *Piemoſſiki*, Piémont. *Saiſſalimouski Aukiaeulski*, Anglètèrre. *Gollanki*, Hollande. *Foulantsouſſe*, France. *Toulmania*, Allemagne. *Italia*, Italie. *Iſepania*, Eſpagne. *Poeultokalia*, Portugal. (Je croi qu'on peut ajoûter que *Hoeulſetiyn* eſt le Holſtein.)

La carte des Jéſuites donnant juſte la poſition du lac Paical, il ſemble que les rhumbs, & les diſtances marquées dans la Relation Chinoiſe juſqu'à la mèr Caſpienne, devroient donner aſsès-bien la poſition de cette mèr, ſur-tout la latitude de Saratof & celle d'Aſtracan étant connues; mais les rhumbs & les diſtances de la Relation Chinoiſe ne ſont point aſsès cèrtains.

(1) Aſtrakan.

(2) Titre du Sultan des Turcs.

(3) Turquie.

(4) Le 13. Décembre.

prise de Narva, les différens succès des Russiens & des Suédois. Gagalin leur dit que le nom du Roy de Suéde étoit (1) *Kalouloche*, qu'il avoit 33. ans, & que sa Cour s'appelloit (2) *Setiaocoeulna*. Gagalin vanta beaucoup les Suédois, & leurs amis les (3) *Foulantssousse*, qui, disoit-il, le secouroient actuellement.

Les Chinois de leur côté apprirent à Gagalin la situation du lieu de la résidence des Ayuki, & ils sçurent que Ayuki avoit donné au Czar 10000. hommes de troupes, mais qu'un jour 300. Suédois avoient battu 3000. Tourgouts. Les Chinois apprirent encore que le Czar avoit eu guèrre avec le (4) *Kong-ka-eul-han*, & que les Russiens avoient été obligez de rendre au Kongkan la ville (5) d'Atzao, dont ils surent la situation. Gagalin fit aux Chinois beaucoup d'intèrrogations sur la manière dont les troupes de Cang-hi se battoient, & ce Gouvèrneur ne pouvoit se lasser d'admirer *Cang-hi* qui gouvèrnoit

REMARQUES.

(1) Carolus.

(2) Stokolm.

(3) Les François. Un Moscovite qui avoit soin du commèrce à *Tchoukoupaiseng*, dit à l'Empereur *Cang-hi* mille belles chôses sur la politesse & l'intrépidité des François. Ce sont des gens, disoit-il, qui ne reculent jamais dans les combats; ils aimeroient mieux mourir. La même chôse fut dite depuis à *Cang-hi* par un Seigneur Chinois venu de Canton. Et quand l'Empereur sçut qu'après une si longue guèrre contre les puissances de l'Europe les plus redoutables, le petit-fils de Louis le Grand avoit été laissé paisible possesseur de l'Espagne, qui étoit le sujet de la guèrre; ce Prince ne put s'empêcher d'en tèmoigner publiquement son admiration & même son plaisir. Les beaux ouvrages d'émail, de peinture, d'horlogerie, & tous les instruments qu'il avoit vû venir de France, lui avoient donné une grande idée du Roy & du Royaume.

(4) Conkarhan ou Hong-karhan.

(5) Asaf ou Asaph.

tant de peuples dans une paix profonde. Il dit aux Chinois que le nom du Czar étoit (1) Piao-to-eul-golyche-ye-fey-che, qu'il avoit 41. ans, & qu'il regnoit depuis 28. ans. Les Chinois apprirent encore avec plaisir l'origine de la puissance des Czars, & l'Histoire du fameux Jean Basile.

Le 22e. de la 12e. Lune les Chinois partirent de Tobol, & le 29e. ils arrivèrent à (2) Tala.

Tala sur la rivière (3) Ga-eul-tsisse est 1200 lis au SE de Tobol. L'Irtis y reçoit la rivière Tala qui vient du SE. On a aux environs de Tala quelques terres labourées, & on trouve le long de l'Irtis beaucoup de Tatalas.

Tala est sans murailles. Il y a 1000. maisons, 6. Eglises, 500. soldats. Les frontières de (4) *Tse-vang-lapoutan* ou *raptan* ne sont pas éloignez de là, & ses troupes viennent faire des courses jusqu'aux environs de Tala.

(5) L'an 52. de Cang-hi le 12e. de la 1e. (6) Lune, les Chinois partirent de Tala & se rendirent à (7) Tomossko sur la rivière (8) O-pou. Les peuples *Asakes* (9) *Galaeulpa*,

REMARQUES.

(1) Pierre Alexis en Moscovite prononcé à la Chinoise.

(2) Tara.

(3) Ertchis, Ertis ou Irtis.

(4) *Tse-vang-raptan*. Le *Tse-vang-raptan* est le fils du frère aîné du Caldan fort connu par ce qu'en ont écrit les PP. Thomas & Gerbillon. Le *Tse-vang-raptan* est aujourd'huy Roi des Eleutes. Si on compare ce qu'on a dit du Kaldan & de son païs, dont le Tse-vang-raptan est maître, avec la Relation de Sibérie, insérée dans les voyages de M. le Brun imprimez en François à Amsterdam en 1718. on verra aisément que le Caldan est le même que le Prince de *Bousonctou*, & que les pays soumis au Prince du *Bousouctou* sont une partie des Etats de *Tse-vang-raptan*.

(5) 1715.

(6) Le 15. de Février.

(7) Tomsko.

(8) L'Oby.

(9) Karacalpa.

les *Paeulpates* & les sujets de (1) *Tse-vang-lapoutang* sont sur les frontières. Les *Tatalas* & les *Paeulpates* payent tribut au Czar, & à *Tse-vang-lapoutang*. Il y a encore des (2) Ke-eul-kisses.

Tomosseko est 2500. lis au SE. de Tala (3). L'O-pou y reçoit la rivière Tomo, qui vient du SE. Il y a 1000. maisons, 10. Eglises, & 500. soldats de garnison.

De Tomosseko à la Jénisia NE. 1600. lis.

Ilimo au SE. de Jénisia 2000. lis. Ilimo est dans les montagnes. La rivière Ilimo qui se jette dans la Jénisia vient du NE. Au Nord de la rivière Ilimo on voit 200. maisons, & 2. Eglises. Il y a 200. hommes de garnison.

(4) L'an 54. de *Cang-hi* le (5) 27e. de la 3e. Lune, les Chinois arrivèrent à Péking, ils furent très-bien reçûs de l'Empereur, qui prit beaucoup de plaisir à entendre parler ses propres sujêts des pays étrangers où il les avoit envoyez (6).

REMARQUES.

(1) Tse-vang-raptan.

(2) Kergisse.

(3) L'Oby.

(4) L'an 1715.

(5) Le 30. Avril.

(6) Il est bon en finissant de faire une remarque en général sur les noms propres d'hommes de pays, de peuples, de villes, &c. dont cette relation est pleine. Par les sons Européans rendus ici en Chinois, on voit en partie la difficulté de reconnoître les véritables noms dans les livres Chinois, sur-tout quand ils parlent des pays sur lesquels les Lecteurs ne sont pas trop au fait. On sent cette difficulté dans la lecture de l'ancienne Histoire & Geographie Chinoise, & il est aisé de juger des erreurs où ce seul article expose ceux qui faute d'attention, ou des lumières nécessaires sur l'Histoire & sur les Pays étrangers traduisent en latin ou en quelque autre langue les livres Chinois qui traitent de ces matières.

Réfléxions sur cette Remarque du P. Gaubil.

La remarque du P. Gaubil sur la difficulté de reconnoître les noms propres d'hommes, de peuples, &c. quand ils sont travestis à la Chinoise, est très-judicieuse, & montre que pour ne s'y point tromper, il faut 1°. beaucoup d'attention, 2°. beaucoup de connoissance de l'Histoire & de la Geographie. Avec ces secours, malgré la difficulté & la bigarrure des noms étrangers exprimez en Chinois, il n'est pas impossible de rencontrer juste, ou de se tromper peu en traduisant l'Histoire & la Geographie Chinoise. C'est ce qui résulte de la remarque du P. Gaubil.

Mais outre cela on peut sur les noms connus & indubitables se faire un Alphabet Européan prononcé à la manière Chinoise, & former des régles, qui diminuent encore extrêmement la difficulté, & qui servent à mieux trouver les noms étrangers que les Chinois défigurent. Voici celles que l'on a pû former sur le peu de mots qu'il y a dans cette Relation. On jugera par cet échantillon, ce que l'on pourroit faire, si l'on en avoit un plus grand nombre.

I. Il faut examiner d'abord de quelle langue les Chinois ont tiré le mot qu'ils traduisent : car ici, par exemple, plusieurs noms ne se terminent en *sseko*, *sseki*, que parce qu'ils sont pris des langues du Nord, du Russien ou Moscovite, du Polonois, ou semblables.

II. Les Chinois, comme dans l'Hebreu & les autres anciennes Langues Orientales, donnent à châque consonne sa voyelle, & en substituent une, quand dans la langue étrangère qu'ils traduisent, il n'y en a pas. Ainsi ils disent *Issepania*, Hispania, *Poeulsseki*, Prusse, &c.

III. Ils ont une aspiration forte qu'ils ajoutent au commencement de quelques mots. C'est ce que le Père

Gaubil exprime par *Go*. Je ne croi point que ce soit un *g*. Pourquoi ajouter un *g* au commencement de ces mots? C'est à mon sens l'aspiration *He*, ou celle des langues Orientales que les Hébreux, les Chaldéens & les Syriens appellent *Hheth* ח, & les Arabes *Hha*. Comme elle se prononce du gosier, elle a dans la prononciation de l'affinité avec le g qui se forme au fond du palais & à la sortie du gosier. Ainsi il est aisé de les confondre. On a des exemples de cette aspiration dans les mots *Etchil*, *Ergout*, *Hollande*, que les Chinois prononcent *Ga-eul-tsisse*, *Gotsieul*, *Goeultou*, *Gollanki*, *Go-ly-che-ya-feyche*, & selon moi *Hha-eul-tsi-sse*, *Hhotsieul*, *Hhoeultou*, *Hhollanki*. *Hholy-che-y-efeyche* & apparemment que *Ertchis*, *Ertchil*, *Ergout*, sont aspirez chez les Tartares *Hhertchis*, *Hhertchil*, *Hhergout*, où les Chinois les aspirent sans qu'ils le soient dans la langue naturelle, comme *Alexovvits*. Quoi qu'il en soit, le *go* n'est, ainsi que je l'ai dit, que l'aspiration *he* ou *hheth* comme dans Gollanki, ce n'est que l'aspiration *h* du mot *Hollandia*. C'est une preuve sans replique pour les autres mots. De même *Go-sse-Hya-sse-ke*. C'est Ostiak aspiré. Comme je trouve beaucoup de restes de la langue Hébraïque dans le langage Chinois, ainsi que je pourrai peut-être le montrer un jour, j'ai eu la pensée que ce *go* ou *hho* des Chinois pourroit bien être l'article *he* ou le ה *he* emphatique des Hébreux, mais je ne voy point qu'ils ajoûtent l'article aux autres noms propres de peuples, lieux ou pays, je n'imagine aucune raison de l'ajoûter à ceux-ci plûtôt qu'aux autres. C'est pourquoi je tiens non-seulement pour plus vrai-semblable, mais pour certain que ce *go* n'est point un article, mais simplement une aspiration. Et ce qui me confirme dans cette opinion, c'est qu'au milieu d'un mot ils changent le *g* en *h*. Par exemple, on a vû dans la Relation Chinoise Vergatour exprimé par *Fou-ye-eul-ho-tsu-eul*.

Un seul mot pourroit en faire douter, c'est celui d'*Olosse* pour *Russe* : car, pourroit-on dire, *l* est pour l'*r*, ainsi que nous le ferons voir tantôt ; l'*o* est donc ajoûté, & qu'est-ce que ce peut être, sinon l'article ה ou le ח emphatique ? Mais je réponds 1°. ce seroit *go* ou *hho*, comme dans les précédens, & non pas seulement *o*. 2°. Pourquoy icy l'article ? comme je l'ai dit des autres. 3°. C'est que les Chinois pour *l'* ne mettent pas seulement *l*, mais *eul* ou *ol*, c'est-à-dire qu'au lieu du simple son que nous donnons à cette lettre, ils substituent le nom de cette lettre, que nous appellons *el* ou *elle*, & qu'eux ils prononcent *eul* ou *ol*. Ainsi dans Olosse ce n'est pas simplement *l* qui est mise pour *r*, c'est *ol*, parce qu'*ol* ou *eul* est le son qu'ils donnent à l'*l*. Changeant donc l'*r* de *Russe* en *l*, ils ont dû faire *Eulosse* ou *Olosse*.

IV. Les Chinois en faisant passer un mot étranger dans leur langue, changent les voyelles sans difficulté, & les mettent assés indifféremment les unes pour les autres, comme il est certain que les Hébreux en différens lieux, & les autres Orientaux le faisoient & le font encore. Ainsi ils disent *Go-eul-kou* Ergout, au lieu Ghe ou Hhe-eul-kou, *e* pour *o*.

V. Ils retranchent quelquefois quelque lettre ou quelque syllabe au milieu des mots. Ainsi de Caigorod ils ont fait Caigoto, en retranchant l'*r* qu'ils ne sauroient prononcer ; & conséquemment retranchant aussi sa voyelle, ou bien changeant l'*r* en *l* à leur ordinaire ils ont fait Caigoeulto, puis par contraction Caigolto, Caigoto.

VI. Ils ajoutent une *s* devant *k*. Ainsi d'Ostiak ils disent *Go-sse-ti-ya-sse-ko*, & de Démiankoi *Timoyensko*.

VII. Ils ajoutent la lettre *o* à la fin des mots. Par exemple, dans la Relation Chinoise pour Narim, ils disent *Nalimo* ; pour Caigorod, *Caigoto*, Kom, *Komo*, & quelquefois *ou*, Saratof, *Salatofou*.

VIII. Ils retranchent plus souvent la terminaison ou les dernières

dernières lettres d'u mot. Comme *Go-eul-kou* Ergout-*Yanaeul* Ganarif; *Timoyensko* Démiankoi; *Fou-ya-eul-ho ; tou* Vèrgatour; *Tsay*, Jaicq.

IX. Quant à l'alphabeth Européan, voici comment ils en prononcent & en quelle manière ils en consèrvent ou ils en changent les lettres.

A

Se consèrve. Exemples. *Yangala*, Angara; *Yanaeul*, Ganarif; *Nalimo*, Narim; *Gou-sse-ti-ya-sseke*, Ostiak; *Samaeulsseko*, Samarosko ; *Caigoto*, Caigorod; *Cachan*, Casan; *Pie-eul-maki*, Permak; *Salatofou*, Saratof; *Taïki*, Taïgi; *Tsay*, Jaïq; *Ankiaeulskia*, Anglетèrre; *Gollanki*, Hollande; *Isepania*, Hispania; *Poeultokalia*, Portugallia; *Kalouloche*, Carolus ; *Atsao*, Asaph; *Lapoutan*, Kaptan; *Calacalpuc*, Karacalpac.

Il se change en *i*, témoin *Kéti*, *Kéta*.

Et en *y* & *ya*, *yangala*, Angara ; *youlmania*, Almania.

Il se change aussi en *o* : *Fou-ye-eul-ho-tou*, Vèrgatour, *Foueulko*, Volga; *O-ly-che-ye-feyche*, Alexiowits.

B

Les Chinois le changent en P. *O-pou*, Oby ; *Topoeul*, Tobol; *Poulate*, Burate; *Sipieulseko*, Sibérie.

C

S'exprime par C ou K. *Caigoto*, Caigorod; *Cachan*, Casan; *Kalouloche*, Carolus.

Se change en G. *Gamisaeul*, Commissaire.

Et quelquefois en T. *Tchelmisse*, Czérémisse.

Y

CH

Les Chinois l'expriment par S. *Goeultsiße*, Ertchis ; *Gotsieul*, Etchil.

D

Se change en T. *Temoyensko*, Démiankoi ; *Caigoto*, Caigorod.

E

Consèrvé. *Poulate*, Burate ; *Kéti*, Kéta ; *Tchelmiße*, Czérémiſſe ; *Piemoſſiki*, Piémont.

Changé en *i* ou en *y*. *Hoeulſetiyn*, Holſtein; *Goly-ohe-ye-feyche*, Alexiowits.

En O. *Go-eul-tſi-ſſe*, Ertchis.

F

Les Chinois ont cette lettre & la consèrvent dans les noms étrangers. P. E. *Foulantſouſſe*, France ; *Salato-fou*, Saratof.

Ils la changent en O. *Atſeö*, Aſaf.

G

Aſpiration forte. Voyez cy-deſſus N. III.

Les Chinois consèrvent le *g* des noms étrangers ; *yang-gala*, Angara. *Soeulgoute*, Sourgout ; *Toeulgoute*, Tour-gout.

Ils le changent en *h*. *Fou-yc-eul-ho-tou*, Vèrgatour. Et ſouvent en K. *Goeulkou*, Ergout ; *Fou-eul-ko*, Volga ; *Taiki*, Taigi ; *Ankiaeulski*, Angletèrre ; *Poeultokalia*, Portugallia ; *Keeulkiſſe*, Kèrgiſſe.

H

Se conserve. *Hoeulstiyn*, Holstein.

Se change en aspiration forte, *Gollanki*, Hollande. Voyez cy-dessus III.

I

Se conserve. *Taiki*, Taigi; *Sipieulseko*, Sibérie; *Caigoto*, Caigorod; *Nipoutchou*, Nipchou; *Simopieul*, Simopis; *Tsay*, Jaïcq; *Piemossiki*, Piémont; *Youlmania*, Almania; *Italia*, Italie; *Isepania*, Hispania; *Piaotoeul*, Pietro.

On le change en *ou*; Ainsi l'on dit *O-pou* pour Obi ou Oby.

J consone.

Changé en *ts*. *Tsay*, Jaïq.

K

Voyez *C*: car c'est souvent la même chose.

K se retient en Chinois. *Go-sse-ti-ya-sse-ke*, Ostiack; *Kéti*, Kéta; *Samaeulsseko*, Samarosko; *Kom*, Komo; *Pieeul-ma-ki*, Permak; *Setiaokoeulm*, Stokolm; *Tomosseko*, Tomsko; *Keeulkisse*, Kergisse.

Il se change en *g*. *Galacalpac*, Karacalpac.

L

Cette lettre se conserve souvent toute simple, soit qu'elle se trouve dans le mot étranger, ou que ce soit une *r* changé en *l*, comme on le dira en son lieu. Voici des exemples de mots où elle se trouve simple. *Salatofou*, Saratof; *Yang-gala*, Angara; *Nalimo*, Narim; *Gollanki*, Hollande; *Italia*, Italie; *Poeulsokalia*, Portugal; *Toulie-*

sko, Turquie; *Kalouloche*, Carolus; *Ga-ly-che-ye-fey-che*, Alexiowits; *Lapoutan*, Raptan; *Galacalpac*, Karacalpac.

Souvent elle s'exprime par la syllabe *eul*, comme en *Posoeul*, Posol, ou Posor; *Goeulkou*, Ergout; *Yanaeul*, Ganarif; *Saueulgoute*, Sourgout; *Samaeulsseko*, Samaro-sko; *Gaeultsisse*, Ertchis; *Topoeul*, Tobol; *Sipieulseko*, Sibérie; *Fouyeeulhotou*, Vèrgatour; *Pieeulmaki*, Pèrmaki; *Foueulko*, Volga; *Tcheulmisse*, Czérémisse; *Toeulgoute*, Tourgout; *Hoeulstiyn*, Holstein; *Poueulsik*, Prusse; *Ankiaeulskia*, Anglétèrre; *Poeultogalla*, Portugal; *Setiaocoeulm*, Stokolm; *Piato-eul-goly-che-ye-fey-che*, Pietro Alexiowits; *Ko-eul-kisse*, Kèrgisse.

Quelquefois *ol* se met pour *l* ou pour *r*, ce qui revient au même. *Olosse*, Russe.

Quelquefois *oul*, & c'est toûjours lorsque la voyelle de la consonne précédente se mange & qu'il se fait une crâse ou contraction: *Foulantsousse*, France; *Poulate*, Burate; *Youlmania*, Allemagne; *Kalouloche*, Carolus; *Touliesko*, Turquie.

Souvent il ne se fait point de crâse, & la voyelle ne se mange pas, comme en ces mots: *Samaeulsseko*, Samarosko; *Topoeul*, Tobol; *Foeulko*, Volga; *Toeulgoute*, Tourgout; *Poeultokalia*, Portugal; *Keeulkisse*, Kèrgisse.

M

Celle-ci ne se change jamais: *Nalimo*, Narim; *Timoyensko*, Démiankoi; *Kom*, Komo; *Pieulmaki*, Pèrmak; *Tcheulmisse*, Czérémisse; *Piemossiki*, Piémont; *Youlmania*, Allemania; *Setiaokoeulm*, Stokolm; *Tomosseko*, Tomsko.

N

Ne se change point non plus souvent. *Yanayeul*, Ganarif; *Nalimo*, Narim; *Timoyensko*, Démiankoi; *Nipout-*

chou, Nipchou; *Hoeulſtiyn*, Holſtein; *Ankiaeulski*, Angletèrre; *Gollanki*, Hollande; *Toulmania*, Allemania; *Foulantſouſſe*, France; *Iſepania*, Eſpagne; *Lapoutan*, Raptan.

Quelquefois elle ſe change ou paroît du moins ſe changer en *ng* qui eſt le *ain* ע des langues orientales, comme en ce mot, *Yang-ga-la*, Angara.

O

Se conſèrve dans ſon ſimple ſon. *Samaeulſſeko*, Samarosko; *Topoeul*, Tobol; *Komo*, Kom; *Simopicul*, Simopis; *Salatofou*, Saratof; *Piemoſſiki*, Piémont; *Gollanki*, Hollande; *Poeultokalia*, Portugal; *Tomoſſeko*, Tomsko; *O-pou*, Oby; *Poulonski*, Pologne.

Il ſe change en *ou*. *Poulonski*, Pologne.

OU

Reſte: *Soeulgoute*, Sourgout; *Fou-ye-cul-hotou*, Vèrgatour; *Nipoutchou*, Nipchou; *Toeulgoute*, Tourgout.

Cette diphthongue ſe change en *o*. *Toeulgoute*, Tourgout.

P

Reſte dans le mot Chinois: *Poeulſeki*, Pruſſe; *Piemoſſiki*, Piémont; *Iſepania*, Eſpagne; *Poeultokalia*, Portugal; *Piaotoeul*, Pierre; *Galaeulpa*, Karaeulpa; *Poſoeul*, Poſor; *Pieeulmaki*, Pèrmak; *Nipoutchou*, Niptchou; *Poulonski*, Pologne.

Q

Voyez C & K. Il ſe retranche à la fin du mot *Tſay*, Jaïq.

R

Les Chinois ne sauroient prononcer cette lettre, ils lui substituent toûjours une *l*, & l'expriment de toutes les manières que nous avons montré ci-dessus qu'ils expriment l'*l*. C'est-àdire, *l*; *eul*, *ol*, *oul*. *Nalimo*, Narim; *Yanaeul*, Ganarif; *Soeulgoute*, Sourgout; *Samaeulsseko*, Samarosko; *Gaeultsiche*, Ertchis; *Sipieulseko*, Sibérie; *Fouyeeulhotou*, Vèrgatour; *Pieeulmaki*, Pèrmak; *Toeulgoute*, Tourgout; *Poueulseki*, Prusse; *Piatoeul*, Pièrre.

S

Consèrvée dans les mots étrangers devenus Chinois; *Posoeul*, Posol ou Posor; *Soueulgoute*, Sourgout; *Samaeulseko*, Samarosko; *Tcheulmisse*, Czérémisse; *Simopieul*, Simopis; *Salatofou*, Saratof; *Olosse*, Russe; *Hoeulsetiyn*, Holstein; *Poueulseki*, Prusse; *Isepania*, Hispania; *Setiaocoeulme*. Stókolm; *Keeulkisse*, Kèrgisse.

Elle se change en *ch*, c'est le ש *schin* des Hébreux & des autres Orientaux: *Kalouloche*, Carolus; *Cachan*, Casan.

Elle se convèrtit en *l*. *Simopieul*, Simopis.

Elle devient forte & s'exprime par une double *ss*. *Gossetyake*, Ostiak; *Samaeulsseko*, Samarosko; *Goeultsisse*, Erchis; *Tomosseko*, Tomsko.

Elle se prononce *ts*, & c'est le *tsade* צ des Orientaux. *Atsao*, Asaph.

T

Demeure sans altération: *Poulate*, Burate; *Kéti*, Kéta; *Soeulgoute*, Sourgout; *Gaeultsisse*, Ertchis; *Topoeul*, Tobol; *Fouyeeulhotou*, Vèrgatour; *Salatofou*, Saratof; *Gotsieul*, Etchil; *Toeulgoute*, Tourgout; *Taiki*, Taigi; *Hoeul-*

setiyn, Holstein; *Italia*, Italie; *Touliesko*, Turquie; *Pietaoeul*, Pièrre; *Tomosseko*, Tomsko.

Il se change en *tia*. *Setiaoeoeulma*, Stokolm; ou en *ti*: *Gossetiyasseke*, Ostiak.

TS ou TZ

Se change en *ch* ou en ש *schin*. *Golycheyefeyche*, Aléxiowits ou Aléxiowitz.

U voyelle.

Se change en *o*. *Kalouloche*, Carolus; *Poeultokalia*, Portugal; *Olosse*. Russe.

En *ou*. *Touliesko*, Turquie.

V consone & W.

Se change en *f*. *Golycheyefeyche*, Aléxiowits.

Et en *fou*. *Fouyeeulhotou*, Vèrgatour; *Foueulko*, Volga.

X

Se change en ש *schin* des langues orientales, ou en *che*. *Golycheyefeyche*, Alexiowits.

Y ou I

Se change en *ou*. *O-pou*, Oby.

Z

Passe en un ש ou en *che*. *Tcheulmisse*, Czérémisse.

Du Pays du Tse-vvang-raptan, par le P. Gaubil de la Compagnie de Jesus.

LA demeure du *Tse-vvang-raptan* est à Harcas lieu fort agréable, sur la rive orientale de la rivière *Ili*, que d'autres appellent Kongkis. Et il paroît qu'on peut ainsi déterminer sa position.

Latitude 46°. quelques minutes. Longit. 37. Ouest de Péking. La latitude de Siganfou capitale du Chensi Province de la Chine, a été plusieurs fois observée de 34°. 16′. 45″.

Sa longitude a aussi été observée de 7°. 39′. 45″. Ouest de Péking (1). J'ai ici l'original des Observations faites par le P. le Comte pour la latitude & la longitude de Siganfou.

Par la mesure, les Observations de la déclinaison de l'aiman, & celles de plusieurs latitudes, on a le lieu de la grande muraille qui est juste au Nord de Siganfou; c'est un peu à l'Ouest de *Poloyn*, latitude 38°. 5′. De *Poloyn* à *Leang-tcheou* on mesura exactement le chemin le long de la grande muraille en 1708. On observoit souvent aussi la hauteur méridienne du bord supérieur du ⊙ avec un instrument vérifié de 2. pieds 2. pouces. On observa aussi la déclinaison de la boussole. On détermina par Observation la latitude de *Leang-tcheou* de 37°. 59′. & sa longitude de 13°. 56′. Ouest de Péking. Cette dernière détermination fut fort approchante de la longitude qu'on a déduite depuis par la comparaison du commencement de l'éclipse de Lune du 30ᵉ. Septembre 1708. observée en

(1) Voyez les Mémoires de l'Académie des Sciences en 1699.

France,

France, en Allemagne, en Italie & à *Leang-tcheou* (1).

En 1708. les PP. Régis & Jartoux trouvérent par la réduction de leurs routes (2) que de *Leang-tcheou* à *Kiayu-koan*, dèrnier Fort de la grande muraille, il y avoit 819. *lis*, ou près de 82. lieues, dont 20. font un degré sur l'Equateur.

La latitude de *Kia-yu-koan* fut obsèrvée de 39°. 49'. 20". en 1708. par les PP. Régis & Jartoux. Ainsi il paroît que *Kia-yu-koan* est sûrement 17°. 56'. Ouest de Péking à peu près.

En 1711. le P. Jartoux Jésuite François, le P. Frédeli Jésuite Alleman, & le P. Bonjour Augustin François de Toulouse, mesurèrent avec les précautions ordinaires 970. *lis* de *Kia-yu-koan* à (3) *Hami*. Avec un grand instrument ces trois Pères obsèrvèrent la hauteur du Pôle de *Hami* 42°. 53'. 20". Ainsi on a bien détèrminé la longitude de *Hami* de 20°. 32'. Ouest de Péking. Il auroit été bien à souhaiter que ces Pères eussent avancé davantage vèrs l'Ouest, mais cela ne se pouvoit.

Au défaut des Obsèrvations & des mesures sur lesquelles on puisse compter, j'ai eu heureusement un Routier Tartare que le P. Parennin a eu la bonté de traduire. Ce Routier fut donné au P. Gèrbillon par un Seigneur de la Cour que l'Empereur Cang-hi avoit envoyé au *Tse-vvang-raptan*. Ce Seigneur étoit instruit des routes, il savoit la sphère, & fit mesurer le chemin le plus exactement qu'il lui fut possible. Il alla de *Kia-yu-koan* à *Hami*, de *Hami* à Turphan, & de Turphan à Harcas Ili. Jour par jour il a marqué les rhumbs de vent & la distance des lieux en mesure connue, Je calculai d'abord sa route

(1) L'Obsèrvation est des PP. Régis & Jartoux. J'ai envoyé en France cette Obsèrvation. On la trouvera cy-dessus page 45.

(2) La distance étoit connue par la mesure actuelle.

(3) C'est Camoul sur les Cartes.

de Kia-yu-Koan à Hami pour voir de combien Hami seroit plus Nord & plus Ouest que Kia-yu-koan. En comparant le résultat de mon calcul avec les mesures & les Observations des PP. Frédeli, Bonjour & Jartoux, je trouvai une différence de 40'. pour la latitude, & de 1°. pour la longitude. Ainsi sur la route calculée de Hami à Harcas, j'ai fait une correction proportionnée à celle qu'il faut faire à la route Kia-yu-koan à Hami.

Depuis ce temps-là j'ai vû entre les mains du P. Regis, une carte faite sur des Routiers & des Mémoires de plusieurs personnes envoyées par l'Empereur Camhi, & j'ai trouvé sur cette carte la route qui est marquée dans le Routier donné au P. Gérbillon. Il y a aussi plusieurs autres Routes, où le résultat des latitudes & longitudes déduites du Routier est fort approchant des positions de cette carte. Outre ce Routier j'en ai encore vû deux autres dans lesquels il n'y a que les distances; on n'y marque point les rumbs.

Voici la liste des latitudes & longitudes tirées de ces Routiers.

Noms des lieux.	Latitude.	Longitude Ouest de Péking.
(1) Turfan ou Turphan, ville.	43°. 30'.	26°. 36'. ou 40'.
Bouche orientale (2) d'Algouey	43. 30.	27. 45.
Bouche occidentale	43. 20.	28. 30.
Tongoi patchi	44. 30.	27. 50.
Manas	45. 0.	29. 10.
(3) Kor.	45. 15.	30. 16.
Source de la rivière Ili.	43. 35.	31. 30.

(1) On prononce *Touroufan*.

(2) Algouey est un nom de montagne.

(3) Ce lieu est à deux ou trois lieues d'une rivière du même nom.

Noms des lieux.	Latitude.	Longitude Oueſt de Péking.
Harcas	46°. 6'.	37°. 0'.
(1) Le Palkaſi lac	46. 50.	37. 40.
Centre du lac appellé Lop.	42. 20.	25. 0.
Source du (2) Sir	40. 10.	36. ou 36°. 30'.
Caſgar ou Cachgar ville.	39. 30.	34. 0. 0.
Ighen ville	38. 20.	32. 40.
Source de l'Haitou (3) rivière.	43. 0.	31. 50.
Acſou ville	42. 30.	33. 0.
Source de (4) l'Hotomni rivière	35. 50.	31. 0.
Cette rivière ſe pèrd dans les ſables à	39. 20.	30.

Anghien ville eſt à quelques lieues au Sud de la ſource de la rivière Sir ou Sihun.

Les monts Althay dont j'ay parlé p. 142. & 145. ſéparent les Eleuthes des Kalcas ; à l'Oueſt ſont les Eleuthes, à l'Eſt les Kalcas. Les Princes Eleuthes ſont deſcendans de Tamèrlan. Les Princes Kalcas deſcendent de Gentchiſcan. Les uns & les autres parlent le Mongou, & ſuivent la Religion du grand Lama.

(1) Ce lac a bien 8. lieues de diamétre.

(2) C'eſt la fameuſe rivière Sihun, qui ſe décharge dans un lac à 2°. ou 3°. Eſt de la mèr Caſpienne,

(3) Cette rivière ſe décharge dans le lac Lop.

(4) Dans la guèrre entre l'Empereur Cang-hi & le Tſe-vang-raptan, Tſe-vang-raptan s'étant rendu au lac Lop travèrſa les ſables avec 14. pèrſonnes, & vint ſur la rivière Hotomni. C'eſt là qu'étant joint par quel ques détachemens il marcha à Laſſa, & pilla les tréſors du grand Lama. Le Tſe-vang-raptan n'alla pourtant pas lui-même à Laſſa ; il y envoya un de ſes Généraux.

Les Tartares de Hami, Tourphan, Cascar, Anghien, Acsou, Irghen sont Mahométans sous la protection de *Tsé-vang-raptan*. Ils ne sont ni Mongous, ni Kalcas, ni Eleuthes.

Je ne sai point au juste les limites du *Tsé-vang-raptan* à l'Ouest du lac Palkasi; mais je sai qu'entre lui & la mèr Caspienne il y a des Princes Tartares dont un est celui de Caracalpac. Je sai que les Tartares Calmouks dont j'ay parlé, marquèrent la résidence d'un Prince Caracalpac plus de 10. lieues à l'Ouest de Harcas; & ces Calmouks ajoutèrent qu'ils avoient fait le chemin & qu'il falloit encore plus de 10. jours pour aller de chez ce Prince Caracalpac à la mèr Caspienne.

Les latitudes & longitudes des places, rivières, montagnes, &c. de la Chine & de la Tartarie dont j'ai parlé dans les Remarques sur la Relation Chinoise sont prises de la carte des Jésuites. *A Péking le 6. Octobre 1726. A Gaubil J.*

Extrait d'une Lettre du R.P. N... de la Compagnie de Jesus, Missionnaire au Maduré, au P. E. Souciet de la même Compagnie, sur la Carte du Cap de Comorin.

A la Coste de la Pescherie 25. Sept. 1724.

VOus m'exhortez à travailler à la Carte de ce pays, & pour m'y animer davantage, vous me dites qu'on se dispôsoit à imprimer une Carte des environs du Cap Comorin. J'ai vû cette Carte, & j'ay été tout étonné d'y trouver celle même que j'avois dressée jointe par le travail du F. Morisot à celle du Maissur dressée par le feu P. Hiacinthe Sèrra Italien de notre Compagnie. Je n'y ai trouvé que peu de changemens. Je n'en suis cependant pas tout-à-fait content. Il me semble que j'avois mieux marqué la longue chaîne de montagnes, qui commençant au Cap de Comorin, s'étend fort loin au Nord. Cotate m'y paroît placé sur la Coste de la Pescherie, au lieu qu'elle est sur la Coste de Travancor assés proche du Cap de Comorin à deux lieues de la mèr.

Sur la Carte de l'Isle de Ceilan publiée par M. Delisle en 1700.

LE même Missionnaire marque dans une autre Lettre qu'aux Indes on ne reconnoît prèsque aucun des noms des peuples & des lieux qui se trouvent marquez dans cette Carte.

REMARQUES CHRONOLOGIQUES

Remarques sur le commencement de l'année Chinoise.

I. LE premier jour du Printemps est celui où le Soleil ⊙ entre dans le 15°. de ♒ Aquarius. C'est le *Li-Tchun* ; deux mots Chinois consacrez à signifier le commencement du Printemps.

II. Le prémier jour du Printemps, le Li-Tchun, ou le jour où le ⊙ entre dans le 15°. d'Aquarius n'est pas le 1r. jour de l'année. Tchun hio fixa le commencement de l'année au prémier jour de la Lune la plus près du 15°. de ♒. Il paroît que c'est-là le sens des paroles du texte de l'Histoire.

III. Depuis la Dynastie des Han, la prémière Lune Chinoise est celle durant les jours civils de laquelle le Soleil ⊙ par son mouvement vrai entre dans ♓ les poissons.

IV. Le jour civil commence à minuit & finit à la minuit suivante.

V. Le prémier jour de la Lune est toûjours celui où se fait la vraie ☌ conjonction du Soleil & de la Lune. Ensorte que si, par exemple, la vraie ☌ conjonction est à 11 h. ¾. du soir, au moment de minuit on compte le 2d. jour de la Lune, La 2e. Lune est celle où le ⊙ entre dans ♈ Aries.

VI. Quand pendant tout le cours des jours civils d'une

Lune le ☉ Soleil n'entre dans aucun ſigne, & demeure toûjours dans celui où il étoit au commencement de la Lune, la Lune eſt *Jun*, intèrcalaire, & l'année à 13. Lunes.

VII. Durant la Dynaſtie des Tcheou, la prémière Lune étoit celle pendant les jours de laquelle le ☉ Soleil entroit dans ♑ Caper.

VIII. La Dynaſtie des Chang comptoit pour prémière Lune celle où le ☉ Soleil entroit dans ♒ Aquarius.

IX. La Dynaſtie des Hia comptoit comme aujourd'hui, c'eſt-à-dire que la 1e. Lune étoit celle pendant les jours civils de laquelle le ☉ entroit dans les ♓ les poiſſons; comme on l'a dit ci-deſſus III.

X. On ne ſait pas cèrtainement ſi ſous ces trois Dynaſties on intèrcaloit comme aujourd'hui. Et même ſous les Dynaſties qui ont regné depuis J. C. les Aſtronomes Chinois ont fait des fautes ſur ce point. Ce n'eſt pas qu'ils n'euſſent la regle de l'intèrcalation: mais quelquefois ils ne la ſuivoient pas.

XI. Il eſt cèrtain que le commencement du jour civil ſous les Tcheou qui regnoient avant J. C. étoit comme aujourd'hui à minuit. Cy-deſſus IV.

On ne ſait pas s'il étoit de même ſous les Hia & les Chang. Il y a quelques éclipſes de Tchun Tſieou, qui font des difficultés ſur l'année de ce temps-là.

XII. Outre cette forme d'année civile les Chinois ont toûjours connu depuis Yao l'année ſolaire de 365. jours, & près de 6. heures, & on peut le démontrer. Ils ont marqué auſſi depuis Yao une année de 366. jours de 4. en 4. ans ſolaires. Cette année s'appelle KI.

Ils ont pris cette année d'un ſolſtice d'hyvèr, à l'autre ſolſtice d'hyvèr ſuivant.

XIII. Outre l'Obsèrvation du ſolſtice d'hyvèr d'Yao, il y en a deux autres marquez, un du temps des Cang, & l'autre ſous Vou-cang: mais ces deux-ci ne ſont pas ſi bien marquez que celui d'Yao.

Il y en a deux bien marquez 400. quelques années avant J. C. & on peut faire une suite d'Obsèrvations de solstices depuis 200. quelques années avant J. C jusqu'à l'an 1725. que nous courons. Ces Obsèrvations ne sont pas si exactes que celles que nous faisons aujourd'hui, n'étant faites qu'avec des gnomons prèsque tous de 8. pieds.

Les Chinois se sont toûjours sèrvis dans leurs calculs de cette année solaire.

XIV. On peut démontrer que depuis plus de 19. siécles ils ont connu un cycle de 19. ans, dans lequel il y a 235. Lunes, ou mois lunaires. La connoissance de la quantité du mois lunaire s'est toûjours pèrfectionnée, & je pourrai montrer dans la suite le progrès de ces connoissances. Il y a de grandes preuves, mais non pourtant démonstratives, qu'avant ces temps-là ils connoissoient ce cycle, & il est cèrtain que depuis 19. siécles les Chinois ont dètèrminé la plus grande déclinaison du ☉ de 24°. Chinois, c'est-à-dire de 23°. & près de 38'. car avant le temps du P. Adam Schal, on divisoit à la Chine le cèrcle en 365°. & 25'. & un degré en 100'.

XV. Dès avant J. C. leurs épactes, & la manière de les compter ont été absolument les mêmes que dans l'Astronomie Siamoise expliquée par M. Cassini,

Abregé

ABREGE' CHRONOLOGIQUE
DE L'HISTOIRE
DES CINQ PREMIERS EMPEREURS
MOGOLS,

Tiré de l'Histoire Chinoise par le P. Gaubil de la Compagnie de Jesus, & dans lequel on trouvera aussi plusieurs points de Geographie.

LE prémiér Empereur est *Yuen Taitsou*. C'est *Gentchiscan*, dit *Tiemoutchin*.

L'Histoire Chinoise rapporte de la Princesse *Alancora* la même Histoire que celle que M. d'Hèrbelot a publiée dans sa Bibliothéque Orientale.

La Généalogie de *Gentchiscan* neuviême descendant de (1) *Poutantchar* est la même, mais les noms sont un peu changez.

L'avanture & le malheur de la Princesse *Monolun*, & de ses enfans est aussi raconté avec quelques circonstances un peu différentes.

Le père de Gentchiscan est appellé *Yesouhay*, & sa mère a le nom de *Yuelun*.

La horde des *Mogols* dont *Yesouhay* avoit la Seigneurie, étoit contigue à celle des (2) *Naymans* près de la ville (3) de *Holin* au Nord du desèrt de sable. *Holin*

(1) En Chinois *Pou-Taon-Tcha-eul*.

(2) Les *Naymans* d'aujourd'hui habitent au N. E. de *Péking* près de la rivière *Siramouren*.

(3) Latitude 44°. 11'. Longitude 10°. à 11°. Ouest de *Péking*.

est la même ville que celle qui s'appelle *Caracoram*, & cela peut se démontrer.

Gentchiskan nâquit l'an 1162. tenant du sang caillé entre ses mains. Son père mourut fort jeune, laissant cinq Princes à la Princesse *Yuelun*. Elle eut bien de la peine à conserver à son fils la Principauté de son père, & son pays attaqué par *Gemouka* Prince Tartare ennemy des Mogols. La horde de (1) *Tchalar*, d'où étoit nâtif un Grand Seigneur nommé *Mohali*, se déclara d'abord en faveur des Mogols.

Les Princes de *Kin* originaires du pays, qui est au Nord de la *Corée*, étoient maîtres du *Leaotong*, du *Chansi*, du pays de *Siganfou* dans le *Chensi*, du *Petcheli*, du *Honan*, & du *Chantong*. La *Corée*, & l'une & l'autre Tartarie jusqu'au 49. à 50°. de latitude, & au 19. à 20°. de longitude Ouest de *Péking* leur payoient tribut.

Les *Tatar* peuples situez le long des rivières (2) *Kerlon* & (3) *Onon* ou *Amour* s'étoient révoltez. L'Empereur des *Kin* ordonna aux Princes tributaires de marcher contre les rébelles. Les Tatar furent vaincus : & comme *Tiemoutchin* (4) à la tête des *Mogols* & *Toli* à la tête des (5) *Keli* se distinguèrent beaucoup, l'Empereur les récompensa. *Tiemoutchin* eut une grande Charge dans l'armée, & *Toli* fut déclaré Roy, en Chinois (6) *Ouang*.

Les peuples de *Keli* appellèrent depuis ce temps-là leur Prince *Ouang-han*. On sait que *Han* veut dire Prin-

(1) Ce païs s'appelle aujourd'hui *Cartchin* au N. & N-E. de *Péking*, près de la grande muraille en Tartarie.

(2) En Tartarie *Kerroulen*.

(3) Source 48°. 25'. latitude, longit. 6°. 50'. Ouest de Péking. Se jette dans un lac latitude 48°. 50'. longitude 50'. Est de Péking.

(4) C'est le premier nom que porta *Gentchiscan*.

(5) *Keri*.

(6) C'est un titre d'honneur dont les Chinois récompensent plusieurs Princes.

ce. Cette étymologie de *Ouang-han* est répétée plusieurs fois dans l'Histoire Chinoise.

Quelque tems après *Ouang-han* fut chassé de son (1) pays par les *Naymans*, chez qui le frère de *Uanghan* s'étoit retiré. *Tiemoutchin* le rétablit ; ce qui donna occasion à une ligue de presque toute la Tartarie contre *Tiemoutchin* & *Ouang-han*. Cette ligue fut ménagée par *Gemouka* appellé en Chinois *Tchamouha*. *Tiemoutchin* gagna plusieurs batailles contre les Princes liguez. Un d'eux se détacha de la ligue, & donna sa fille en mariage à *Tiemoutchin*. C'étoit *Tein* Prince de (2) Hongkila. Cette guerre dura plusieurs années, & *Tiemoutchin* fut toûjours vainqueur.

Gemouka vint à bout de mettre mal ensemble *Ouang-han* & *Tiemoutchin*. Celuy-cy après avoir sauvé sa vie d'un grand danger, assembla ses Alliez & ses amis, & secouru de *Mohali*, de *Gantong* son beau-frère, & de ses quatre frères, tailla en piéces l'an 1203. l'armée de *Ouang-han*, entre les rivières (3) *Toula* & (4) *Kolon*. *Ouang-han* fut tué dans le pays des *Naymans* par un Officier de cette contrée. Son fils *Haho* fuyant de Province en Province arriva dans un pays Mahométan à l'Est de *Casgar*, où il fut tué par ordre du Prince qui y regnoit.

L'Histoire Chinoise ne dit rien de la Religion de *Ouang-han*, & supposé que ce fut le même que le Prestre-Jean, comme quelques-uns l'assurent, il étoit bien moins puissant qu'on ne l'a publié.

L'an 1204. *Tiemoutchin* soumit plusieurs hordes, bat-

(1) Aux environs de la rivière *Toula*.

(2) Cette horde étoit au Nord & Nord Est de *Tchalar*.

(3) Source latit. 48°, 55'. longitude 7°. 55'. o. Se jette dans la mer orientale latitude 53°. longitude 25°. Est de Péking.

(4) Source latitude 48°. 30'. longitude 7°. 50'. Se jette dans la rivière Orgoun latitude 49°. longitude 11°. 20' Ouest de Péking.

tit l'armée des Princes liguez, qui avoient à leur tête un puissant Prince des *Naymans* appellé *Tay-Yang* (1) *Kohan*. *Tay-Yang* fut tué. Le combat se donna à l'Est de *Holin*.

L'an 1205. *Tiemoutchin* commença à attaquer les Princes de *Hin*. On les appelloit *Sy-Hia*, c'est-à-dire, *Hia* d'Occident. Ces Princes étoient maîtres de presque tout le Chensi, du pays de *Kokonor*, de la partie de Tartarie qui s'étend depuis le Nord de *Ning-Hia*, jusqu'à la ville de (2) Hami, jusqu'au 42°. de latitude. Outre cela ils possédoient le pays où est aujourd'hui (3) *Chatcheou*.

L'an 1206. l'armée de *Tiemoutchin* & celle de ses Alliez, s'assembla à la source du (4) *Uonon* ou *Onon*. On changea le nom de *Tiemoutchin* en celui de *Tchen-ki-sse*: ajoûtez *Han*, on a *Tchen-ki-sse-han*, d'où s'est fait *Gentchiskan*. C'est en disant ces môts (5) *Tching-kisse* que les *Mogols*, & leurs alliez (6) proclamèrent ce Prince Empereur. La même année *Gentchiskan* acheva la conquête du pays des *Naymans*, dont le Roy *Poloyu* fut tué. Son fils, avec le Seigneur des *Merkites* se sauva & s'enfuit jusqu'à une rivière appellée (7) *Irtitche*. Les Mogols les poursuivirent & les défirent entièrement. Ainsi *Gentchiskan* se vit enfin maître de la Tartarie occidentale: *Mouhali*, *Gantong* son beau-frère, *Kueli* frère de *Orghan*, &

(1) *Kohan* ou *Kahan* est le mot Mogol qui répond à celui de *Han*.

(2) Latitude 42°. 51'. longitude 22°. 32. Ouest.

(3) Latitude 40°. 20'. longitude 20*. 40'. Ouest.

(4) C'est le fleuve *Amour*.

(5) *Tchengkisse* en Mogol est traduit en Chinois par *Hoang-ti* souverain Seigneur.

(6) Il y eut encore une autre proclamation ou reconnoissance de *Gentchiskan* postérieure de quelques années. Elle se fit dans le païs de *Kokonor* à l'Ouest du Chensi.

(7) Nom Tartare d'une grande rivière qui va au Nord. On marque sa source latitude 46°. 4'. longitude 22°. Ouest. Je ne sai si c'est l'*Irtis*.

pére de (1) *Sarentna Soupoutay* Capitaine Tartare, furent ceux qui l'aidèrent le plus avec ses quatre frères, & un Capitaine d'Occident adorateur du feu. Il étoit Prince & s'appelloit (2) *Tchapaeul*.

L'an 1209. *Itouhou* Roy du Pays de (3) *Ouei-ou-eul* voulut se mettre sous la protection de *Gentchiskan*. La capitale de *Ouei-ou-eul* est *Ho-tcheou* à 100. lis à l'Est de (4) *Toulouphan*. Dans ce pays on a les livres de Confucius & le livre *Y-king*; on connoît les caractères Chinois, & on se sert de calendrier Chinois. C'est cette année que Gentchiskan entra dans le *Chensi* par le pays de *Kokonor*, & obligea le Roy de *Hia* à faire la paix.

L'an 1210. *Gentchiskan* refusa de payer le tribut aux Princes *Kin*, & pour se vanger du meurtre d'un de ses parens fait par ordre des *Kin*, il entra en 1211. dans la Province de Chansi. L'Histoire Chinoise entre dans un grand détail des ravages & des conquêtes que ce Prince, ses frères, ses quatre fils *Octay*, *Toly*, *Tchouchi*, & *Giagatai*; *Mouhali*, *Tchapaeul*, *Sonpoulai*, & d'autres firent les années 1211. 1212. & 1213. dans le *Chansi*, le *Petchali*, le *Chantong* & le *Leaotong*. En 1213. on assiégea la Cour. C'est la ville où est aujourd'hui *Péking* alors appellée *Yenking*.

Au commencement de l'année 1214. l'Empereur des *Kin* fit la paix avec *Gentchiskan* moyennant une grande somme d'argent, des étoffes, un grand nombre de jeunes gens & de jeunes filles, & une Princesse du Sang pour *Gentchiskan*, qui se retira dans le pays de *Tchalar*.

La même année 1214. les *Kin* violèrent le Traité. Les Mogols rentrèrent dans le *Petcheli*, rassiégèrent *Yenking* aujourd'hui *Péking*, & *Mohali* prit le *Leaotong*.

L'an 1215. *Yenking* fut pris & pillé à la cinquième

(1) Elle épousa *Talay*, quatrième fils de *Gentchiskan*.

(2) *Tchapar* ou *Giapar*.

(3) *Igour*.

(4) *Turphan* latitude 43°. 3'. longitude 26°. 53'. Ouest.

Lune. *Gentchiskan* n'étoit pas au siége. Le Palais fut brûlé. L'Empereur des *Kin* avoit depuis 8. ou 9. mois transporté sa Cour à *Caifonfou* capitale du Honan appellée alors *Nanking*.

L'an 1216. *Gentchiskan* vint en personne à la Chine, & pilla une partie du *Honan*.

L'an 1217. il déclara *Mohali* Gouvèrneur général des pays conquis, laissa *Tchapar* Gouvèrneur de *Péking*, & partit pour la Tartarie.

L'an 1218. *Mohali* rendit la Corée tributaire. Gentchiskan alla ensuite dans l'Occident pour se vanger du massacre que les gens du pays avoient fait de ses sujêts, (1) *Gotala* fut pris à la 8e. Lune de l'an 1219. On fit souffrir de grands tourmens au Gouvèrneur. On prit aussi (2) *Khogen*, (3) *Pouhoula* & (4) *Samaeulkan*.

En 1221. Gentchiskan alla l'esté dans un lieu très-fort à l'Ouest de *Samarkan* appellé (5) *Porte de fèr*. La même année les fils de *Gentchiskan* firent de grandes conquêtes.

L'an 1222. un *Rai* puissant se jetta à la mèr & y périt dans une Isle. *Toley* prit *Touse* & *Nitchaboueul*; & *Gentchiskan* assiégea *Talihan*. Le Général *Soupoutai* fit le tour de la mèr Caspienne, alla au pays des (6) Olosses, passa le (7) Volga & vint à *Talihan*. Un Roy nommé (8) *Tchalantin* s'enfuit dans les Indes; on le poursuivit, il échappa, & on ne put jamais le prendre.

(1) Otrar.

(2) En 1220.

(3) Bogur.

(4) Samarkan.

(5) C'est sans doute Démicarpi ou Dèrbent. *Démicarpi* ou *Têmicarpi*, signifie en effet *Porte de fèr*. Les Anciens appelloient aussi ce passage, *Portæ Caucasiæ Portæ Caspiæ*, *Pylæ Iberiæ*.

(6) Nom des Moscovites ou Russes.

(7) En Chinois *Vo-li-ki*.

(8) C'est Gélalédin.

L'an 1223. *Gentchiskan* alla en Perse, & l'an 1224. aux Indes, où il fit de grands ravages. L'Histoire Chinoise ne donne pas de grands éclaircissemens sur la guerre de *Gentchiskan* dans l'Occident. Elle dit que l'an 1224. un détachement de Mogols prit la ville de *Metena*, pays, dit l'Histoire, où a regné *Mu-han-nu-te* Seigneur & Législateur des Mahométans. A cette occasion la note dit que du temps même de Mahomet quelques-uns de ses disciples entrèrent dans la Chine, & y publièrent leur Loy. *Métena* est voisine d'un pays appellé (1) *Païs du Ciel.*

L'an 1226. *Gentchiskan* attaqua le Prince de *Hiu*, & après avoir pris (2) *Estina* il entra dans le Chensi. Il ruina la dynastie des *Hia*, & mourut à la 7ᵉ. Lune de l'an 1227. sur la montagne de *Leoupan* dans le Chensi âgé de 66. ans. Il avoit eu quatre fils de l'Impératrice fille du Seigneur de *Hongkila*, sçavoir *Tchouche*, *Tchahatai*, *Octay*, & *Toley*. *Gentchiskan* déclara *Octay* pour son successeur & son héritier, & cependant *Toley* gouverna l'Empire.

(3) *Octay* fut proclamé Empereur à la 8ᵉ. Lune de l'an 1229. & *Toley* eut le commandement des troupes.

L'an 1230. *Octay* & *Toley* entrèrent dans le *Chensi*, & ensuite dans le *Honan*, & réduisirent à l'extrémité l'Empereur des *Kin*. Ils firent un traité avec l'Empereur des (4)

(1) Seroit-ce la Terre-Sainte qu'ils appelleroient le Pays du Ciel, c'est-à-dire le Pays de Dieu, où Dieu est né & a vécu.

(2) Ville dont parle Marc Paul, aujourd'hui ruinée. Elle étoit au Nord de Cantcheou du Chensi, & dans la Tartarie près de la grande muraille. Cantcheou est par 39°. 40'. de latitude, & 15°. 30'. de longitude Ouest.

(3) En Chinois *Yuen-Taitsong*.

(4) Ces Princes possédoient les Provinces de *Setchuen*, de *Queitcheou*, de *Yunnan*, de *Quansi*, de *Quanton*, de *Fokien*, de *Kiansi*, de *Kiamnan*, de *Tchekouang*, de *Houquang*.

Song & se retirèrent en Tartarie, & à la 9e. Lune de l'an 1232. *Toley* mourut regretté de tout l'Empire. *Soupoutay* continua la guèrre dans le *Honan*, prit & pilla (1) *Nanking* à la 2e. Lune de l'an 1233.

A la prémière Lune de 1234. (2) l'Empereur de *Kin* ne pouvant digérer le chagrin de se voir dépossedé de ses Etats, se brûla lui-même à (3) *Juningfou*. Il déclara son fils successeur de sa Couronne; mais ce jeune Prince fut tué par ses propres troupes. C'est ainsi qu'*Octay* devint maître de l'Empire des *Kin*. L'Histoire de cette guèrre est assès-bien détaillée.

L'an 1235. *Octay* fit de *Holin* une nouvelle ville, avec un grand Palais. C'est cette année que ce Prince fit partir son neveu *Patou* fils de *Tchouche*, son neveu *Mongko* fils de *Toley*, & le Général *Soupoutay* pour aller attaquer plusieurs Royaumes d'Occident. Ils tournèrent d'abord au Nord de la mêr Caspienne, & ce pays est appellé *Kintcha*. De là ils pénêtrèrent dans un climat où les jours sont très-longs au solstice d'esté. L'Histoire parle encore icy d'autres Royaumes & Pays, mais en tèrmes fort obscurs, & défigurant si fort les noms, que si on ne savoit d'ailleurs qu'ils ravagèrent la Pologne, l'Allemagne, la Hongrie, on auroit de la peine à reconnoître ces pays. *Patou* ne revint avec *Mongko* que plusieurs années après la mort d'*Octay*. Ils pèrdirent beaucoup de monde, mais, dit l'Histoire, ils acquirent bien de la gloire.

(1) Nom qu'avoit alors Caifonfou, qui s'appelloit aussi Pien.

(2) C'est cette année qu'on fit la monnoie de papier; les billêts s'appelloient *Tchao*. Le Sceau du *Poutchinse*, ou Trésorier général de la Province étoit empreint dessus, & il y en avoit de toute valeur. Cette monnoie avoit déja couru sous les Princes de *Kin*.

(3) Ville du Honan. Le mot d'*Altoun* signifie sans doute Or, *Kin*. Ici il faut corriger M. d'Hèrbelot.

Dans

Dans le temps qu'*Octay* portoit ainsi la guèrre en Occident, il fit attaquer le *Song*, & la prémière opèration de la campagne fut le siége de *Sitchuen*.

Octay mourut à l'âge de 56. ans l'an 1242. Il avoit sept fils, & à sa mort il nomma pour son héritier *Che-lie-men* son petit-fils, & fils de *Ko-Tchou* son quatriême fils mort à la guèrre.

L'Histoire ne dit rien de la Religion de *Gentchiskan* & d'*Octay*. Leur Ministre fut *Ye-lu-tchu-tsai* Prince de la famille de *Leao*. L'an 916. les Princes de cette Maison prirent le titre d'Empereur. Ils étoient du *Leaotong*. Leur Dynastie eut neuf Princes, & fut détruite environ 209. ans aprês par les Princes *Kin*. Ce grand homme *Ye-lu-tchu-tsai* a fait l'Histoire des deux Princes dont il fut Ministre, *Gentchiskan* & *Octay*. Mais je n'ay encore pû trouver ce livre.

Après la mort d'*Octay* l'Impératrice *Naitmatchin* fut régente. Elle n'eut aucun égard aux ordres de son mari, & par ses brigues elle fit déclarer à *Hélin*, son fils aîné (1) *Quey-yeou* Empereur des Mogols. Ce fut à la 7ᵉ. Lune de l'année 1246.

Quey-eyou laissa gouvèrner sa mère, & ne fit rien de fort considérable. On l'accuse d'avoir trop aimé les Bonzes. Il mourut à la 8ᵉ. Lune de l'an 1248. âgé de 43 ans.

Naimatchin & la Princesse (2) *Hai-mi-che* épouse de *Quey-yeou* furent régentes de l'Empire; elles résolurent de mettre sur le Trône le Prince *Che-lie-men*. Elles étoient soutenues par de vieux Ministres, par plusieurs Généraux, & par tous les Princes fils & petits-fils d'*Octay*. D'un autre côté le grand Général de l'armée *Patou*, & d'autres, vouloient faire élire *Mongko*. Ceux-ci

(1) C'est *Cayve* ou *Gaive*, en Chinois *Yuen-Tsing-tsang*.

(2) Elle eut trois fils de son époux.

prévalurent & l'an 1251. on proclama Empereur des Mogols, à *Holin* (1) *Mongko* fils aîné du Prince *Toley* & de la Princesse *Saruchia* appellée en Chinois *Sa-lou-cou-tieni*.

Mongko donna le gouvèrnement des Provinces conquises de la Chine à son frère (2) *Houpilie*, & gouvèrna par lui-même.

L'an 1252. il fit mourir la Princesse *Hai-mi-che*, parce, disoit-il, qu'elle étoit Magicienne ; il mit en prison *Che-lie-men*, & exila *Naimatchin*, & les Princes du parti de *Che-lie-men*.

En 1253. il fit assembler aux environs de *Holin* deux grandes armées ; la première, commandée par *Hou-lan-Holay*, sous les ordres de *Houpilie*, eut ordre d'aller attaquer le *Tibet*, le *Pégu* & la *Cochinchine*, & de pénétrer dans le *Yunnan* & le *Setchuen*.

La seconde armée commandée par (3) *Hiu-lie-hou* son 6e. frère, fût envoyée en Pèrse & en Syrie attaquer les (4) *Sou-tan* & le (5) *Halifu* Prince Mahométan Roy de (6) Pahuta. *Mongko*, nomma le Général *Ko-Kan* pour sèrvir sous *Holayou*, & l'aider de ses conseils. *Ko-kan* étoit nâtif de *Tching* petite ville qui dépend de *Hou-Tcheou* dans le ressort de *Siganfou* Capitale du *Chensi*.

Holayou & *Ko-kan* partirent de *Holin*, & à la 2e. Lune de l'an 1253. ils arrivèrent auprès d'un grand lac appellé alors *Kan-kay*, & aujourd'hui (7) *Lop-Omo*. Il a plus de 30. lieues de tour. Delà ils se rendirent à (8) *Piechepali*, & ensuite à (9) *Alimali* ville remplie de Ma-

(1) En Chinois *Yuen-hien-tsong*.
(2) C'est Koblay.
(3) C'est Holoyu.
(4) Sultans.
(5) Califes.
(6) C'est Bagdat.
(7) Latitude 42°. 20'. Longitude 35. Ouest.
(8) Bisbulig.
(9) Almulig.

hométans. Ils passèrent par *Casgar* & se rendirent à *Cogond*.

L'an 1256. *Holayou* & *Ko-kan* prirent un pays de montagnes appellé (1) *Molahihou* dans lequel il y a 28. villes. Ils soûmirent ensuite plusieurs Sultans.

Et l'an 1257. ils prirent les deux villes, l'occidentale & l'orientale du *Halifa*. Le Calife fut pris & envoyé à *Mongko*. L'expédition de Bagdat est rapportée au long, La Ville y est bien décrite ; on parle du beau Palais du Calife, de la rivière qui sépare les deux villes, de la beauté des maisons, du massacre que fit *Kokan* dans la ville occidentale, de la grandeur du Royaume, du nombre & de la durée des Califes.

Holayou après la prise de Bagdat détacha *Ko-kan* & l'envoya du côté de l'Ouest. Cet habile Général fit (2) 3000. lis à l'Ouest, & ayant marché 20. jours, il arriva à un Temple dédié au Ciel, dit le texte Chinois. On dit à *Ko-kan* que le prémièr de tous les Saints y avoit été entèrré anciennement. *Ko-kan* vit au milieu du Temple une grande chaîne de fèr suspendue, pour laquelle on avoit beaucoup de vénération. Il apèrçût aussi beaucoup d'inscriptions. On lui dit qu'elles avoient été faites par (3) *Pietapaeul* nom du Saint entèrré-là.

Près du lieu où est ce Temple, étoit une ville appellée (4) *Paeul*, dont le Sultan se soumit. De *Paeul* au Royaume de (5) *Misieul* il n'y a qu'une fort petite distance. Les Mogols y firent des conquêtes. Le Sultan de *Konay* se soumit aussi. *Kokan* passa la mèr, & fit des conquêtes

(1) C'est, si je ne me trompe le païs des Ismaëliens.

Nota. Cela ne se peut, puisqu'on n'étoit qu'à Bagdat l'année suivante.

(2) 3000. lis d'alors font 240. lieues de 20. au degré de latitude. Cette distance est mal marquée.

(3) *Pembar*, *Pembal*, *Bembar*, ou *Bembal*. Peut-être *Ben-Baal*. *Benbal*, fils de *Baal*.

(4) *Par* ou *Pal*; *Bar*, ou *Bal*.

(5) Misir.

dans un pays appellé (1) *Foulon*. Les femmes y sont ornées comme les statues des Temples de la Chine, & le Sultan de *Houtou* rendit hommage.

L'an 1259. *Ko-kan* & *Holayou* firent d'autres conquêtés, & vèrs la fin de l'année *Holayou* fit partir *Ko-kan* en poste pour aller rendre compte à *Mongko* des succès de toutes ces expéditions.

Ko-kan arrivant à la Chine apprit que *Mongko* avoit été tué le 10. d'Aoust 1259. à (2) Hotcheou ville de Setchuen qu'il assiégeoit. Ce siége fut fort long, les Mogols y pèrdirent un grand nombre d'Officiers & le siége fut levé. Mongko avoit 52. ans. Il laissa cinq fils. L'Histoire Chinoise dit qu'il avoit de la bravoure & de l'esprit. Elle l'accuse d'avoir été fort supèrstitieux & entêté des Lamas. Elle lui reproche la mort injuste de la Princesse *Hai-miche*, la prison de *Che-lie-men*, & l'éxil de *Naimatchin*. Elle ne dit rien des Ambassades de S. Louis.

Houpilie apprit à la 5e. Lune de l'an 1259. la triste mort de *Mongko* son frère de père & de mère. Il assiégeoit *Ooutchang* capitale du *Houquang*. A cette nouvelle il fait sa paix avec les *Song*, ordonne à *Houlan-Hotay* de faire cesser les hostilitez, & suivi de ses meilleures troupes, il vient (3) à Péking. Il y eut bien des brigues pour (4) *Halipouco* son septiême frère. A la 2e. ou 3e. Lune *Houpilié* apprit de la propre bouche de *Ko-kan* les grandes actions & les conquêtes de *Holayou* son frère, & il eut encore plus de plaisir quelques jours après d'apprendre des nouvelles de *Holayou* plus récentes. Elles portoient 1°. qu'il avoit conquis les dix Royaumes de

(1) Francs. Il parle de quelques pays de Syrie, occupez par les Croisez, qui étoient francs.

(2) Latitude 30°. 10'. Longitude 10°. 8'. Ouest.

(3) Appellé alors *Tenking*.

(4) C'est Aribouga.

Kichemi, dont le plus beau est (1) Pahata. 2°. Il disoit qu'il venoit d'apprendre la mort de *Mongko*. 3°. Il ordonnoit à son Envoyé de donner en son nom son suffrage à *Houpilié* pour être déclaré Empereur des Mogols.

A la 4e. Lune de l'an (2) 1260. (3) *Houpilié* fut déclaré Empereur des Mogols dans la ville de (4) *Changtou*. Son régne fut asses long & très-glorieux. En voici les principaux événements.

Halipouco se fit proclamer Empereur à *Holin*. La même année ses troupes furent battues à l'Est de *Cantcheou* ville considérable du Chensi.

L'an 1261. *Halipouco* fut battu par *Houpilié* en personne. *Holin* fut pris, & l'an 1264. *Halipouco* se rendit à discrétion. Son frère lui pardonna, & depuis il fut toûjours fort soûmis. *Houpilié* délivra *Cheliemen*. Il introduisit le gouvèrnement Chinois parmi les Mogols; & fit beaucoup d'honneur aux léttrés. Il prit un grand Chinois nommé *Yaoku* pour son prémier Ministre. Il établit le Tribunal qu'on appelle des *Han-lin*, composé des plus habiles gens de l'Empire. C'est proprement une Académie de gens de léttres. Il fixa la Cour à (5) *Yen-keng*, & on l'appella, *Tatou*, grande Cour. Il y passoit les dèrniers mois de l'Automne & l'Hivèr. Il passoit le reste de l'année à *Chang-tou*. M. Paul dit à peu près la même chôse de Cambalu ou Ciandu.

L'an 1268. *Houpilié* attaqua l'Empire des *Song*, & la

(1) Bagdat.

(2) Le P. Gaubil m'écrivit l'année suivante 1725. que la prémière année de *Houpilié* devoit être mise quatre ans plûtôt, & par conséquent en 1256.

(3) En Chinois *Yuen-Chitsou*.

(4) Ville détruite; elle étoit dans le païs de Cartchin en Tartarie. M. Paul l'appelle *Ciandu* ou *Chandu*. Sa latitude étoit 42°. 22'. au N. N. E. de *Péking*.

(5) C'est *Péking*.

guèrre commença par le siége de (1) *Siang-Yang* dans le *Houquang*. Les meilleurs Généraux Tartares étoient à ce siége. Cependant on ne pouvoit prendre la Ville. Ce siége est célébre. Un Général du pays d'*Igour* nommé *Holihayya* écrivit à l'Empereur que si on ne faisoit venir des Canoniers du pays d'Occident, jamais la ville ne seroit prise. L'Empereur envoya des Canoniers, & la ville fut prise après plus de cinq ans de siége. L'Histoire traite les Canoniers de Mahométans. Marc Paul assûre qu'ils étoient Chrétiens, & il ajoûte que les boulêts étoient de pièrre. L'Histoire Chinoise dit que c'étoient des *Pao*, machines de guèrre: or *Pao* signifie autant machine qui tire des boulêts de fonte comme les nôtres d'Europe, que canon qui tire de grosses pièrres. L'an 1273. *Syang-yang* fut pris. *Peyen* nâtif de (2) *Parin* nouvellement arrivé de Pèrse, où il avoit sèrvi *Holayou*, fut alors nommé Généralissime de l'armée de *Houpilié*. Il passa le *Kiang* à (3) *Haniang* ville du *Houquang*, & fit éclater dans ce passage une bravoure & une intrépidité au-dessus de l'ordinaire. *Uoutchang* capitale du *Houquang* fut prise à la fin de l'an 1274. *Peyen* laissa à *Holyhai* le gouvèrnement du *Houquang*. Il ordonna à *Hotchou* fils du Général *Houlanbotay* de le suivre. Cette entreprise de *Peyen* ne fut qu'une suite de grandes actions & de conquêtes, dignes assûrément

(1) Ville du Houquang sur le bord méridional du *Hou-Kieng*, latitude 32°. 6'. Longitude 4°. 25'. Ouest. Au bord de la riviére qui baigne ses murs, & tant soit peu à l'Est, il y a un gros bourg muré appellé *Fan-tching* par où passe tout le commèrce des Provinces *Chen-si*, *Chan-si*, *Hônan* avec les Provinces méridionales Hou-couang, Kiang-si, Couang-si & Couan-toug.

(2) En Tartarie latitude 43° 36'. Longitude 2°. 14'. Est.

(3) Ville sur le grand *Kiang* vis-à-vis de *Vou-tchang-fou* Capitale du *Houquang*, qui est sur l'autre bord. C'est-là que le *Han* se décharge dans le *Kiang*.

d'être transmises à la postérité. *Nanking*, *Yantcheou*, *Soutcheou*, *Tching-king* & les autres villes du *Kiangnan* & du *Tchékiang* plièrent sous le joug du vainqueur. Ensuite *Peyen* marcha vèrs *Hongtcheou* capitale des *Song* (1). & la prit. Il arrêta l'impétuosité du soldat victorieux, & conserva la vie à tout ce qui se trouva dans la ville. Il traita avec beaucoup de respect les Impératrices mère & grand-mère de l'Empereur des Song, & l'Empereur lui-même. Il fit conduire en sureté à Péking ces illustres captifs, & fit transporter par mèr jusqu'au port le plus près de *Péking*, les trésors du Palais de *Hongtcheou*. Ce grand homme fit à l'égard de deux Dames, la même action que l'antiquité a tant louée dans Scipion, & qu'on a vû renouvellée de nos jours en Flandre par M. de Turenne.

Après plusieurs autres actions brillantes qu'il est impossible de rapporter dans un Abregé, *Peyen* reçût un ordre précis de se rendre à la Cour, pour recevoir les ordres de l'Empereur. Ce Général se mit en marche après avoir donné le gouvèrnement de *Hantcheou* à (2) *Halayan*, & le commandement de l'armée à *Hotchou*. Après la prise de l'Empereur des *Song*, un de ses frères fut mis à sa place & proclamé Empereur à *Foutcheou-fou* capitale de Fokien. Peu de temps après ce nouvel Empereur mourut, & un troisième frère de l'Empereur captif, fut placé sur le Trône dans le *Quantong*. On bâtit à la hâte un Palais dans une Isle au Sud de (3) *Sin-Hoey*. Ce Prince, frère du père de l'Empereur prisonnier, mais fils d'une autre mère que luy, avoit

(1) A la troisième Lune de l'an 1276.

(2) Officier du pays de *Cartchin*.

(3) Latitude 22°. 30'. Longitude 20'. plus Ouest que la ville de *Quang-tcheou* Capitale du *Quantong*, & appellée par les Européans *Canton*.

plus de 1200. navires & plus de 180000. soldats. Son Général étoit excellent homme de guèrre, mais ses troupes étoient mauvaises, Sa Flotte fut entièrement défaite. Son Ministre le prit sur ses épaules, & se jetta à la mèr avec lui. A la 2e. Lune de l'an 1279. plus de 100000. pèrirent. L'Impératrice, mère avec ses Dames ayant appris le malheur de son fils, se jetta aussi dans la mèr, & le Général Chinois qui pensoit à faire élire un nouvel Empereur, fit un triste naufrage. Ce morceau de l'Histoire Chinoise est décrit dans un grand détail. Alors *Houpilié* se vit paisible possesseur des Provinces de la Chine.

Cependant *Peyen* arriva à la Cour. Il fut reçû par *Houpilié* avec beaucoup de distinction, & il eut avec ce Prince plusieurs conférences sur l'état de la Tartarie, où plusieurs Princes du Sang vouloient exciter des troubles. *Siliki* fils du feu Empereur *Mongko*, fut le prémier qui leva l'étendart de la révolte. *Peyen* le défit, & ce Prince rébelle fut tué l'an 1277.

Les années suivantes *Haitou*, petit-fils d'*Octay* se révolta, & menaçoit l'Empire. *Peyen* le battit plusieurs fois, & jamais ce Prince rébelle, (1) tout-puissant qu'il étoit, ne pût rien exécuter de considérable. Ces deux guèrres civiles se firent entre la grande muraille & la ville de *Holin* du côté du *Chensi*.

Nuyen arrière-petit-fils du quatrième frère de Gentchiskan, fut aussi vaincu & tué. La révolte & la défaite de ce Prince sont décrites dans l'Histoire Chinoise de la même manière à peu près, dont en parle Marc Paul; mais l'Histoire Chinoise ne nous apprend rien de son Christianisme. Elle dit que le pays qu'il gouvèrnoit étoit au NO. du Leaotong. Sa défaite tombe à la 2e. Lune de l'an 1287.

(1) Il gouvèrnoit prèsque tout le pays entre *Holin* & *Casgar*. Il étoit tributaire.

Ce fut l'an 1280. à la 8e. Lune, qu'une grande armée navale fit voile pour la conquête du Japon. Une tempête dissipa la Flotte, & l'Histoire dit que les Japonois tuèrent 30000. Mogols, & firent esclaves 70000. Chinois & Coréans. Le butin que firent les Japonois fut très-grand. L'Empereur fut très-sensible à cette perte, il ne respiroit que la vangeance, & les Mandarins lui persuadèrent avec peine de ne plus penser desormais à la conquête du Japon.

Les Mogols furent plus heureux dans le Royaume de (1) *Mien*. Les troupes du *Yunnan* s'en emparèrent. Marc Paul parle de cette expédition. Ce qu'il appelle *Corayan* est le *Yunnan* & le grand lac qu'il dit être près de la capitale, se voit près de *Yunnanfou*, qui est en effet capitale de la Province.

A la 1e. Lune de l'an 1294. l'Empereur *Houpilié* mourut âgé de 80. ans, sans désigner par écrit de successeur à l'Empire. Son fils *Tchingkin* Prince héritier étoit mort quelque temps auparavant. *Peyen* alors Ministre d'Etat assembla les Princes du Sang, & voyant qu'ils étoient partagez sur le choix d'un Empereur, il leur dit d'un ton d'autorité : Je sai, & vous le savez aussi, que *Houpilié* a dit plusieurs fois qu'après sa mort *Tiemour* son petit-fils lui succederoit, il est présent, que n'obéissez-vous à l'ordre de l'Empereur ? A ces mots tous les Princes se réunirent, & on proclama sixiême Empereur des Mogols *Tiemour* troisiême fils de *Tchingkin* & de la Princesse *Hongkila*.

Les Historiens Chinois exagèrent les défauts de *Houpilié*, & ne parlent guères de ses vertus. Ils lui reprochent beaucoup d'entêtement pour les supèrstitions & les enchantemens des Lamas, & ils se plaignent qu'il a donné trop d'autorité aux gens d'Occident. Les Tartares regardent ce Prince comme un de leurs plus grands

(1) C'est le Pégu.

Rois. Il aimoit les gens de lettres, & il en faisoit venir de toutes sortes de pays. Il fit traduire en langage Mogol les livres de Religion des Bonzes du Tibet, & des Bracmanes des Indes, les King Chinois & les livres de *Mencius* & de *Confucius*. Il fit écrire l'Histoire (1) des Rois de *Leao* & de *Kin*, & celles de Gentchiskan, d'Octay, de Quoy-yeou, de Mongku, & la sienne. Il fit faire une Astronomie, & c'est sans contredit ce qu'il y a de meilleur dans ce qu'ont fait les Chinois. On y voit un calcul des éclipses du Soleil & de la Lune jusqu'à l'an de la mort de ce Prince. Ce calcul est assez exact. On y voit la méthode Chinoise expliquée beaucoup plus clairement que dans les autres, & il paroît que du temps de *Houpilié* les Chinois apprirent beaucoup des Mathématiciens de Perse. On voit une suite d'Observations Astronomiques depuis *Gentchiskan*, jusqu'aux dernières années de *Houpilié*, & dans plusieurs éclipses du Soleil & de la Lune, on a marqué le temps & les phâses. Il y a beaucoup d'Observations d'Occultations d'étoiles par la Lune, par Saturne, Jupiter, Mars & Vénus. Il y a même plusieurs Observations de Mercure. *Houpilié* fit faire aux Ouvriers d'Occident des Sphères toutes semblables aux nôtres. De son temps les Chinois firent un grand gnomon de 40. pieds, & j'ai les Observations qu'on fit alors des latitudes d'une partie des grandes villes de la Chine, & de celles du *Leaotong*, & de la Capitale de la Corée. Pour la Tartarie, je n'ai trouvé que celles de *Chang-tou* & de *Holin*. Par ces Observations de latitude, on voit que ces Astronomes en se servant de gnomons n'avoient pas égard au diamétre du Soleil.

Houpilié fit faire avec de grandes dépenses le canal

(1) On a à la Chine ces trois Histoires en Chinois & en Tartare Mantcheoux.

Royal dont on a souvent parlé dans les Relations. Il fit chèrcher la source du *Hoangho* marquée aujourd'hui dans les cartes des Jésuites. Il fit faire beaucoup de canaux particuliers pour le commèrce & le transport des marchandises d'un pays en un autre. Il étoit lui-même fort habile. Il se vit maître paisible de la Chine, du Pégu, du Tibet, de l'une & l'autre Tartarie, du Turquestan & du pays d'Igour; Siam, la Cochinchine, le Tonquin & la Corée lui payoient le Tribut. Les Princes de sa maison qui regnoient en Moscovie, en Assyrie, en Pèrse, dans le Korassan & dans la Transoxane, ne faisoient rien sans son consentement. De son tems la Pèrse, & les Ports qui sont sur les côtes de Malabar & de Coromandel, & autres faisoient un grand trafic par mèr dans le *Fokien*. Ce Prince & ses prédecesseurs furent inhumez dans une de ces montagnes qui sont entre les 42°. 30'. & 44°. de latitude, & à 10°. 30'. ou 40'. à l'Ouest de *Péking*, & vont ensuite vèrs le NO. Je rapporte toûjours les longitudes au méridien de PÉKING.

Houpilié fit donner le nom de *Yuen* à sa Dynastie l'an 1271.

Fin de l'Abregé de l'Histoire des cinq prémiers Empereurs Mogols.

OBSERVATIONS PHYSIQUES.

I.

Extrait d'une Lettre du P. Gaubil au P. E. Souciet, à Poulo-Condor le 23. Février 1723.

J'Ay vû icy plusieurs lézards volans, des écureuils volans, & d'autres chôses assés curieuses.

Remarque.

Le P. Jacques dessina un lézard volant & un écureuil volant. C'est sur son dessein qu'il m'envoya qu'on les a gravez tels qu'on les voit ici. (Planche VIII. Fig. 1. & 3.)

Outre cela le P. Gaubil m'envoya un lézard volant désséché que j'ai encore, & dont voici la description.

C'est un petit insecte qui dans toute sa longueur n'a que 5. pouces 9. lignes depuis l'extrémité du museau, jusqu'à l'extrémité de la queue. Sa tête depuis le bout du museau jusqu'à la prémière vèrtébre a $6\frac{1}{2}$ lignes. Le cou depuis la prémière vèrtébre, jusqu'à celle où sont attachez les os de ses deux pieds de devant, n'a que $2\frac{1}{2}$. lignes. Le corps de l'animal entre les jambes de devant & celles de dèrrière a un pouce 3. lignes. La queue à la faire commencer aux jambes de dèrrière à 3. pouces 9. lignes. Mais c'est faire commencer la queue trop tôt; le corps s'étend encore après les pieds de dèrrière d'environ 8. lignes, ensorte que la queue n'a proprement que 3. pouces & une ligne, & tout le corps 1. pouce 11. lignes.

Sa tête est semblable à celle de nos lézards ordinaires. Elle a dans sa longueur, comme je l'ai dit 6 $\frac{1}{2}$. lignes, & dans sa plus grande largeur près de 6. lignes. On voit assez sur le dessus de la tête la place des yeux; mais on ne distingue point celle des oreilles. Par dessous on voit distinctement les deux machoires d'en bas; elles paroissent quarrément plates & longues de 5. lignes.

Les jambes de devant qu'on pourroit appeller les bras de ce petit animal, n'ont qu'une articulation bien marquée; mais je ne doute point qu'il n'y en eut encore une immédiatement au dessus des doigts. La prémière est comme le coude, & la seconde comme le poignet dans l'homme. Ces jambes ont trois os. Le prémier depuis l'épine du dos à laquelle il tient, n'a que deux lignes de longueur : c'est à la 5e. vèrtébre qu'il est attaché de châque côté. Le second a près de 4. lignes de long. Et le troisiême qui va jusqu'à la patte ou la main, en a à peu près autant. La patte depuis cet os, jusqu'à l'extrémité des doigts les plus longs a 3 $\frac{1}{2}$ lignes.

Les pieds de dèrrière n'ont que deux os. Ils ne partent pas immédiatement de l'épine du dos. De l'apophyse de la 22e. vèrtébre, il sort de châque côté un os ou cartilage qui paroît n'être qu'une extension de cette apophyse. Ces deux os sont courbés en portion de cèrcle, & ils forment avec l'apophyse la figure d'un croissant, dont les pointes sont tournées du côté de la queue de l'animal, & dont l'ouvèrture est de 2 $\frac{1}{2}$ lignes. Châque moitié de ce croissant s'éloigne de l'épine du dos à droit & à gauche d'environ 1. ligne. C'est sur le milieu de châcune de ces portions du croissant que pôse le prémier os de châque jambe, ou l'os de la cuisse.

Ce prémier os du pied de dèrrière, ou cet os de la cuisse a 4. lignes de long. Le second qu'on peut appeller le *tibia* en a à peu près autant. Les pattes ou les pieds de dèrrière sont plus longs que les pattes de devant, &

déſſéchez comme elles ſont, elles ont 5. lignes depuis l'os *tibia*, juſqu'à l'extrémité des doigts du milieu qui ſont les plus longs.

Châque patte a cinq doigts. Le prémier doigt, ou l'extérieur, eſt fort petit, & a tout au plus une ligne de long. Le ſuivant eſt plus long, & en a près de deux. Le troiſiême augmente auſſi & en a trois. Le quatriême en a un peu plus. Le cinquiême qui eſt l'intérieur en a $3\frac{1}{2}$.

A la jonction ou articulation de ces os des pieds, tant de devant que de dèrrière, dans l'état où eſt l'animal déſſéché, on ne remarque qu'une tête ronde : mais il n'y a nullement à douter que l'un des os n'ait un acétabule, & l'autre une tête qui s'emboëte dans l'acétabule du prémier. Cela eſt néceſſaire pour la facilité du mouvement.

Entre les jambes de devant & celles de dèrrière eſt le corps de l'animal, qui a 14. lignes de long, & environ $5\frac{1}{2}$. ou 6. dans ſa plus grande largeur. Car il diminue en approchant des pieds de dèrrière où il n'a plus qu'environ 2 lignes. Pour ſon épaiſſeur, on n'en peut juger dans l'état où il eſt. Il eſt plat & ne paroît prèſque qu'une membrane déſſéchée. On y remarque 9. côtes, elles paroiſſent toutes droites ſans ſe recourber du côté du ventre.

Tout le long du corps ſont attachées les aîles. C'eſt une pellicule ou membrâne ſemblable à celles des chauves-ſouris. Elles ne tiennent point aux pieds de devant, & ne partent que du lieu de la 2e. côte, mais elles s'étendent juſques aux pieds de dèrrière & ſont même attachées en partie à la cuiſſe. Elles ont la figure d'un triangle mixte, dont la baſe, qui eſt le côté ſupérieur, vèrs les pieds de devant, eſt droite. Les deux côtes ſont circulaires; l'intérieur qui tient au corps eſt concave, & l'extérieur eſt convexe, enſorte neanmoins que la convexité n'eſt pas égale par tout ni régulière. Elle avance davantage au commencement & vèrs le milieu, l'eſpace de 3. côtes. Car ces aîles, ou membrânes ſont ſoûtenues par des os ou des cartilages qui ne ſont que des proceſſus ou continuations de côtes.

Ces côtes forment des angles différens avec l'épine du dos; les deux prémières forment à peu près un angle droit. La 3e. 4e. & 5e. en font un aigu, s'inclinant du côté de la queue. L'aîle droite a cinq de ces côtes, la gauche n'en a que 4. la 5e. côte n'ayant point de proceſſus de ce côté-là. Dans l'état où ſont ces aîles, elles reſſemblent aſſez à des feuilles d'arbres déſſéchées. Entre les côtes il en paroît quelques autres plus petites différemment & irrégulièrement pôſées; ſoit que ce ſoit les vaiſſeaux qui servoient à porter & à rapporter le ſang, les humeurs, & la nourriture aux aîles, ſoit que ce ſoit des ramifications des côtes, qui servoient à rendre les aîles plus fermes.

L'animal déſſéché comme il eſt, paroît de trois couleurs, la tête, le corps, les pieds, & le commencement de la queue l'eſpace de 10. à 11. lignes eſt noirâtre, mais un peu moins par deſſous que par deſſus, c'eſt-à-dire plus noir ſur le dos, moins ſous le ventre. Le reſte de la queue eſt barré tranſvèrſalement de blanc & de noir. Châque raye eſt à peu près de 1 ½. ligne, mais les noires ont au milieu une tâche blanche qui les ſépare quelquefois en deux petites bârres noires, & une blanche au milieu. Les aîles ſont rougeâtres, mais d'un rouge à préſent ſale & effacé.

Comme l'animal eſt déſſéché, on ne s'attend point que je faſſe la deſcription de ſes parties intèrnes, que l'on a ſans doute retranchées pour le ſécher & l'envoyer.

De même comme on ne m'a point envoyé d'écureuil volant, je n'en donnerai point la deſcription. Je me contente de faire graver le deſſein que j'en ai reçû.

II. *Melon de Hami.*

L'Empereur fait bâtir un nouveau Palais à 2½. lieues d'icy. Avanthier il nous y fit venir en sa présence. Il nous fit d'abord offrir du thé. Ensuite il nous fit un discours très-injurieux à la Religion. Du reste il nous traita avec beaucoup de politesse. Il nous fit donner à châcun un melon de Hami. Hami est à 180. lieues à l'Orient du Chensi. Ces melons sont excellents & se consèrvent 6. ou 7. mois. *P. Gaubil à Péking le 25. Octobre 1725.*

III. *Sur le Poisson des étangs des Indes.*

Un Missionnaire de Maduré a mandé qu'aux Indes on creuse tous les jours des étangs, ou plûtôt de grandes mâres en des endroits où il n'y en eut jamais. Ces étangs ne se remplissent que de l'eau de pluye. Cependant peu de temps après que l'étang est rempli, on y voit, dit-il, fourmiller le poisson. D'où vient-il? Est-il produit de quelque gèrme, ou l'est-il sans semence? S'il l'est par quelque semence, est-elle dans la tèrre ou dans l'eau de pluye qui forme l'étang?

IV.

A Salonique 7. Sept. 1728.

Les tremblemens de tèrre deviennent fréquens ici. Depuis le mois d'Octobre 1727. que je sentis le prémier, il y en a eu environ 15, & quelquefois 2. ou 3. par jour, la plûpart légèrs & sans dommage. J'ay remarqué que plusieurs fois ils ont été suivis au bout de quelques heures de fort grands vents. *P. J. B. Souciet J. au P. E. Souciet J.*

Obsèrvations

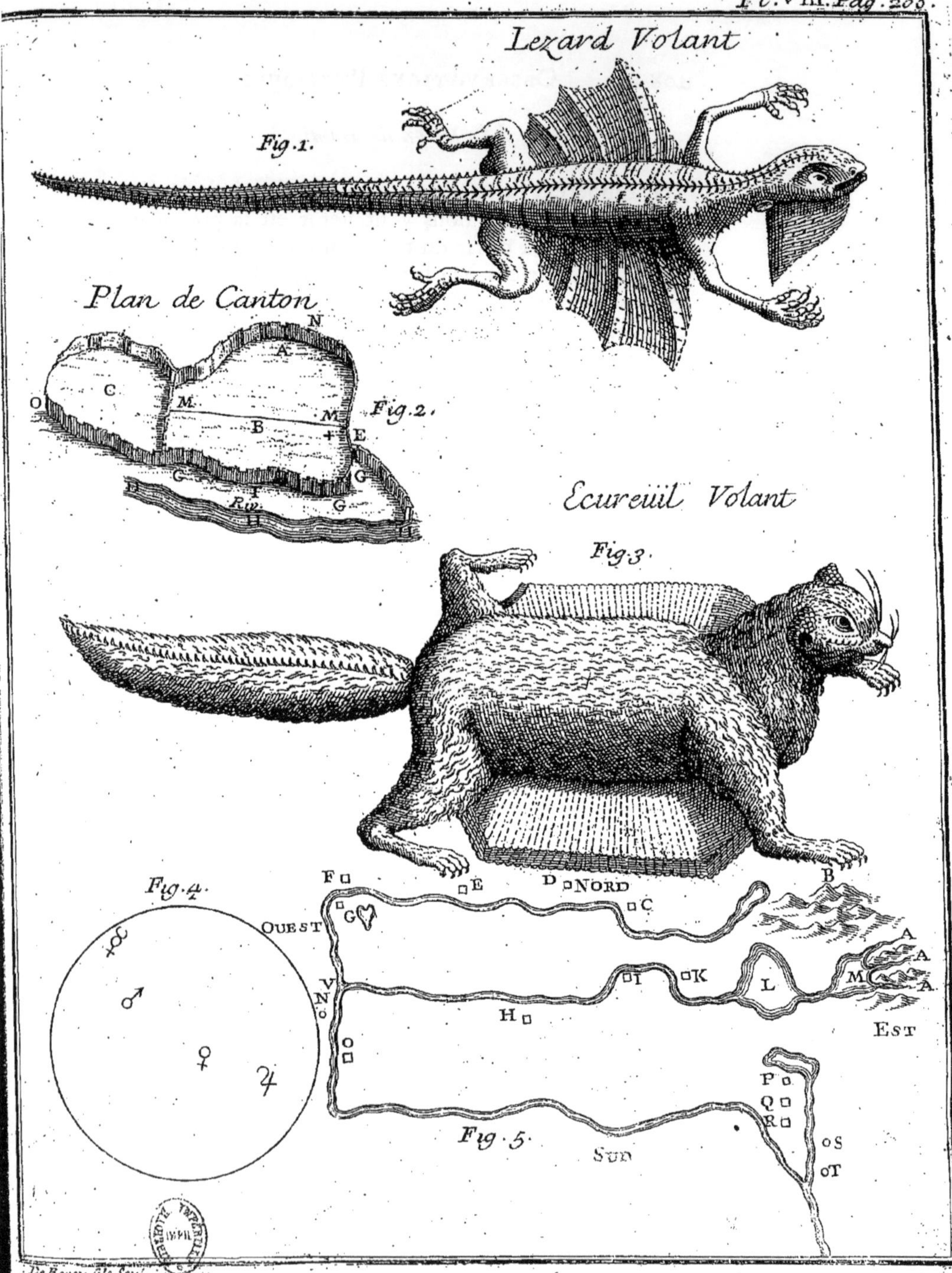
Lezard Volant
Fig. 1.
Plan de Canton
Fig. 2.
Ecureuil Volant
Fig. 3.
Fig. 4.
NORD
OUEST
EST
SUD
Fig. 5.
De Berey fils Sculp.

OBSERVATIONS

SUR LA DE'CLINAISON DE L'AIMAN.

EN 1708. au bout oriental de la grande muraille latitude 40°. 2'. Long. 3°. 9'. Est de Péking. Déclinaison 2°. Oueſt. *PP. Regis & Jartoux.*

A Kia-yu-koan bout occidental de la même muraille, Latit. 39°. 49'. 20". Longit. 17°. 56'. Oueſt de Péking. Déclinaiſon 3°. 5'. Oueſt. *PP. Regis & Jartoux.*

En 1709. Dans la Tartarie Orientale, voiſine de la mèr Orientale. Latitude boreale 43°. 50'. Longit. 15°. à l'Orient de Péking, l'aiguille déclinoit de 1°. à l'Oueſt. *PP. Regis & Jartoux.*

1711. A Lai-Tcheou-Fou dans le Chantong, Latitude 37°. 10'. 9". Longit. 3°. 45'. 30". Eſt de Péking. Déclinaiſon 20'. Oueſt. *PP. Regis & Jartoux.*

A Teng-Tcheou-fou, Latit. 37°. 48'. 36". Longit. 4°. 38'. 40". Eſt de Péking. Déclinaiſon 0. *PP. Regis & Jartoux.*

22ᵉ. Juin. En Tartarie au lac Coulom où ſe décharge le Kèrlon, Latitude obſèrvée 48°. 49'. Longit. 40'. Eſt de Péking. Déclinaiſon 1°. 25'. Oueſt. *P. Jartoux.*

22ᵉ. Aouſt. En Tartarie, Latitude obſèrvée 45°. 39'. Longit. 16°. 28'. Oueſt de Péking. Déclin. 3°. 38'. *P. Jartoux.* Le P. Frédéli a part auſſi à ces Obſèrvations.

OBSERVATIONS

SUR LA VARIATION DE L'AIMAN:

Faites par le P. Gaubil de la Compagnie de Jesus, pendant son voyage de France à la Chine en 1721. & 1722.

	Latitude.	Longitude.	Variation.
En 1721.	46°. Nord	10.	12°. NO.
	28°.56'.N.	397. 39'.	6. NO.
	19°. N.	357. 28.	3. 30'.NO.
	18°.48'.N.	357. 30.	2. 30. NO.
	17°.30'.N.	358.	3. 30. NO.
Tout le reste en 1722.	11°. N.	358. 40.	2. 30. NO.
	7°.40'.N.	359.	1. 35. NO.
	7°.20'.N.	359.	1. 5. NO.
	2°. 6'.N.	358. 26.	1. 30. NO.
	1°.40'.N.	358. 22.	1. 30. NO.
	1°.38'.Sud.	357. 20.	1. 0. NO.
	2°.35'.S.	357. 10.	1. 0. NO.
	3°.54'.S.	356. 55.	1. 0. O.
	5°.55'.S.	356.	0. 30. NE.
	6°. 0'.S.	357.	0. 50. NE.
	7°.25'.S.	357. 40.	1. 30. NE.
	12°.40'.S.	357. 40.	2. 0. NE.
	14°.25'.S.	355. 20.	3. 0. NE.
	15°.36'.S.	353. 0.	3. 0. NE.
	15°.45'.S.	352. 50.	3. 30. NE.
	16°.45'.S.	352. 40.	4. 0. NE.
	16°.50'.S.	352. 0.	5. 0. NE.

Latitude.	Longitude.	Variation.
17.°30′.S.	352°.10′.	4°.56′.NE.
18. 23. S.	351. 6.	5. 30. NE.
19. 30. S.	351. 0.	5. 30. NE.
21. 0. S.	350. 42.	6. 12. NE.
21. 25. S.	349. 16.	6. 30. NE.
23. 50. S.	348. 48.	7. 25. NE.
25. 0. S.	349. 30.	7. 30. NE.
25. 35. S.	349. 25.	7. 3. NE.
29. 40. S.	1. 6.	5. 20. NE.
31. 0. S.	2. 45.	4. 0. NE.
31. 25. S.	5. 23.	3. 0. NE.
32. 20. S.	8. 10.	10. 50. NE.
33. 40. S.	9. 50.	0. 5. NE.
34. 45. S.	12. 0.	1. 37. NO.
35. 4. S.	17. 8.	1. 49. NO.
35. 4. S.	19. 0.	2. 0. NO.
35. 4. S.	20. 46.	3. 30. NO.
34. 45. S.	27. 10.	6. 50. NO.
35. 51. S.	33. 25.	10. 20. NO.
35. 50. S.	35. 50.	11. 0. NO.
35. 50. S.	38. 0.	12. 0. NO.
36. 0. S.	39. 50.	14. 20. NO.
36. 0. S.	41. 12.	14. 0. NO.
36. 10. S.	44. 0.	14. 30. NO.
36. 40. S.	61. 30.	24. 0. NO.
36. 0. S.	64. 0.	24. 30. NO.
36. 0. S.	68. 0.	25. 0. NO.
36. 0. S.	73. 0.	25. 0. NO.
34. 38. S.	76. 10.	25. 30. NO.
33. 30. S.	78. 0.	24. 0. NO.
33. 0. S.	80. 0.	23. 30. NO.
31. 15. S.	81. 0.	22. 0. NO.

Latitude.	Longitude.	Variation.
29°.20'.S.	82°. 0'.	20°. 0.NO.
27. 20. S.	82. 0.	18. 40. NO.
21. 0. S.	78. 0.	14. 30. NO.
21. 0. S.	76. 18.	16. 0. NO.
20. 55. S.	75. 12.	16. 30. NO.
20. 44. S.	74. 20.	17. 0. NO.
20. 45. S.	72. 30.	18. 0. NO.
21. 5. S.	71. 0.	21. 30. NO.
23. 0. S.	60. 40.	20. 45. NO.
24. 30. S.	71. 0.	21. 0. NO.
26. 0. S.	68. 20.	21. 15. NO.
28. 31. S.	67. 0.	22. 40. NO.
30. 0. S.	68. 0.	23. 30. NO.
31. 30. S.	69. 0.	24. 20. NO.
33. 16. S.	74. 0.	24. 0. NO.
35. 0. S.	91. 0.	18. 0. NO.
33. 0. S.	97. 0.	16. 40. NO.
32. 20. S.	100. 0.	13. 30. NO.
29. 30. S.	107. 0.	10. 30. NO.
17. 30. S.	117. 5.	5. 0. NO.
9. 0. S.	122. 0.	2. 40. NO.
7. 0. S.	124. 0.	2. 20. NO.
0. 18. S.	123. 0.	1. 0. NO.
8. 35. N.	125. 0.	1 0. NO.
9. 0. N.	325. 30.	0. 31. NO.
17. 0. N.	131. 36.	0. 0.

Remarques du P. Gaubil de la Compagnie de Jesus, sur ces Variations de l'Aiman.

I. REMARQUE.

Sur les lieux où la déclinaison est nulle.

DAns mon voyage de la Chine fait en 1721. & 1722. j'ai observé que l'Aiman ne déclinoit point.

1°.	3°.	54'.	Latit. Sud.	355°.	55'.	de Longit.
2°.	33°.	40'.	Latit. Sud.	9°.	50'.	de Longit.
3°.	17°.	0'.	Lat. Nord.	131°.	36'.	de Longit.

& de là jusque près de Pierre-Blanche sur les côtes de la Chine, presque point de Variation.

Quand on compare les Observations faites en divers lieux & sur divers Vaisseaux dans la même année, on trouve que les lieux où on observe la même quantité & la même qualité de Variation font le périmétre d'une courbe. On peut s'en convaincre aisément, ou dans la carte des Variations de M. Halley, ou dans des Journaux de Pilotes. Par exemple, l'année 1721. la variation de l'Aiman est nulle.

1°. Dans les lieux que je viens de nommer.
2°. Un peu à l'Oüest de l'Isle Bravo, l'une de celles du Cap-Vèrd.
3°. Un peu à l'Oüest de la Bèrmude.

Ainsi si vous concevez depuis Charles Towet dans la Caroline, une ligne courbe qui passe par les lieux que j'ai nommez & qui aille aboutir à l'Ocean, vêrs la latitude de Tristan de Cunha à 12°. de longitude, vous aurez les lieux où la variation est nulle. Il seroit très-difficile de dire le genre de courbure de cette ligne. Il est sûr qu'elle est toute concave vêrs le Bresil & les Antilles.

D'un autre côté Nanking, la partie orientale de la Province de Canton, a 60. ou 80. lieues à l'Ouest des Philippines Célébes, 2. ou 3. degrez Ouest de la tèrre de Diemen au Sud de la nouvelle Hollande, sont des lieux par où passe une courbe où la variation est nulle. En joignant ces lieux, on voit aisément que cette ligne est en partie concave, & en partie convéxe vèrs les Indes & l'Afrique.

Dans les pays qui sont placés entre ces deux lignes, la variation est vèrs le Couchant, & les lieux qui ont la même variation en quantité & en qualité sont aussi disposez en ligne courbe.

Par là on voit pourquoi il y a du changement dans la variation, soit qu'on aille du Nord au Sud, ou de l'Est à l'Ouest dans la route d'Europe à la Chine.

(1) L'instruction de Vincent Rodrigo de Lagos pilote de Philippe II. sur la variation de l'Aiman, nous fait connoître que de son temps, c'est-à-dire il y a plus de 100. ans, l'Aiman déclinoit vèrs l'Est depuis Lisbone jusqu'au Brésil, & de là jusqu'au Cap des Aiguilles, où la variation étoit nulle. Au Cap des Aiguilles en 1622. (2) la variation fut trouvée de 2. degrez vèrs l'Ouest. En 1675. de 8°. vèrs l'Ouest. En 1721. nous y avons observé 14°. 30'. de déclinaison vèrs l'Ouest.

A Londres (3) l'an 1580. déclinaison au Levant 11°.

(1) Hugues de Linschot dans sa Navigation.

(2) Dictionnaire Anglois des Arts par M. Harris. Tom. I.

(3) Harris. *Ibidem.*

15'. En 1622. 6°. à l'Est. En 1634. 4°. 5'. Est. En 1672. 2°. 3'. Oueſt. En 1683. 4°. 30'. Oueſt, &. en 1700. près de 7°. Oueſt.

(1) A Montpellier en 1574. l'Aiman déclinoit d'un degré 10'. vers l'Oueſt (2) & en 1674. il déclinoit de 10°. 10'. vèrs l'Oueſt.

(3) A Paris l'an 1640. déclinaiſon 3°. Eſt. En 1666. elle étoit o. En 1681. 2°. 30'. Oueſt. En 1720. 13°. Oueſt.

(4) A la rade de Gorée près du Cap vèrd, en 1682. la variation étoit nulle.

(5) En 1703. la variation étoit nulle 1°. 5°. Nord. 359°. 30'. de long. 2°. 34. Sud. 13°. 30'. de longitude.

Par les Obsèrvations que je viens de rapporter, il eſt aiſé de voir que la prémière courbe, où les variations ſont nulles, a un mouvement de l'Eſt vèrs l'Oueſt depuis plus de 100. ans. Si on avoit une plus grande liſte des variations éxactes, on pourroit peut-être trouver en quelle proportion ſe fait ce mouvement. Ce que je dis de la courbe, où les variations ſont nulles, il faut le dire des autres qui ſont ſituées entre le Cap des Aiguilles & le Bréſil, entre l'Europe & le Bréſil.

Pour ce qui eſt de la ſeconde courbe où les variations ſont nulles, & des pays ſitués entre le Cap des Aiguilles & la nouvelle Hollande; ce Cap & la mèr rouge; ce même Cap & les détroits de Sonde & de Malaca, il paroît qu'il n'y a pas eu un ſi grand changement.

Je n'ai vû aucune Obsèrvation d'une variation de l'Aiman vèrs l'Eſt entre le Cap des Aiguilles & la mèr des Indes. En 1596. Olivièr du Nord (6) obsèrva dans

(1) Harris à l'endroit cité.

(2) Obsèrvations de MM. de l'Académie des Sciences.

(3) Harris déja cité.

(4) C'eſt ainſi que le rapporte M. Vvarin de l'Académie.

(5) Variations obsèrvées ſur l'eſcadre de M. Raoul.

(6) Olivier du Nord, Voyage autour du Monde.

le détroit de la Sonde. 2°. 25'. de déclinaison vèrs l'Oueſt, & 22°. 30'. vèrs l'Oueſt près de Brandaon. On trouve aujourd'hui à peu près la même variation dans ces deux endroits.

Dans le prémier Tome du Dictionnaire Anglois des Arts par M. Harris, on trouve des Obsèrvations très-anciennes faites à la pointe Occidentale de la nouvelle Guinée, dans la nouvelle Zélande, dans le pays de Van-Diemens, vèrs S. Paul d'Amſterdam. On y en trouve pluſieurs autres faites depuis plus de 45. ans dans les mêrs qui ſont entre la mèr rouge & S. Paul d'Amſterdam. On peut conſulter les Journaux des Pilotes & Officiers François qui depuis long-temps ſont allez à Maſcaregne, ou Iſle de Bourbon; on vèrra que dans ces mêrs la variation eſt à peu près la même aujourd'hui, & on peut aſſûrer que la 2e. courbe qui paſſe par les lieux où l'on n'obsèrve point de variation n'a prèſque point changé de variation depuis 100. ans.

IIe. REMARQUE.

Sur les variations que l'on trouve dans les mèrs depuis Saint-Paul d'Amſterdam juſqu'à Mozambique, & depuis les Côtes des Caffres & de Natal, juſques vèrs les Iſles Brandaon.

PAr les Obsèrvations qu'on voit ici, par celles qu'on trouve dans la Carte de M. Halley; & par les autres qu'ont faites ceux qui ont navigé vèrs Madagaſcar, Maſcaregne, Mozambique, &c. on voit que les courbes qui coupent divèrs parallèles ſont, pour ainſi dire, concentriques. Le ſommet d'une de ces courbes eſt, par exemple, à Anjaan au Nord de Madagaſcar, un autre ſommet

ſommet vèrs Mora. Si on conçoit un axe qui paſſe par ces deux ſommêts, cet axe paſſera par le ſommet d'une infinité de courbes. Si on conçoit des branches des courbes s'étendre vêrs l'Eſt & vêrs l'Oueſt, on vèrra les lieux par où paſſent ces branches. Plus on eſt vêrs le Sud, & plus la variation eſt grande. Toutes ces courbes ont leur partie concave vêrs le Sud.

De là vient que lorſqu'on a paſſé le Cap des Aiguiles, & qu'on fait la route de l'Eſt, la variation croît juſqu'à un cèrtain point, c'eſt ordinairement juſqu'à 25°. vêrs l'Oueſt. On eſt alors au centre d'une corde de courbe pèrpendiculaire à l'axe. Enſuite la variation décroît à meſure que l'on coupe les différentes circonférences des courbes. C'eſt auſſi par cette raiſon que l'on fait d'abord la route de l'Eſt, & qu'enſuite on paſſe celle du Nord, & qu'on revient vêrs l'Eſt ou vêrs l'Oueſt. On rapportera dans peu de tems trois Obsèrvations de la même variation, puiſque par cette route on coupe une courbe dans trois différens points. C'eſt ce qu'expérimentent tous ceux qui vont à l'Iſle de Bourbon, & même ceux qui vont à la Chine, s'ils comparent leurs Obsèrvations quand ils vont, & quand ils reviennent. Ainſi dans les parages dont je viens de parler, les routes qu'on fait du Nord au Sud, peuvent être regardées comme des parties d'un axe & d'une ligne paralléle à l'axe d'une eſpéce de parabole, & les routes qu'on fait de l'Eſt à l'Oueſt peuvent être comparées à des ordonnées à l'axe & au diamétre. Beaucoup d'Obsèrvations faites en divêrs temps donneroient de grandes lumières ſur les courbes que font les différentes variations.

Il eſt bon de remarquer que les Obsèrvations que l'on a faites à Sainte Catherine, à la Côte du Bréſil, & vêrs le Cap de Horne, font voir de même des courbes concentriques, dont la concavité, comme celles des autres, regarde le Sud. A meſure qu'on avance de ce côté-là, c'est-à-dire vêrs le Sud, la variation croît aussi, mais vêrs l'Est. Je n'ai pas vû d'Obsèrvations qui montrent que vèrs le pôle arctique il y ait de ces courbes concentriques.

IIIe. REMARQUE

Sur les proportions des variations obsèrvées en divêrs temps & en divêrs lieux.

CEtte proportion regarde l'accroissement & le décroissement, soit pour le temps, soit pour le lieu.

Pour ce qui regarde le temps, les Obsèrvations qui sont rapportées dans les livres, comparées avec celles que j'ai faites, ne m'ont laissé apèrcevoir aucune proportion réglée. Il pourroit bien se faire, par exemple, que de 9. en 9. ans vêrs le Cap de Bonne-Espérance, la variation reçût un accroissement d'un degré, comme le dit M. Halley, tandis que l'accroissement seroit différent châque année, comme il l'est effectivement. Cet habile homme a crû voir aussi qu'auprès de la ligne la variation augmentoit d'un degré de 11. en 11. ans. Cependant quand j'ai comparé les Obsèrvations faites en 1700. avec celles que j'ai faites en 1722. j'ai trouvé que la régle étoit fausse.

Quelques Obsèrvations faites à Paris avec beaucoup de soin durant plusieurs années, donnèrent occasion à quelques habiles gens de croire qu'il y avoit un accroissement régulier, les Obsèrvations faites les dèrnières années les ont détrompés, & leur font connoître le contraire. Il est vrai que des causes particulières que l'on assigneroit, ne détruiroient point un principe bien établi; mais le principe & la proportion qu'on voudroit trouver dans la déclinaison de l'Aiman, paroissent demander une suite de beaucoup d'Obsèrvations très-éxactes.

Pour ce qui est de la proportion qui regarde les lieux, voici ce que j'ai remarqué dans mon voyage.

1°. A 46°. de latitude Nord, & 10°. de longitude, nous obsèrvâmes 12°. de variation vèrs l'Ouest. Nous prîmes la route du Cap de Finistèrre ; delà nous allâmes à Madère : ensuite nous passâmes entre le Cap Vèrd & les Isles ausquelles ce Cap donne son nom. A mesure que nous avancions au Sud la variation vêrs l'Ouest décroissoit. Depuis le 7°. de latitude Nord jusqu'au 3°. latitude Sud n'avançant vèrs l'Ouest que de 3°. la déclinaison de l'Aiman ne décrut que de 35'. En courant vêrs le Sud & un peu vêrs l'Ouest, nous ne trouvâmes point de variation à 3°. 54'. latitude Sud, & à 356°. 55'. de longitude. A mesure que nous allâmes au Sud vêrs les Côtes du Bresil, la variation vêrs l'Ouest croissoit. Depuis le 3°. 54'. de latitude Sud, & 356°. 55'. de longitude, jusques à 25°. 35'. latitude Sud, & 349°. 25. de longitude, la variation vèrs l'Est alla jusqu'à 7°. 3'. Nous prîmes ensuite de l'Est, & la variation vêrs l'Est devint de 7°. jusqu'à 33'.40'. latitude Sud, & 9°. 50'. de longitude.. A 34 . 45'. latitude Sud & à 12. de longitude, la variation fut de 1°. 37'. vêrs l'Ouest.

Nous courûmes sur le 35°. & 36°. bien long-temps, ayant couru 52. degrez en longitude, je trouvai que la variation avoit crû de 23°. vêrs l'Ouest.

Je fus très-surpris de lire dans l'instruction de François Vincent Rodrigue de Lagos rapportée par (1) Linschot, que lorsqu'on vient du Bresil vêrs le Cap, à la latitude de 35°. 30. lieues vêrs l'Est donnent un degré de va-

(1) Dans sa navigation.

riation. M. Halley dit que vêrs le Cap deux degrez de longitude donnent un degré de variation. Or dans ce paralléle deux degrez de longitude valent près de 32. lieues marines Françoises ou Angloises de 20. au degré. Je remarquai que lorsque nous courions directement sur le paralléle de 35°. la régle que donne de Lagos se vérifioit plus exactement. Au reste c'est dans les limites que je viens d'assigner, qu'on peut dire que deux degrez de longitude donnent un degré de variation.

Nous trouvâmes 25°. de déclinaison Ouest 34°. 38'. latitude Sud, 76°. 10'. longitude. Cette observation me parut un peu douteuse.

Nous prîmes ensuite du Nord & de l'Est, la variation diminua jusqu'à 18°. Ouest 27°. 20. latitude Sud, 82°. de longitude.

Elle se trouva 14°. 30'.Ouest, 78°. de longitude à la hauteur de l'Isle Maurice.

Nous fîmes alors la route de l'Ouest & la déclinaison Ouest crut. A la vûe de l'Isle Maurice elle fut de 18°. & à Mascarègne de 21. vêrs l'Ouest.

Nous eûmes encore 24°. de déclinaison Ouest 31°. 30'. latitude Sud & 2°. Ouest de Mascarègne & 33°. 16'. latitude Sud & 3. Est de Mascarègne.

Nous allâmes ensuite vêrs le Nord & l'Est, & la variation vêrs l'Ouest décrut par degrez jusqu'à 2°. 40'. 9°. latitude Sud & 122. de longitude.

Ensuite jusqu'à Poulo-Condor faisant prèsque toûjours la route du Nord, & le plus souvent prenant deux aires de vent vêrs l'Est, nous eûmes constamment la variation de 2°. 1°.30'. 2°.3'.& 4'. vêrs l'Ouest.

De Poulo-Condor à la Chine la variation fut toûjours ou nulle, ou d'un degré & quelques minutes vêrs l'Ouest. Notre route fut en dehors du parallele.

Suppôsé que par le moyen des Obsèrvations on vînt à

bout de découvrir des proportions dans le changement de variation dans les routes qui sont du Nord au Sud, ou de l'Est à l'Ouest, il faudroit décompôser les routes obliques ou loxodromiques, & voir ce que châcune vaut de lieues à l'Est ou à l'Ouest, au Nord, ou au Sud, & par là calculer la quantité de variation qui résulteroit, suppôsé qu'on vînt à découvrir quelque proportion pour différens parages, cela seroit d'une grande utilité. On ne sauroit avoir cet avantage, que par des Obsèrvations éxactes & réitérées, examinées par d'habiles gens. C'est ce qui doit animer les gens de mèr à apporter tous leurs soins à cette affaire, & les puissances à récompensér ceux qui s'y appliqueront. Les savans y découvriront peut-être à la fin la vraye cause des divêrs mouvemens de l'aiman, dans les différentes parties du monde. On ne sauroit assez louer M. Halley d'avoir publié son excellente carte. Il paroît par les Journaux des anciens Pilotes Portugais, que les différentes variations leur faisoient connoître assez au juste le lieu où ils étoient.

Autres Obsèrvations de la déclinaison de l'Aiman.

I. *A Poulo-Condor.*

En 1722. au mois de May 1. degré, ou 1. degré & quelques minutes.

II. *A Canton en 1722.*

J'ay eu égard à la réfraction, à la parallaxe, & à la différence des méridiens entre Paris & Canton, entre Boulogne & Canton, & pour avoir la déclinaison juste, je l'ai déduite du lieu du Soleil dans l'Ecliptique, & je ne l'ay pas prise des Ephémérides. Mes Observations ont été faites dans le jardin de notre Maison de Canton. J'y ay tracé exactement une méridienne par le moyen des ombres avant & après-midy; & ayant appliqué sur cette méridienne plusieurs boussoles en différens temps, j'ai toûjours trouvé que l'aiguille déclinoit du Nord à l'Ouest de 10°. 30′.

III. *A Tsin-yven-hien le* 5. *Janvier* 1723.

Déclinaison de 2°. Ouest.

OBSERVATIONS DIVERSES

FAITES PAR LE P. GAUBIL.

I. Les Tartares Orientaux & Occidentaux ont le cycle de 12. ans, ausquels ils donnent le nom de 12. animaux comme les Turcs. 2°. Je trouve beaucoup de mots Tartares qui sont purement Turcs. 3°. Il me paroît que les Turcs & les Mongkous, ou Mogols, ou Tartares occidentaux ont la même origine. *Le P. Gaubil 31. Octobre 1725.*

II. Dans une autre lettre du 5. Novembre 1725. le P. Gaubil me dit : Ce que j'ai avancé des charactères Monkgous, ou Mogols doit être éclairci. Ils sont véritablement les mêmes que les Montcheoux ; mais je doute aujourd'huy si ce ne sont pas les anciens Igours. Dans ce cas les charactères que je prenois pour Igours seront ceux que fit faire Koblay. Ce n'est qu'une transposition. J'auray occasion d'examiner ce fait. J'ay icy ces deux sortes de charactères avec leur explication.

III. Les Tartares Montcheoux n'avoient point anciennement de charactères. Etant entrez dans le Leaotong, ils prirent ceux des Tartares Mongkous ou Mogols de Gentchiscan. Effectivement les livres que je vois imprimez & écrits en charactères Mongkous, ont les charactères dont je parle ; les Montcheoux seulement y ont fait quelques petits changemens.

Les charactères Mongkours ne sont pas fort anciens. Ils furent inventez du temps de l'Empereur *Chi-tsou*, c'est *Houpilié*, ou comme disent les livres Européans, *Koblay* qui regnoit sur la fin du XIIIe. siécle. L'époque de ces charactères Mongkous est clairement marquée dans la vie Chinoise & Tartare de *Koblay*. Ces charactères Mongkous furent faits l'an 1269.

Avant Koblay les Mongkous ou Mogols se sèrvoient des charactères du Royaume d'Igour. Ce fait est encore expressément marqué dans la vie de *Chi-tsou*.

Pour ce qui regarde les charactères dont se sèrvoient les Igours, je croi qu'ils étoient Syriaques. Car je n'ay pas entendu dire que les Chrétiens orientaux ayent eu d'autres charactères; du moins ils avoient ceux-là. Or les Igours étoient Chrétiens. D'ailleurs il est sûr par les Historiens Chinois, que les Igours avoient le calendrier Chinois, le Chu-king, & l'Y-King, & qu'ils avoient les charactères Chinois. Ce point est encore assûré par M. d'Hèrbelot dans sa Bibliothéque orientale. Il est évident que la vie de Koblay ne parle pas des charactères Chinois que les Igours avoient. Ce Prince étoit Empereur de la Chine, & il fit substituer les charactères Mongkous aux Igours, & non pas aux Chinois que les Igours avoient. D'ailleurs par la forme des charactères Mongkous ou Montcheoux, on voit qu'ils sont enfantez du Syriaque.

Voilà ce que m'écrivit le R. P. Gaubil en 1724. En 1725. il m'ajouta qu'il avoit trouvé les charactères que fit faire Houpilié & qu'il substitua aux Igours. Il ajoute que les nouveaux charactères Mongkous ou Mogols ne sont pas ceux d'aujourd'huy comme il l'avoit crû, mais que ceux d'aujourd'huy sont les charactères Igours. Il paroît par là que les Mogols n'ont point retenu les nouveaux charactères de Houpilié, mais qu'ils sont revenus aux Igours qu'ils avoient avant lui.

ADDITION.

ADDITION.

AVERTISSEMENT.

DAns le cours de l'impression de ce Livre, & lorsqu'on en étoit déja aux Observations Geographiques, j'ai reçu de Rome l'Observation de la dernière Eclipse de Lune faite par le R. P. Borgondio Mathématicien du Collége Romain, habile & exact Observateur. J'ai crû que je ferois plaisir de la joindre icy.

A cette occasion j'ai fait refléxion, que j'avois dans mes papiers d'autres Observations du même Astronome & de quelques autres Jésuites faites en différens lieux d'Europe; que j'avois tort de me borner dans ce Recueil aux Observations faites par les Pères de la Compagnie dans les autres parties du monde; que celles qu'ils ont faites en Europe, méritoient bien d'y tenir place. J'ay donc revû mes papiers, & j'en ai tiré celles de ces Observations qui me restent, pour les mettre dans cette Addition, où je croi qu'on les verra volontiers. Dans la suite, si j'ai matière à faire de nouveaux Recueils, comme je l'espère, j'y renfermerai toutes celles qui auront été faites par des Jésuites en quelque endroit du monde que ce soit, & qui m'auront été envoyées, & je me flatte qu'on m'en saura gré, & qu'on m'en saura d'autant plus, que le Recueil sera plus ample & plus complet.

J'ajoute aussi en cet endroit quelques points de la comparaison des Observations faites à Peking, avec celles qui ont été faites à Paris, qui m'avoient échappé, & je suis dans cette addition l'ordre des Planétes que j'ai gardé dans ce Recueil.

Obsèrvation de l'Eclipse totale du Soleil du 22. May 1724. faite à Mets avec une lunette de 4. pieds & des montres à minutes & à secondes.

Le limbe du disque de la ☾ commença à tomber sur celui du ☉ à	6h. 13'. & environ 25".
La vraye conjonction se fit à peu près à	7. 6'. 53".
& alors autant qu'on en pouvoit juger, le croissant qui restoit du disque du ☉ non éclipsé étoit dans sa plus grande largeur d'environ 20'. ou un tiers de doigt.	
Le plus grand obscurcissement tant devant qu'après la vraye conjonction dura environ	2'. 35".

Nous ne vîmes point la fin de l'éclipse.

P. Lecerf Jésuite. A Mets 3. Nov. 1724.

A Pont-à-Mousson la même éclipse fut totale *cum morâ 2'. & amplius*. Répondu par deux Jésuites qui l'avoient obsèrvée à la vûe seule.

Eclipse du Soleil du 25. Septembre 1726. obsèrvée à Rome par le P. Borgondio de la Comp. de Jesus, Mathématicien du Collége Romain.

LE P. Borgondio obsèrva cette éclipse avec le P. Schidrer & d'autres en présence du Cardinal Salèrno. Quelques jours auparavant il avoit obsèrvé le midi pour régler son horloge. Il ne le pût faire le jour même de l'Obsèrvation à cause du mauvais temps. Il le fit le jour suivant, & il trouva qu'il n'y avoit rien à corriger ni à changer, sinon tout au plus 2″. à ajouter au calcul.

Il y avoit aussi long-temps qu'il obsèrvoit une tâche du Soleil, & le jour même de l'éclipse, peu de temps avant qu'elle commençât, il trouva cette tâche à 1. doigt 22′. distante du bord occidental du Soleil.

1726. 25. Sept.		On n'a pû voir précisément le commencement de l'éclipse à cause des nuages.
	5h.31′.16″.	L'éclipse paroît avoir commencé depuis quelques secondes.
	35. 15.	1. doigt éclipsé.
	39. 5.	2. doigts éclipsés.
	44. 17.	3. doigts éclipsés.

Des nuages & quelques bâtiments qui empêchent qu'on ne découvre l'horison bien net du côté de l'occident, ont dérobé le reste de l'Eclipse, qui a dû encore durer & augmenter pendant $\frac{1}{4}$. d'heure sur l'horison.

Observation de la même éclipse du 25. Septembre 1726. faite à l'Observatoire des Jésuites de Lyon.

COmme je me dispôsois à observer l'éclipse, j'aperçûs dans la partie du Soleil par où elle devoit commencer, un amâs considérable de tâches. Le temps pressoit, je marquai le nombre & la situation autant qu'il pût me le permettre. Les voici (Voyez la Planche IV. cy-dessus p. 96.) Les voici, dis-je, ABCDEF représentées de la manière à peu près dont elles parurent par une lunette de 6. pieds qui renverse les objêts.

Commencement de l'éclipse	4h. 50'. quelques ".
La tâche A disparoît	4. 58. 30".
La tâche B disparoît	4. 59. 57.
La tâche C disparoît	5. 2. 9.
La tâche D disparoît	5. 2. 14.
Le Soleil étoit éclipsé de 3. doigts à	5h. 15'. 34".
de 4. doigts à	5. 16'. 1.
de 5. doigts à	5. 24. 15.

Le Soleil fut caché par la montagne de Fourvière lorsqu'il n'étoit pas encore éclipsé de 6. doigts.

Le commencement de l'éclipse, non plus que le 5e. doigt, n'ont pas été observez avec assez d'exactitude.

Les tâches EF étoient petites, peu obscures, & leur immersion ne fut pas observée.

On n'a marqué que l'instant de l'immersion totale des tâches.

La tâche B demeura plus de 10". à se couvrir entièrement, depuis qu'elle eut touché l'ombre, jusqu'à ce qu'elle fut entièrement couverte.

Observatio eclipsis Solaris 14. Septembris 1727. Romæ à R. P. Borgondio S. J. facta.

ALiquot minutis Manfredianum calculum anticipavit eclipsis, cujus digitos observare non licuit, sed maximam in Sole maculam Luna tegere cœpit

19h. 26′. 33″.

Totaliter texit — — —	19. 26. 41.
Eclipsis desiit - - -	20. 46. 5.

Limbo Lunæ boreo ad centrum ferme solaris disci in maxima obscuratione pertingente.

Ejusdem Eclipsis Solaris Observatio, prope Olyssiponem, habita die 15. Septembris manè 1727. à R. P. Joanne E. Carbone è Soc. Jesu.

IN Prædio quod est Occidentalius nostro Collegio S. Antonii M. 4″. horariis circiter, & cujus latitudo, quadrante Astronomico trium pedum explorata, est 38°. 42′. 58″. observavi hanc eclipsim telescopio pedum circiter 8, quod micrometro instruxeram rite comparato.

Initium infra horizontem celebratum est jamque digitos circiter 4. deficiebat Sol quando ex opposito monte primùm emersit. Sequentes tamen phases observari tantùm potuere, reliquis fortuito eventu impeditis.

Digiti Immersi.	Tempus verum corrct. H. ′ ″
6½ - - -	5. 55. 8. dub.
8. - - -	6. 10. 54.
8. 1′. 48″. maxima obscuratio.	6. 13. 29. circ.

Digiti Emersi.

6 ½.	6h. 31′. 49″.
6.	6. 35. 23.
5 ½.	6. 38. 45.
5.	6. 41. 67.
4 ½.	6. 45. 2.
4.	6. 47. 52.
3 ½.	6. 50. 49.
3.	6. 53. 34.
2 ½.	6. 56. 16.
2.	6. 58. 54.
1 ½.	7. 1. 28.
1.	7. 3. 59.
½.	7. 6. 28.
Finis eclipsis	7. 9. 2. certissimè.

Post finem eclipsis statim horologium pendulo instructum, quo ad temporis dimensionem usus sum, duplici solis altitudine eodem quadrante Astronomico successivè observatâ, ad trutinam revocavi, inventamque correctionem in phasibus superius adnotatis adhibui.

Observatio Lunaris deliquii, facta in Collegio Romano Societat. Jesu à R. P. Borgondio anno CIↃIↃCCXXIX. *die* 13. *Febr. tempore post meridiem vero.*

Initium eclipsis	7h.44′.22″.

Immersiones.

Grimaldi	7. 46. 16.
Kepleri	48. 8.

Copernici	Initium	54'. 20".
	Medium	46.
	Finis	55. 10.
Tychonis	Initium	8h. 11. 57.
	Medium	13. 7.
	Finis	48.
Manilii		19. 0.
Menelai		20. 50.
Dionysii		23. 0.
Plinii		25. 44.
Maris tranquillitatis.	Medii	31. 6.
	Totius	33. 1.
Procli	Initium	34. 41.
	Finis	35. 20.
Maris Crisium.	Initium	36. 1.
	Finis	39. 44.
Lunæ totalis immersio		8. 43. 17.

Emersiones.

Primi lumbi lunaris		10. 21. 38.
Riccioli		23. 37.
Grimaldi	Initium	24. 7.
	Finis	25. 4.
Aristarchi	Initium	34. 39.
	Finis	36. 8.
Tychonis	Initium	41. 11.
	Finis	42. 5.

Heliconis	Initium	-	47′.10″.
	Finis	-	48. 14.
Platonis	Initium	-	54. 33.
	Finis	-	57.
Ariſtotelis		-	57. 54.
Menelai		-	11^h. 2. 5.
Maris ſerenitatis.	Medium	-	4 33.
	Finis	-	9. 15.
Poſidonii		-	10. 36.
Cleomedis		-	14. 7.
Maris Criſium.	Medii	-	16. 20.
	Totius	-	17. 33.
Finis eclipſis		-	11. 20. 41.

Eodem die diſtantia meridiana centri ſolaris à vertice, non correcta per refractionem, obſervata eſt 55°. 9′. 31″. in gnomone, cujus meridianam ellipſis ſolaris in pavimentum projecta pertranſiit tempore 2′. 13″. Et diameter apparens ſolis micrometri partes 2945. intercepit, quarum Luna paulò ante eclipſim obſervata intercepit 2903.

Obsèrvation de la même Eclipſe faite à Liége par le R. P. Maire Jéſuite Anglois, le 13 Févr. 1729.

L'Horloge fut corrigée par les hauteurs de deux étoiles fixes, qui furent priſes avec un quart de cèrcle de trois pieds de rayon, qui s'accorde avec un autre à très-peu de chôſe près.

Commencement

Commencement de l'éclipſe	$7^h.16'.43''$.
Immèrſions.	
Fin de Grimaldi - - -	7. 19. 32.
Ariſtarchus - - -	7. 28. 37.
Commencement de Tycho - -	7. 45. 5.
Fin de Tycho - - -	7. 46. 9.
Commencement de Mare Criſium	8. 9. 10.
Fin de Mare Criſium - -	8. 12. 53.
Immèrſion totale de la ☾ dans l'ombre	8. 16. 8.
Recouvrement de la lumière	9. 55. 11.
Fin de Grimaldi - - -	9. 58. 9.
Ariſtarchus - - -	10. 8. 34.
Commencement de Tycho - -	10. 13. 10.
Fin de Tycho - - -	10. 14. 40.
Commencement de Mare Criſium	10. 49. 58.
Fin de Mare Criſium - -	10. 52. 58.
Fin de l'éclipſe - - -	10. 54. 15.

Il fut difficile d'obsèrver les limites de l'ombre ſur le corps de la Lune, enſorte que de toutes ces Obsèrvations, celles de Tycho ſont préférables aux autres, qui cependant ne paroiſſent point douteuſes au R. Père Maire.

Comparaiſon de cette Obsèrvation avec la précédente.

Ces deux Obsèrvations, l'une faite à Rome, & l'autre à Liége, s'accordent en quatre endroits, pour la différence des méridiens de Liége & de Rome.

I.	Commencement de l'éclipſe à Rome	$7^h.44'.22''$.
	à Liége	7. 16. 43.
	Différence	27. 39.

II.	Immérſion de la fin de Tycho à Rome	8h. 13'. 48".
	à Liége	7. 46. 9.
	Différence	27. 39.
	qui donnent	6°. 54'. 45".
III.	Immèrſion du commencement de Mare Criſium à Rome	8. 36. 2.
	à Liége	8. 9. 10.
	Différence	26. 52.
IV.	Immèrſion de la fin du Mare Criſium à Rome	8. 39. 44.
	à Liége	8. 12. 53.
	Différence	26. 51.
	qui répondent à	6°. 42'. 45".
	Ce qui donne pour moyenne différence	0h. 27'. 15".
	égal à	6°. 48. 15.

Mais ſi l'on prend la moyenne différence de toutes les phâſes obsèrvées, on trouvera 0h. 26'. 18".
qui ſont égales à 6°. 34'. 30".

Je croy qu'il faut préférer la prémière. 1°. parce que les deux Obsèrvations s'accordant dans les phâſes ſur leſquelles elle eſt fondée, les Obsèrvations de ces phâſes paroiſſent plus exactes que les autres. 2°. Qu'en effet le R. P. Maire avèrtit que les Obsèrvations de Tycho ſont préférables aux autres, or ces Obsèrvations de Tycho ſont en partie celles ſur leſquelles cette prémière différence eſt fondée.

Le même jour le R. P. Maire obsèrva l'émèrſion du prémier Satellite de Jupiter à 5h. 11'. 41".

Il avèrtit que la hauteur du Pôle à Liége est de 50°. 39′. M. De la Hire, & la Connoissance des Temps la marquoient 50°. 40′.

Obsèrvation de la même éclipse de Lune du 13. Février 1729. faite à l'Obsèrvatoire à Paris, par M. Maraldi de l'Académie des Sciences.

A 7h.	3′.		Pénombre forte.
7.	3.	30.	Commencement.
7.	8.	54.	Galilée.
7.	14.	4.	A Aristarchus.
7.	15.	8.	Tout Aristarque couvèrt.
7.	16.	48.	Képler tout couvèrt.
	18.	8.	L'ombre à Gassendi.
	19.	24.	Schickardus tout couvèrt.
	22.	4.	L'ombre à Reinoldus.
	22.	44.	Au bord de Copèrnic.
	23.	47.	Reinoldus couvèrt.
	25.	19.	Tout Copernic couvèrt & Eratosténes en même tems.
	27.	6.	Hélicon couvèrt.
	31.	54.	Au bord de Tycho.
	33.	12.	Au milieu de Tycho.
	33.	34.	Au bord précédent de Plato.
	33.	51.	Tout Plato couvèrt.
	38.	11.	Au bord précédent de Manilius.
	39.	24.	Manilius tout couvèrt.
	41.	49.	Ménélaus.
	42.	39.	Milieu de Ménélaus.
	45.	26.	A Plinius.
	49.	51.	Au bord précédent de Fracastorius.

A 7h. 50′.	34″.	Promontorium acutum.
51.	28.	Tout Fracaſtorius couvèrt.
54.	34.	A Proclus.
55.	20.	Tout Proclus couvèrt.
56.	21.	Au bord de Mare Caſpium.
59.	0.	La moitié de l'Intervallum.
59.	4.	Au bord ſuivant de Mare Caſpium.
8h. 2.	4.	Fin douteuſe.
3.	4.	On ne voit plus de lumière.
		On voit vêrs la partie orientale de la Lune une plus grande obſcurité, que vêrs l'occidentale, qui eſt éclairée.
9.h 41.	22.	Commencement de la ſortie.
41.	37.	Grimaldus.
49.	39.	Galilæus découvèrt.
51.	34.	Schickardus découvèrt.
54.	38.	Capuanus découvèrt.
55.	20.	L'ombre à Ariſtarchus.
58.	8.	Ariſtarchus tout découvèrt.
10h. 0.	34.	L'ombre au bord de Tycho.
1.	34.	Au milieu de Tycho.
2.	34.	La fin de Tycho.
3.	44.	Lanſbèrge & Reinoldus découvêrts.
		Deux petites tâches entre Copèrnic & Képler.
5.	23.	Commencement de Copèrnic.
		Héraclius eſt ſorti en même temps.
6.	47.	Tout Copèrnic découvèrt.
7.	37.	Eratoſténes découvèrt.
8.	4.	Hélicon tout découvèrt.
12.	9.	Timocare découvèrt.
13.	0.	Commencement de Plato.
14.	19.	Fin de Plato.
20.	39.	Manilius.
21.	31.	Tout Manilius.

10h. 23'.	54".	Ménélaus.
27.	29.	Plinius.
30.	23.	Dionyſius tout découvèrt.
31.	4.	Promontorium acutum.
36.	19.	Proclus.
37.	30.	Commencement de Mare Caſpium.
40.	9.	Fin de Mare Caſpium.
41.	28.	Fin douteuſe.
42.	4.	Fin cèrtaine.

Comparaiſon de cette Obsèrvation avec les précédentes.

Les mêmes phâſes obsèrvées de part & d'autre à Rome & à Paris ne donnent jamais préciſément la même différence de méridiens & diffèrent quelquefois juſqu'à 12'. 39".

La plus grande différence eſt	42'. 30".
La plus petite	29. 51.
Par conſéquent la moyenne	36. 10. $\frac{1}{2}$.
Différente de l'ordinaire qui eſt	42.
De - - - -	5. 49. $\frac{1}{2}$.

Mais comme il fut très-difficile dans cette éclipſe de diſtinguer exactement le commencement de l'ombre & ſes limites, on ne peut fonder une différence bien ſûre ſur les Obsèrvations qui en ont été faites.

La diffèrence des méridiens qui réſulte des phâſes obsèrvées de part & d'autre à Liége & à Paris, eſt auſſi diffèrente à châque phâſe ; mais elle s'éloigne moins de la différence marquée juſqu'ici que l'Obsèrvation faite à Rome.

La plus grande diffèrence que donne cette Obsèrva-

tion entre Paris & Liége est 16'. 32".
La plus petite 9'. 26".
D'où il suit que la moyenne est 12. 59.
Moindre de 2'. 1". que celle de 15'. que M. de la Hire & la Connoissance des Temps mettent entre Paris & Liége.

Au reste, on voit que les deux Obsèrvations concourent à rapprocher Liége & Rome de Paris : & ce qui est à remarquer, c'est qu'elles les rapprochent prèsque exactement dans la même proportion.

Car jusqu'ici la différence entre Rome & Paris - - - - 42'. 0'.-2520".
Celle de ces Obsèrvations 36'. 10'.-2170.
Et jusqu'ici celle de Liége à Paris 15'. 0'.- 900.
Celle de ces Obsèrvations 12'. 59'.- 779.

Or 2520 : 2170 : : 900 : 778 $\frac{1440}{2520}$ ::: 778 $\frac{1}{2}$ & plus.

Et par conséquent près de 779. qui est celle de l'Obsèrvation.

Comparaiſon des Obſervations des Eclipſes du prémier Satellite de Jupiter, faites à Péking par les PP. Gaubil & Jacques, avec celles qui ont été faites à Paris par M. Maraldi.

1725.	3. Nov. à Péking. Emerſion	7h. 27′. 40″.
	2. à Paris par le calcul corrigé	23. 60.
	Différence	7. 37. 40.
	19. Nov. à Péking. Emerſion	5. 46. 8.
	18. à Paris calcul corrigé	22. 8.
	Différence	7. 38. 8.
	26. Nov. à Péking. Emerſion	7. 38. 30.
	à Paris calcul corrigé	0. 2. 0.
	Différence	7. 36. 30.
	12. Déc. à Péking	5. 52. 56.
	à Paris	22. 15. 0.
	Différence	7. 37. 56.

Obſervationes tranſitûs Mercurii ☿ ſub ☉ 9. die Novembris 1723.

Biburgi.	Diſcum ☉ in extimo orientali limbo ſubiit ☿ poſt meridiem	$3^h. 30'.$
	Digito integro immèrſus erat	3. 58.
	☿ Latitudo Borealis initio eclipſis fuit 2'. 30''.	
Oeniponti.	Ingreſſus in ☉ notatus eſt	$3^h. 29'. 13''.$
	Digito uno immerſus erat	3. 58. 47.
Bononiæ.	Primus ingreſſus	3. 26. 22.
	Totalis immerſio	3. 27. 45.
	Ratio diametri mercurialis ad ſolarem ut 1. ad 195. (1)	
Patavii.	Totalis immèrſio.	3. 29. 54.

(1) Ces Obsèrvations qu'on reçut du R. P. Borgondio, ayant été communiquées à M. Delisle, il fit en cet endroit cette note. *Hinc diameter apparens ☿ 10''. namque ſolis diameter eſt 32'. 30''. vel 1950''.*

Obsèrvations

OBSERVATIONS GEOGRAPHIQUES, SUR LES COSTES DE LA PENINSULE de l'Inde, deçà le Gange.

Par le P. Du Croz *de la Compagnie de* Jesus.

Les Géographes d'Europe appellent toute la côte orientale de la presqu'isle de l'Inde qui est en deçà du Gange, côte de Coromandel, & toute la côte occidentale, côte de Malabar. C'est à peu près comme s'ils appelloient côte des Caffres toute la côte orientale de l'Afrique depuis le Cap de Bonne Espérance, ou Cap le des Aiguilles, jusqu'à Suez, & qu'ils ne distinguassent point la côte des Caffres, la côte de Mozambique, la côte d'Ajan, la côte d'Aden, &c.

I. D'abord quant à la côte orientale de cette Péninsule de l'Inde, à commencer par le Cap de Comorin, qui est par les 8°. de latitude Nord, jusque par les 10. degrez c'est *la côte de la Pêscherie.*

II. De là jusqu'au dessus de Madras, Colonie Angloise qui ne se trouve point dans quelques-unes de vos Géographies, & qui néanmoins est devenue depuis peu une ville très-considérable & très-célébre; de là, dis-je, jusqu'au dessus de Madras, & même jusqu'au dessus de Paleacate, c'est *la côte de Coromandel.*

III. Par les 15°. à peu prés est *la côte de Gèrgelin.*

IV. *La côte d'Orixa* s'étend vêrs l'embouchure du Gange.

C'eſt toûjours la même côte, mais qui porte différents noms en différents endroits. C'eſt votre rue ſaint Jacques, qui depuis l'Obsèrvatoire, juſqu'à la porte de ſaint Martin, eſt toujours la même, mais qui change pluſieurs fois de nom, & ne s'appelle pas toûjours la rue ſaint Jacques.

Il en eſt de même de la côte occidentale de la même Preſqu'iſle.

I. Depuis le Cap de Comorin juſques vers Cochin, par les 10°. latitude Nord, c'eſt proprement, ſelon le langage des Portugais, *la côte de Malabar.*

II. Là commence, diſent-ils, le Royaume de *Zamorin*, qui avance beaucoup dans les terres, & on l'appelle *Ikéri.* Il y pleut ſix mois de l'année. C'eſt de là que vient l'Aréque.

III. Vêrs le 13°. de latitude, commence la côte appellée par les gens du pays *Sondé*, Goa eſt dans le milieu.

IV. Après vient le pays *Aré*, ou le *Decan*, pays des Marates, que vos Géographes appellent Royaume de *Cévagi.* Pour parler exactement il faut dire le Royaume de *Cévoji.* Ce Prince s'étoit rendu tributaire toute la partie méridionale de la Péninſule. Son Empire s'étendoit juſqu'à la côte, & peu s'en fallut qu'il ne prit Goa. Il poſſeda ſur la côte divers Places. Et quoique les Mores ayent abbatu la domination que les Marates avoient au dedans de la Peninſule dans la partie méridionale, ces Marates ne laiſſent pas de fairedes incurſions, qui incommodent les petits Princes, dont ils éxigent quelque part du tribut. Les Marates ſont aujourd'hui gouvèrnez par les enfans de *Civoji*, appellez *Sondojis.*

Je vous parlerai une autre fois de l'intérieur de la Péninſule.

Avertissement sur l'article qui suit.

ON a vû cy-dessus pag. 7. que les Indiens divisent le Zodiaque en 27. constellations ; mais le Missionnaire qui l'écrit, ne marque point quelles sont ces 27. constellations, ni l'usage que les Indiens en font. Je viens de recevoir une Lettre d'un autre Missionnaire qui explique l'un & l'autre, j'ai crû qu'on seroit bien aise de le voir icy.

LE ZODIAQUE DES INDIENS

Tiré d'une Lettre du P. Du Croz de la Compagnie de Jesus au P. E. SOUCIET, de la même Compagnie, du 20. Aoust 1728. à Vencatiguiri.

LE Zodiaque des Indiens est composé de 27. étoiles ou constellations qui commencent aujourd'hui par Achevini.

Châque constellation est partagée en quatre, que l'on désigne par quatre monosyllabes charactéristiques.

ACHEVINI.	1. Tchou, tchè, tcho, la.
BARANI.	2. Li, lou, le, lo.
(1) CRITICA.	3. A, io, ou, i.
ROHINI.	4. Gé, va, vi, vou.
MROUGACHIRA.	5. J, vo, ka, ki.
ARIDRA.	6. Kou, gam, ga, tcha.
POUVARNASSOU.	7. Ke, ko, ha, hi.

(1) Ce sont nos Pleïades, ou un groupe de 7. étoiles qui sont aujourd'hui vers le 26°. du Taureau.

POUCHIAMI.	8.	Ou, he, ho, da.
(1) ACHLECHA.	9.	Di, dou, dé, do.
(2) MAGGA.	10.	Ma, mi, mou, mé.
POUBBA.	11.	Mo, ta, ti, to.
OUTTERA.	12.	Te, to, pa, pi.
HASTA.	13.	Pau, Chan, na, da.
CITA.	14.	Pe, po, ra, ri.
SVATI.	15.	Rou, ré, ro, ta.
(3) VICHACA.	16.	Ti, tou, té, to.
(4) ANORADA.	17.	Na, ni, nou, né.
JEOSTA.	18.	No, ia, i, iou.
MOULA.	19.	Je, io, ba, bi.
POURVACHADA.	20.	Bou, da, ba, da.
OUTTERACHADA.	21.	Bé, bo, ja, gi.
CHRAVENA.	22.	Ki, Kou, Ké, Ko.
(5) DANICHTA.	23.	Ga, gui, gou, gué.
CATABITCHA.	24.	Go, sa, si, sou.
POURVABADRA.	25.	Sé, so, da, di.
OUTTERABADRA.	26.	Dou, chan, üa, Ta.
REVETI.	27.	Dé, do, cha, chi.

Abigitten & ses 4. charactères, *Jou, gé, joo, ka,* n'éxistent point, & semblent n'être imaginez que comme une espéce d'épacte, par laquelle les Indiens ajustent le mois périodique de la Lune à son mois synodique, & dans la période de la Lune qui est ordinairement de 27. jours à quelque fraction près, il y a pour châque jour une étoile, à laquelle elle répond, & qu'ils ont soin de marquer dans leur Calendrier. Et comme les

(1) Elle répond aux brillantes de la tête de Castor & de Pollux & au Procyon.

(2) Elle répond au Juba & au cœur du Lion.

(3) Elle répond à la couronne septentrionale.

(4) Elle répond au Scorpion & tient un peu du Serpentaire.

(5) *Danichta* renferme les étoiles du Dauphin.

douze ſignes expriment les douze Lunes, leſquelles multipliées par 5. font leur cycle de 60. ans, dont chaque année a un nom particulier; de même les 27. étoiles expriment les 27. jours de la Lune, & Abigitten qui eſt purement imaginaire, exprime la 13e. Lune.

Les Indiens ſe ſervent des 27. étoiles de leur Zodiaque pour connoître les heures de la nuit, & voici comment ils s'y prennent.

Suppôſé par exemple, que le Soleil ſe leve avec *Critica*, retranchez en remontant ſix conſtellations, *Danichta*, qui vient après, ſera ſur votre tête.

Comptant toûjours dans le même ſens, retranchez encore ſix conſtellations, *Vichaca* qui ſuit paroîtra à l'Oueſt ſe coucher.

Remontant encore dans le même ſens, retranchez ſix étoiles *Achlecha* ſera directement ſous les pieds. Ces étoiles changeront de place à meſure que *Critica* ſe levera au deſſus de l'horiſon, de ſorte que ſi *Critica* eſt au méridien avec le Soleil, *Danichta* ſe couchera, *Viſchaca* ſera ſur la tête des Antipodes, *Achlecha* ſe levera. Dans une troiſiême ſuppoſition où *Critica* ſe coucheroit avec le Soleil, *Achlecha* paſſeroit au méridien, & céderoit ſa place à *Magga*. (1) 2. Guédies (2) 7. Viguédies & demi après que *Magga* a paſſé au méridien *Poubba* paſſe à ſon tour.

4. Guédia & 15. Viguedia étant écoulées, vient le tour de *Outtora*,

(1) Guédia, ou Guédie, eſt une heure Indienne, qui eſt la 60. partie du jour naturel auquel nous donnons 24. heures, & la Guédie par conſéquent équivaut à 26. de nos minutes.

(2) Une Viguédie eſt la 60. partie d'une Guédie ou heure Indienne, c'eſt-à-dire, de 26. de nos minutes, & contient par conſéquent 26. de nos ſecondes.

6. Guédies & (1) 15. Viguédies & demi étant écoulées, *Hasta* y passe à son tour.

8. Guédies & 30. Viguédies après vient le tour de Cita.

10. Guédies & 37. Viguédics & ½ étant écoulées, vient le tour de *Svati*.

12. Guédies & 45. Viguédies après *Vissâca* y vient à son tour.

Et à la 15. Guédie de la nuit, c'est-à-dire à minuit Anorâda commence à paroître au méridien.

Ils distinguent de même l'autre partie de la nuit par 8. autres étoiles, & la durée de la nuit, que nous divisons en 12. heures, ils la partagent Astronomiquement en 15. mesures de temps qu'ils connoissent & distinguent par 16. différentes étoiles qui arrivent succéssivement au méridien.

Ce n'est pas que dans l'usage ordinaire & familier, ils ne distinguent la nuit, ainsi que le jour, en 30. parties ou heures Indiennes, qui font en tout 68. Guédies d'un lever du Soleil à l'autre. Ils divisent encore ces 60. *Guédies* en 8. Jamous à 7. Guédies & ½ par Jamou.

(1) Il y a là une faute. L'on a voulu dire 22 Viguédies & ½. car il est clair par ce détail que chaque constellation passe au méridien de 7. Viguédies ½ en 7. Viguédies ½.

REMARQUES.

Le jour naturel que nous divisons en 24. heures, les Indiens le partagent en 8. *Jamous*, & en 60. *Guédies*, dont 7 ½ font un *Jamou*. Ainsi le Jamou est égal à trois de nos heures, & la *Guédie* se divise en 60. *Viguédies* qui sont leurs minutes, châque *Viguédie* est égale à ⅖ de nos minutes, ou à 24. secondes.

Châcune des 27. constellations passant à l'horison ou au méridien de 2. *Guédies* 7. *Viguédies* $\frac{1}{2}$ en 2. *Guédies* 7. *Viguédies* & $\frac{1}{2}$. elles ne peuvent toutes 27. ensemble remplir les 60. *Guédies* qui compôsent le jour naturel. Car 2. *Guédies*, plus 7. *Vigédies* $\frac{1}{2}$ multipliées par 27. ne donnent que 57. *Guédies*, 22. *Viguédies* & $\frac{1}{2}$. Il reste donc encore 2. *Guédies*. 37. *Viguédies* & $\frac{1}{2}$. Seroit-ce l'espace qu'occupe *Abigitten*, qui ne seroit pas purement imaginaire, & qui sérviroit à quelque autre chôse qu'à ajoûter le mois périodique de la Lune ? Cela n'est pas vrai-semblable : L'un & l'autre Missionnaire p. 7. & p. 243. disent précisément qu'il n'y a que 27. constellations.

Si ces 27. constellations occupoient toutes un espace égale dans le Zodiaque, elles occuperoient châcune 13°. 20'. Mais les étoiles, par lesquelles les Indiens semblent les commencer, ou qui du moins par leur arrivée à l'horison ou au méridien marquent l'heure de la nuit, ne sont pas également distantes les unes des autres, ni en longitude, ni en ascension droite. Ainsi cette régle pour connoître l'heure de la nuit, est peu exacte & peu seure.

Autres Obsèrvations du même Pere sur les Astres & sur les Planétes des Indiens.

CHez les Anciens Grecs, & chez les Romains *Astra tenent cœleste solum, formæque deorum.* Il n'en est pas de même parmi les Indiens. Les figures sous lesquelles on envisage les Astres, sont fort différentes de celles qu'on leur suppôse de tout temps en Europe. C'est ici la tête d'un Elephant & sa trompe, le harpon avec lequel on le pique, un cors de chasse, un joug de palanquin, un parasol, un palmier sauvage, des retz à prendre du poisson, un quadre de lict, une trompette, des rubis, des pièrres précieuses, des triangles, &c. toutes figures fort simples & dépouillées de fictions.

Les planétes mêmes, quoi qu'elles portent le même nom qu'elles ont porté chés les Grecs & les Latins, sont dans l'idée des Indiens toute autre chôse que dans celle des Européans. Quand les Indiens prononcent ce nom *Seni*, tout ce qu'ils conçoivent, c'est qu'il s'agit de la Planéte la plus élevée, & non point du père de Jupiter. Quand ils prononcent les mots *Angarkoudou* & *Boudoudou*, ils ne pensent ni au Dieu des Guèrriers, ni au Messager des Dieux, ils pensent seulement aux deux Planétes, Mars & Mèrcure.

La Lune n'est chés eux ni Diane sur la tèrre, ni Prosèrpine dans les enfers, Vénus n'y est pas non plus cette femme impudique que la Gréce a divinisée. Ils disent *Cendroudou*, *Soucroudou*, l'un & l'autre de genre masculin. (1)

Tout ce qu'il y a de singulier par rapport à *Soucroudou* & à *Brouaspati*, qui répond à Jupiter, c'est que celui-ci étoit le précepteur des Dieux, c'est-à-dire, des pénitens & des Princes qui le consultoient. La Planéte *Soucroudou* étoit le Directeur des Géans, apparemment, comme on dit, l'étoile du Bèrger, parce qu'elle le regle dans son travail.

Le Soleil n'est pas chés les Indiens assis sur un char attelé de chevaux qui jettent des flammes.

Ce n'est pas qu'ils n'ayent par rapport aux Planétes & aux Astres bien des idées qui tiennent de la fable, mais elles sont fondées sur des principes d'Astronomie qu'ils ont corrompus ou travestis.

(1) C'est ainsi que le Lune étoit anciennement chés les Orientaux le Dieu Lunus.

TABLES

TABLES
DES LONGITUDES
ET
DES LATITUDES
DE TOUS LES LIEUX DU MONDE,

dont elles ſont connues, recueillies
des meilleurs Auteurs.

Noms des Villes, Fleuves, Lacs, Montagnes, &c.	*Différence des Méridiens en*			*en*			*Latitude ou hauteur du Pôle.*		
	H.	M.	S.	D.	M.	S.	D.	M.	S.
Abbeville.									
Lieutaud	0.	1.	48. oc.	0.	27.	0.	50.*	7.	0.
De la Hire	0.	2.	12.	0.	33.	0.	50.	5.	30.
Des Places	0.	1.	52.	0.	28.	0.	50.	7.	0.
Acapulco.									
Harris	7.	14.	11. oc.	85.	35.	15.	17.	30.	5.
Agde.									
Des Places	0.	4.	33. or.	1.	8.	15.	43.	19	0.
Agra au Mogol.									
Lieutaud	4.*	57.	30. oc.	74.	24.	0.	26.*	43.	0.
De la Hire	5.	24.	0.	81.	0.	0.	28.	30.	0.
Des Places	4.	57.	36.	74.	24.	0.	26.	43.	0.
Harris	5.	42.	11. or.	85.	35.	15.	28.	30.	0.
Agra.									
P. Gaubil	4.	58.	0.	74.	24.	0. or.	26.	48.	0.
Aisou ville.									
P. Gaubil	5.	23.	26.	80.	51.	30.	42.	30.	0.
Aix en Provence.									
Lieutaud	0.	12.	48. oc.	3.	12.	0.	43.*	31.	20.
De la Hire	0.	12.	25.	3.	16.	15.	43.*	31.	0.
Des Places	0.	12.	48.	3.	12.	0.	43.	35.	20.
Street	0.*	12.	19.	3.	4.	45.	43.	33.	0.
Alby.									
Lieutaud & Des Places	0.*	0.	48. oc.	0.	12.	0.	43.*	55.	20.
Alençon.									
Lieutaud	0.	9.	0. oc.	2.	15.	0.	48.	25.	0.
De la Hire	0.	9.	30.	2.	22.	30.	48.	29.	0.
Des Places	0.	9.	30.	2.	22.	30.	48.	29.	0.
Alep en Syrie.									
Lieutaud	2.	20.	0. oc.	35.	0.	0.	35.*	45.	23.
Des Places	2.	20.	0.	35.	0.	0.	36.	0.	0.
Harris	2.*	15.	49.	33.	34.	45.	37.	20.	0.
Street	2.*	25.	19.	36.	19.	45.	36.	25.	0.

Noms des Villes, Fleuves, Lacs, Montagnes, &c.	*Différence des Méridiens en* H. M. S.	*en* D. M. S.	*Latitude ou hauteur du Pôle.* D. M. S.
Alexandrete en Syrie.			
Lieutaud	2*. 16. 0. or.	34. 0. 0.	36*. 35. 10.
Chazelles	2*. 16. 0.	34. 15. 0.	36. 35.
Des Places	2. 16. 0.	34. 0. 0.	31.* 11. 20.
Aléxandrie d'Egypte.			
Lieutaud	1*. 51. 6.	27. 56. 30.	31*. 11. 20.
De la Hire	1. 52. 0.	28. 0. 0.	31. 12. 0.
Des Places	0. 51. 36.	27. 54. 0.	31. 11. 0.
Harris	2. 3. 30.	30. 52. 30.	31. 7.
Street	1. 91. 49.	25. 57. 30.	30. 58.
Bouche orientale d'Algouey.			
P. Gaubil	5. 44. 26.	86. 6. 30.	43. 30.
Bouche occidentale.			
P. Gaubil	5. 41. 26.	85. 21. 30.	43. 20.
Fin ou Oueſt des Monts Altay.			
P. Jartoux	6. 14. 6.	93. 31. 30.	46. 20.
Leur fin.			
P. Gaubil	6. 2. 14.	93. 31. 30.	46. 20.
Amiens.			
Lieutaud	0*. 0. 8. oc.	0. 2. 12.	49.* 54. 46.
De la Hire	0. 0. 12.	0. 3. 0.	49. 53. 46.
Des Places	0. 0. 8.	0. 2. 0.	49. 54. 0.
Harris	0*. 0. 11.	0. 5. 15.	49. 54. 0.
Amour, riv. *Voyez* Onon.			
Amſterdam.			
Lieutaud	0. 10. 36. or.	2. 39. 0.	52*. 22. 45.
De la Hire	0. 10. 10.	2. 31. 10.	52. 21. 30.
Des Places	0. 11. 32.	2. 53. 0.	52. 22. 45.
Harris	0*. 9. 49.	2. 24. 45.	52*. 21.
Street	0*. 11. 19.	2. 27. 15.	47. 29. 0

Noms des Villes, Fleuves, Lacs, Montagnes, &c.	*Différence des Méridiens en* H. M. S.	*en* D. M. S.	*Latitude ou hauteur du Pôle.* D. M. S.
Ancone.			
De la Hire	0. 47. 40. *or.*	11. 55. 0.	43. 54. 0.
Des Places	0.* 47. 40.	11. 55. 0.	43. 54. 0.
Angers.			
Lieutaud	0. 11. 36. *oc.*	2. 54. 0.	47. 29. 0.
De la Hire	0. 12. 15.	3. 6. 15.	47. 27. 0.
Des Places	0. 11. 36.	2. 54. 0.	47. 27. 0.
Antibe.			
Lieutaud	0. 19. 11. *or.*	4. 47. 45.	43.* 34. 12.
Des Places	0. 19. 11.	4. 47. 45.	43. 34. 0.
De la Hire	0. 19. 11.	4. 47. 45.	43. 34. 12.
Antioche.			
Street	2. 25. 19.	36. 19. 45.	
Anvers.			
Lieutaud	0. 8. 40. *or.*	2. 10. 0.	51. 13. 30.
De la Hire	0. 8. 30.	2. 7. 30.	51. 10. 0.
Des Places	0. 7. 40.	1. 55. 0.	51. 13. 30.
Harris	0.* 7. 49.	2. 16. 0.	51. 10. 0.
Street	0. 8. 19.	2. 4. 45.	51. 12. 0.
Aracte.			
De la Hire	2. 50. 0. *or.*	42. 30. 0.	36. 0. 0.
Street	2. 35. 49.	38. 57. 15.	36.* 0. 0.
Arles.			
Lieutaud	0.* 9. 24. *or.*	2. 21. 0.	43.* 34. 12.
De la Hire	0. 8. 20.	2. 5. 0.	43. 34. 0.
Des Places	0. 9. 24.	2. 21. 0.	43. 40. 0.
Arras.			
Lieutaud	0. 1. 36. *or.*	0. 24. 0.	50. 18. 0.
Des Places	0. 1. 40.	0. 25. 0.	50. 18. 25.
De la Hire	0. 1. 40.	0. 25. 0.	50. 18. 25.
Athenes.			
De la Hire	1. 33. 0. *or.*	23. 15. 0.	37. 40. 0.

Noms des Villes, Fleuves, Lacs, Montagnes, &c.	*Différence des Méridiens en* H. M. S.	*en* D. M. S.	*Latitude ou hauteur du Pôle.* D. M. S.
Avignon.			
Lieutaud	0* · 18 · 0 · or.	2 · 32 · 0 ·	43* · 57 · 0 ·
De la Hire	0 · 9 · 45 ·	2 · 26 · 15 ·	43 · 51 · 0 ·
Des Places	0 · 10 · 8 ·	2 · 32 · 0 ·	43 · 57 · 0 ·
Harris	0* · 8 · 49 ·	2 · 9 · 45 ·	43 · 51 · 0 ·
Street	0* · 9 · 19 ·	2 · 19 · 45 ·	53 · 52 · 0 ·
Aurillac.			
Lieutaud	0* · 0 · 29 · or.	0 · 7 · 0 ·	44 · 59 · 10 ·
Des Places	0 · 0 · 28 ·	0 · 7 · 0 ·	44 · 55 · 10 ·
Auxèrre.			
De la Hire	0 · 4 · 20 · or.	1 · 5 · 0 ·	47 · 35 · 0 ·
Des Places	0 · 4 · 40 · or.	1 · 10 · 0 ·	47 · 46 · 20 ·
Babylone ou Bagdat.			
Harris	3 · 4 · 49 ·	46 · 9 · 45 ·	34 · 30 · 0 ·
Street	2 · 51 · 49 · or.	42 · 57 · 15 ·	35 · 0 · 0 ·
La Barbade.			
Harris	4 · 2 · 11 · oc.	55 · 54 · 45 ·	13 · 30 · 0 ·
Barcelone.			
Lieutaud	0 · 0 · 28 · oc.	0 · 7 · 0 ·	41* · 26 · 0 ·
De la Hire	0 · 4 · 0 ·	1 · 0 · 0 ·	41 · 26 · 0 ·
Des Places	0 · 0 · 28 ·	0 · 7 · 0 ·	41 · 26 · 0 ·
Harris	0 · 0 · 49 ·	0 · 9 · 45 ·	41 · 20 · 0 ·
Bâle.			
Lieutaud	0 · 21 · 0 · or.	5 · 15 · 0 ·	47 · 55 · 0 ·
Des Places	0 · 22 · 0 ·	5 · 15 · 0 ·	47 · 40 · 0 ·
De la Hire	0 · 22 · 40 ·	5 · 40 · 0 ·	47 · 40 · 0 ·
Baston nouv. Angl.			
Harris	4* · 51 · 41 · oc.	90 · 57 · 15 ·	42 · 25 · 0 ·
Batavia à Java.			
De la Hire	6 · 56 · 0 · or.	104 · 0 · 0 ·	6 · 15 · 0 ·
Des Places	6 · 56 · 0 ·	104 · 0 · 0 ·	6 · 15 · 0 ·
Harris	6* · 33 · 49 ·	98 · 24 · 45 ·	6 · 15 · 0 ·

Noms des Villes, Fleuves, Lacs, Montagnes, &c.	Différence des Méridiens en H. M. S.	Différence des Méridiens en D. M. S.	Latitude ou hauteur du Pôle. D. M. S.
La Baye de tous les Saints au Brésil.			
P. Noel	....		12. 54. 11.
	....		12. 54. 15.
	....		12. 54. 40.
	....		12. 54. 20.
	....		12. 54. 30.
Bayonne.			
Lieutaud	0. 15. 15. oc.	3. 48. 45.	43. 29. 45.
De la Hire	0. 15. 15.	3. 48. 45.	43. 29. 35.
Des Places	0. 15. 15.	3. 48. 45.	43. 30. 0.
Harris	0. 15. 11.	3. 50. 15.	43. 29. 0.
Beauvais.			
Lieutaud	0. 1. 0. oc.	0. 15. 0.	49. 26. 0.
Des Places	0. 1. 0.	0. 15. 0.	49. 26. 0.
Bengale.			
Harris	6. 11. 49. or.	92. 54. 45.	21. 56. 0.
Bergen en Norvége.			
Harris	0. 22. 49. or.	5. 39. 45.	21. 0. 0.
Bèrlin.			
Lieutaud	0. 44. 29. or.	11. 7. 15.	52. 33. 0.
Des Places	0. 49. 29.	11. 7. 15.	52. 33. 0.
M. Maraldi	0. 43. 24.	10. 51. 0.	
M. De Lisle			52. 32. 30.
Bèrmude; isle.			
Street	4. 23. 11. oc.	65. 47. 45.	32. 25. 0.
Besiers.			
Des Places	0. 3. 27. or.	0. 51. 45.	43. 20. 0.
Bezançon.			
Lieutaud	0. 14. 0. or.	3. 30. 0.	47. 18. 0.
Des Places	0. 14. 48.	3. 42. 0.	47. 20. 0.

Noms des Villes, Fleuves, Lacs, Montagnes, &c.	*Différence des Méridiens en* H. M. S.	*en* D. M. S.	*Latitude ou hauteur du Pôle.* D. M. S.
Bordeaux.			
Lieutaud	0. 12. 20. *oc.*	3. 5. 0.	44.* 50. 0.
De la Hire	0. 11. 30.	2. 5. 30.	44. 50. 20.
Les Places	0. 12. 20.	3. 5. 0.	44. 50. 0.
Harris	0.* 11 11.	2. 50. 25.	40. 50. 0.
Boulogne d'Italie.			
Lieutaud	0.* 37. 8. *or.*	9. 17. 0.	44.* 30. 0.
De la Hire	0. 38. 0.	9. 30. 0.	44. 30. 15.
Des Places	0.* 37. 8.	9. 17. 0.	44. 30. 0.
Harris	0.* 37. 49.	9. 24. 45.	44. 30. 0.
Street	0. 36. 49.	9. 12. 15.	44. 30. 0.
Boulogne.			
Picard. Lieutaud	0. 2. 40. *oc.*	0.* 40. 0.	50. 42. 0.
Des Places	0. 2. 36.	0. 36. 0.	50. 42. 0.
Bourges.			
Lieutaud	0.* 0. 15. *or.*	0. 3. 45.	47.* 4. 45.
De la Hire	0. 0. 14.	0. 3. 30.	47. 4. 38.
Des Places	0. 0. 15.	0. 3. 45.	47. 4. 45.
Brandebourg.			
De la Hire	0. 46. 0. *or.*	11. 30. 0.	52. 16. 0.
Breſlaw. Siléſie.			
Lieutaud	0. 59. 10. *or.*	14. 47. 30.	51. 3. 0.
Des Places	0. 59. 10.	14. 47. 30.	51. 3. 0.
Breſt.			
Lieutaud. Des Places	0. 27. 36. *oc.*	6. 54. 0.	48.* 23. 0.
De la Hire	0. 27. 36.	6. 54. 0.	48. 22. 50.
Harris	0.* 27. 11.	6. 50. 15.	48. 23. 0.
Briſtol.			
Street	0. 20. 11.	5. 2. 45.	51. 28. 0.
Bruges.			
Des Places	0. 3. 8. *or.*	0. 47. 0.	51. 11. 30.

Bruxelles.

Noms des Villes, Fleuves, Lacs, Montagnes, &c.	Différence des Méridiens en H. M. S.	Différence des Méridiens en D. M. S.	Latitude ou hauteur du Pôle. D. M. S.
Bruxelles.			
Lieutaud	0. 8. 20. *or.*	2. 5. 0.	50. 51. 0.
De la Hire	0. 8. 30.	2. 7. 30.	50. 48. 0.
Des Places	0. 7. 40.	1. 55. 0.	50. 50. 50.
Street	0*. 6. 50.	1. 42. 30.	50. 48. 0.
Cadiz.			
Lieutaud, Des Places	0. 32. 40. *oc.*	8. 10. 0.	36. 37. 0.
De la Hire	0. 38. 50.	9. 42. 30.	36. 16. 0.
Harris	0. 38. 40.	9. 40. 0.	36. 16. 0.
Caen.			
Lieutaud	0. 10. 56. *oc.*	2. 45. 0.	49*. 10. 50.
De la Hire	0. 11. 0.	2. 45. 0.	49. 10. 35.
Cai-fon-fou.			
P. Gaubil	7. 30. 6.	112. 31. 0.	34. 51.
Caifumfu.			
P. Gaubil	7. 0. 30.	105. 7. 30.	34. 51.
Le Caire en Egypte.			
Lieutaud	1*. 56. 25. *or.*	29. 6. 15.	30*. 2. 30.
Des Places	1. 58. 20.	29. 35. 0.	30. 2. 0.
Harris	2*. 8. 20.	32. 5. 0.	30. 4.
Street	1*. 56. 50.	29. 12. 30.	29. 50.
Calais.			
Lieutaud	0*. 2. 10. *oc.*	0. 32. 30.	50*. 57. 0.
De la Hire	0. 2. 10.	0. 32. 30.	50. 56. 50.
Des Places	0. 2. 10.	0. 32. 30.	50. 57. 0.
Harris	0*. 1. 40.	0. 25. 0.	50. 57. 0.
Lieu de la défaite de Caldan à 2. lieues du mont Han.			
P. Jartoux	7*. 0. 46.	105. 11. 30.	47. 42.

Noms des Villes, Fleuves, Lacs, Montagnes, &c.	*Différence des Méridiens en*			*en*			*Latitude ou hauteur du Pôle.*		
	H.	M.	S.	D.	M.	S.	D.	M.	S.
Camboia, aux Indes.									
De la Hire	6.	59.	0. *or.*	104.	45.	0.	11.	20.	0.
Des Places	6.	59.	0.	104.	45.	0.	11.	20.	0.
Harris	7.	4.	20.	106.	5.	0.	10.	20.	0.
Cambray.									
Lieutaud } Des Places }	0.	3.	36. *or.*	0.	54.	0.	50.	10.	0.
Cambridge.									
Street	0.	6.	30. *or.*	1.	37.	30.	52.	17.	0.
Camoul.									
P. Gaubil	6.	5.	18.	91.	19.	30.	42.	53.	20.
Can Cheou.									
P. Gaubil	7.	24.	8.	111.	40.	0.	25.	52.	
Candie, ville.									
Lieutaud. Des Places	1.	31.	52. *or.*	22.	58.	0.	35.	18.	45.
De la Hire	1.	46.	0.	26.	30.	0.	34.	40.	0.
Harris	1.	33.	20.	23.	20.	0.	35.	18.	0.
La Canée en l'Isle de Candie.									
Des Places	1.	27.	30. *or.*	21.	52.	30.	35.	28.	45.
Harris	1.	36.	30.	24.	7.	30.	35.	29.	0.
Cantcheou.									
P. Gaubil	6.	1.	26.						
Cantès, mont.									
P. Gaubil	5.	12.	3.	78.	1.		30.	30.	30.
Canton en Chine.									
Lieutaud	7.	22.	53. *or.*	110.	45.	15.	23.	8.	0.
De la Hire	7.	22.	48. *or.*	110.	42.	0.	23.	7.	30.
Des Places	7.	22.	53.	110.	43.	13.	23.	8.	0.
P. Noël	8.	43.	32.	130.	53.		23.	10.	
P. Gaubil	7.	16.	8.	109.	30.		23.	8.	

Noms des Villes, Fleuves, Lacs, Montagnes, &c.	*Différence des Méridiens en*			*en*			*Latitude ou hauteur du Pôle.*		
	H.	M.	S.	D.	M.	S.	D.	M.	S.
Cantorbery.	0.	4.	11. *oc*	1.	2.	45.	51.	17.	0.
Cap de B. Eſpérance.									
Lieutaud	1*.	10.	58. *or.*	17.	44.	45.	34*.	15.	0.
De la Hire	1.	14.	0.	18.	30.	0.	34.	15.	0.
Des Places	1.	10.	58.	17.	44.	30.	35.	15.	0.
Harris	1*.	10.	20.	17.	35.	0.	34.	15.	0.
Cap Comorin.									
Harris	5*.	3.	49.	75.	54.	45.	8.	0.	0.
Cap de Séte. *Voyez* Séte.									
Cap vèrd									
Lieutaud Des Places	1*.	18.	0. *oc.*	19.	30.	0.	14*.	43.	0.
De la Hire	1.	18.	0.	19.	30.	0.	14.	43.	0.
Harris	1*.	17.	40.	19.	25.	0.	14.	43.	0.
Carcaſſone.									
Des Places	0.	0.	1. *or.*	0.	0.	15.	43.	12.	20.
Carmarthen.									
Street	0.	26.	10. *oc.*	6.	32.	30.	52.	2.	0.
Cartagene. Amérique.									
Lieutaud	5*.	11.	20. *oc.*	75.	50.	0.	10*.	30.	30.
Des Places	5.	11.	20.	75.	50.	0.	10.	30.	30.
Caſgar ou Cachgar									
P. Gaubil	5.	19.	26.	79.	51.	30.	39.	30.	
Caſſel.									
Street	0.	26.	19. *or.*	6.	42.	30.	51.	19.	0.
Cateau-Cambreſis.									
P. De Rebecque	*.	5.	0. *or.*	1.	15.	0.			
La Cayenne en Amériq.									
Lieutaud Des Places	3*.	42.	0. *oc.*	55.	30.	0.	4*.	56.	0.
De la Hire	3.	35.	0.	53.	45.	0.	4.	56.	20.
Harris	3*.	18.	20.	49.	35.	0.	4.	56.	0.

Noms des Villes, Fleuves, Lacs, Montagnes, &c.	*Différence des Méridiens en* H. M. S.	*en* D. M. S.	*Latitude ou hauteur du Pôle.* D. M. S.
Ceylan. Isle.			
Harris	5. 25. 20. or.	81. 20.	
Cham-Cheu.			
P. Noël	9. 8. 44.	137. 11.	
Cham-Xo.			
P. Noël	9. 12. 24.	138. 6.	31. 38. 56.
Chan-Cheu.			
P. Noël	8. 52. 32.	133. 8.	25. 52. 30. p. 32. 25. 53. *Ib.* 25. 54. 25. *Ib.*
Chandernagor. Ind.			
De la Hire	5. 43. 0. or.	85. 45. 0.	22. 54. 0.
Des Places	5. 43. 0.	85. 45. 0.	22. 54. 0.
Chandou. *Voy.* Ciandou.			
Changtou.			
P. Gaubil	Au N. NE. de Péking		42. 22.
Chao Kim.			
P. Noël	8. 41. 28.	130. 22.	23. 3.
Chao Tchun			
P. Gauéil	7. 22. 48.	110. 42.	24. 51.
Chartres.			
Lieutaud. Des Places	0. 3. 20. oc.	0. 50. 0.	48. 27. 0.
Chasgar. *Voyez.* Casgar.			
Chatcheou.			
P. Gaubil	6. 12. 46.	93. 11. 30.	40. 20.
Chèrbourg.			
Lieutaud	0. 16. 8. oc.	4. 2. 0.	49. 38. 20.
De la Hire	0. 16. 0.	4. 0. 0.	49. 38. 10.
Des Places	0. 16. 8.	4. 2. 0.	49. 38. 0.
Chester.			
Des Places	0. 20. 25. oc.	5. 8. 45.	53. 13. 0.
Street	0. 19. 10. oc.	4. 47. 30.	53. 10. 0.

Noms des Villes, Fleuves, Lacs, Montagnes, &c.	*Différence des Méridiens en*			*en*			*Latitude ou hauteur du Pôle.*		
	H.	M.	S.	D.	M.	S.	D.	M.	S.
Cheuson à la Chine.									
Harris	7.	7.	20. or.	106.	50.	0.	30.	0.	0.
Chi Cheu									
P. Noël	8.	59.	44.	134.	56.				
Chin Kiam									
P. Noël	9.	7.	4.	136.	46.		32.	14.	p. 25.
Choram Insula vix MMP. Goâ distans.									
P. Noël	4.	43.	10.	70.	47.	30.			
Ciandu, *ou* Chandou. *Voyez* Changton.									
Cien-Hien.									
P. Noël	8.	55.	36.	133.	54.				
Cim-Ho.									
P. Noël	9.	5.	36.	136.	24.				
Cim-Ngan.									
P. Noël	8.	50.	56.	132.	44.				
Cim-Yven.									
P. Noël	8.	43.	56.	130.	54.				
Clèrmont en Auvèrgne.									
Lieutaud	0.	3.	0. or	0.	45.	0.	45.	42.	0.
De la Hire	0.	3.	0.	0.	45.	0.	45.	51.	15.
Des Places	0.	3.	0.	0.	45.	0.	45.	51.	15.
Cochin, aux Indes.									
Harris	4	54.	20.	73.	35.	0.	9.	25.	0.
Cologne.									
Lieutaud	0.	19.	0. or	4.	45.	0.	50.	55.	0.
Des Places	0.	19.	0.	4.	45.	0.	50.	50.	0.
De la Hire	0.	20.	0.	5.	0.	0.	50.	50.	0.
Compostelle.									
De la Hire	0.	48.	0. oc.	12.	0.	0.	42.	58.	0.

Noms des Villes, Fleuves, Lacs, Montagnes, &c.	*Différence des Méridiens en* H.	M.	S.	*en* D.	M.	S.	*Latitude ou hauteur du Pôle.* D.	M.	S.
La Conception en Amérique.									
Lieutaud	5*	2	10 oc.	75	32	30	36*	42	53
Des Places	5	2	14	75	33	30	36	44	30
Conimbre.									
Harris	0	47	40 oc.	11	55	0	40	30	0
Constantinople.									
Lieutaud	1*	46	14 or.	26	33	30	41*	6	0
Chazelles	1	46	0	26	33	0	41	1	0
De la Hire	1	58	0	29	30	0	41	0	0
Des Places	1	46	14	26	33	30	41	6	0
Harris	1*	59	20	29	50	0	41	7	0
Street	1	56	0	29	0	0	41	6	0
Corck.									
Street	0	39	10 oc.	9	47	30	51	45	0
La Tour de Cordouan.									
De la Hire. Des Places	0	14	17 oc.	3	36	45	45	35	0
Corvo. Isle.									
Harris	2	14	40 oc.	33	40	0	40	3	0
Copenhague.									
Lieutaud	0*	41	41 or.	10	25	15	55*	40	45
De la Hire	0	41	41	10	25	15	55	40	35
Des Places	0	41	41	10	25	15	55	41	0
Harris	0*	41	20	10	20	0	55	40	0
Cracovie.									
Lieutaud	1	10	0 or.	17	30	0	50	10	0
De la Hire	1	12	0	18	0	0	50	10	0
Des Places	1	12	0	18	0	0	50	10	0
Harris	1	10	40	17	40	0	50	10	0
Street	1	11	50	17	57	30	49	18	0

Noms des Villes, Fleuves, Lacs, Montagnes, &c.	*Différence des Méridiens en*			*en*			*Latitude ou hauteur du Pôle.*		
	H.	M.	S.	D.	M.	S.	D.	M.	S.
Cusco au Pérou.									
De la Hire	5.	4.	0. *oc.*	76.	0.	0.	12.	25.	0.
Des Places	5.	4.	0.	76.	0.	0.	12.	25.	0.
Harris	5.	4.	10.	76.	2.	30.	12.	25.	0.
Damas en Syrie.									
Street	2.	26.	30. *or.*	36.	42.	30.	34.	0.	0.
Dantzic.									
Lieutaud & Des Places	1.	4.	44. *or.*	16.	11.	0.	54.	22.	0.
De la Hire	1.	7.	0.	16.	45.	0.	49.	56.	40.
Harris	1.	7.	20.	16.	16.	0.	54.	22.	0.
Street	1.	6.	50.	16.	42.	30.	54.	23.	0.
Dieppe.									
Lieutaud	0.	4.	44. *oc.*	1.	11.	0.	49.	56.	40.
De la Hire	0.	4.	45.	1.	11.	15.	49.	56.	40.
Des Places	0.	4.	44.	1.	11.	0.	49.	57.	0.
Harris	0.	4.	40.	1.	11.	0.	49.	56.	0.
Digne, en Dauphiné.									
Street	0.	16.	50. *or.*	4.	12.	30.	44.	6.	0.
Dijon.									
Lieutaud	0.	10.	0. *or.*	2.	30.	0.	47.	20.	0.
Des Places	0.	10.	40.	2.	40.	0.	47.	20.	0.
De la Hire	0.	11.	20.	2.	50.	0.	47.	20.	0.
Douvres.									
Des Places	0.	4.	19. *oc.*	1.	4.	45.	51.	5.	58.
Dublin.									
Des Places	0.	38.	0. *oc.*	9.	30.	0.	53.	11.	0.
Harris	0.	36.	40.	9.	10.	0.	53.	12.	0.
Street	0.	35.	10.	8.	47.	30.	53.	2.	0.
Dunkerque.									
Lieutaud	0.	0.	3. *or.*	0.	0.	45.	51.	1.	30.
De la Hire	0.	0.	3.	0.	0.	45.	51.	1.	0.
Des Places	0.	0.	3.	0.	0.	45.	51.	1.	0.
Harris	0.	0.	11. *oc.*	0.	5.	15.	51.	1.	30.
Street	0.	0.	20. *or.*	0.	5.	0.	51.	1.	30.

Noms des Villes, Fleuves, Lacs, Montagnes, &c.	*Différence des Méridiens en*			*en*			*Latitude ou hauteur du Pôle.*		
	H.	M.	S.	D.	M.	S.	D.	M.	S.
Durazzo, en Dalmatie.									
Harris	1.	11.	40. *or.*	17.	54.	45.	41.	58.	0.
Edimbourg.									
Lieutaud	0.	21.	41 *oc.*	5.	25.	15.	55.	38.	0.
De la Hire	0.	20.	20.	5.	5.	0.	55.	47.	0.
Des Places	0.	20.	0.	5.	0.	0.	56.	10.	0.
Harris	0*.	20.	40.	5.	10.	0.	55.	57.	0.
Street	0.	21.	10.	5.	17.	30.	55.	57.	0.
Embden.									
Harris	0*.	22.	20.	5.	30.	0.	53.	5.	0.
Embrun.									
Lieutaud	0.	17.	20. *or.*	4.	20.	0.	44.	40.	0.
Des Places	0.	16.	0.	4.	0.	0.	44.	34.	0.
Montagne, d'où sort l'Ergut, rivière, ou le Goeulcou.									
P. Gaubil	6.	9.	26. *or.*	100.	51.	30.	52.	30.	0.
Sources de l'Ertchis.									
P. Jartoux	6.	9.	26. *or.*	92.	21.	30.	46.	4.	0.
L'Isle de Fèr. *Voyez* Fèr.									
Ferrare.									
Lieutaud	0*.	37.	5. *or.*	9.	20.	0.	44*.	54.	0.
De la Hire	0.	39.	3.	9.	45.	45.	44.	54.	15.
Des Places	0.	37.	44.	9.	26.	0.	44.	54.	0.
Fez, en Afrique.									
Harris	0.	32.	40. *oc.*	8.	10.	0.	28.	5.	0.
La Fléche.									
Lieutaud. Des Places	0.	9.	52. *oc.*	2.	28.	0.	47*.	42.	0.
De la Hire	0.	9.	52.	2.	28.	0.	47.	41.	40.

Noms des Villes, Fleuves, Lacs, Montagnes, &c.	*Différence des Méridiens en*			*en*			*Latitude ou hauteur du Pôle.*		
	H.	M.	S.	D.	M.	S.	D.	M.	S.
Florence.									
Lieutaud	0*	35	58 *or*	8	59	30	43*	46	30
De la Hire	0	38	30	9	37	30	43	41	0
Des Places	0	35	58	8	59	30	43	47	0
Harris	0*	38	20	9	35	0	43	41	0
Street	0	33	0	8	15	0	43	41	0
Francfort, sur le Mein.									
Lieutaud	0	25	0 *or*	6	15	0	49	55	0
De la Hire	0	24	40	6	10	0	50	4	0
Des Places	0	24	40	6	10	0	50	4	0
Harris	0	25	20	6	15	20	40	4	0
Street	0	22	0	5	30	0	50	10	0
Frascati.									
P. Borgondio.	0	42	44	10	41	0	41	45	0
Fu Cheu.									
P. Noël	8	56	24	134	6				
Fum Chim.									
P. Noël	8	49	28	132	22				
Fum Sin.									
P. Noël	8	51	28	132	52				
Gand.									
Lieutaud	0	6	20 *or*	1	35	0	51*	3	0
De la Hire	0	6	0	1	30	0	51	1	0
Des Places	0	5	8	1	17	0	51	3	0
Harris	0*	6	20	1	42	45	51	1	0
Street	0	6	19	1	35	0	50	55	0
Génes.									
Lieutaud. Des Places	0	25	3 *or*	6	15	45	44*	25	0
De la Hire	0	25	3	6	16	45	44	25	0
Harris	0	30	0	7	35	0	44	27	0

Noms des Villes, Fleuves, Lacs, Montagnes, &c.	*Différence des Méridiens en*						*Latitude ou hauteur du Pôle.*		
	H.	M.	S.	D.	M.	S.	D.	M.	S.
Genêve.									
Lieutaud. Des Places	0.	16.	0. or.	4.	0.	0.	46.	12.	0.
Harris	0.	18.	20.	4.	45.	0.	46.	22.	0.
Street	0.	17.	0.	5.	15.	0.	46.	15.	0.
Giti.									
P. Gaubil	*	5.	8.	46.	77.	11.	30.	28.	20.
Goa.									
Lieutaud. Des Places	4.	45.	40. or.	71.	25.	0.	15.	31.	0.
De la Hire	4.	46.	0.	71.	30.	0.	15.	30.	0.
Harris	4.	46.	20.	71.	35.	0.	15.	30.	0.
P. Noël							15.	31.	30.
Goes, en Zéelande.									
Des Places	0.	6.	48.	1.	42.	0.	51.	30.	30.
Harris	0.	8.	20. or.	2.	5.	0.	51.	30.	0.
Gooulcou, rivière. Sa Source. Elle s'appelle encore Ergut. *Voyez ce mot.*									
P. Gaubil	6.	43.	26.	100.	51.	30.	52.	30.	
L'Isle Gorée, près du Cap-Vèrd.									
De la Hire	1.	17.	40. oc.	19.	25.	0.	14.	39.	51.
Des Places	1.	17.	40.	19.	25.	0.	14.	39.	51.
Harris	1.	0.	30.	15.	7.	30.	14.	43.	0.
Gratz.									
Street	0	54.	0. or.	13.	33.	0.	47.	0.	2.
Greenvich. Obsèrvatoire Royal d'Anglet.									
Harris	0.	8.	40. oc.	2.	10.	0.	51.	28.	30.
Des Places	0.	9.	10.	2.	27.	30.	51.	29.	0.

Noms des Villes, Fleuves, Lacs, Montagnes, &c.	Différence des Méridiens en			en			Latitude ou hauteur du Pôle.		
	H.	M.	S.	D.	M.	S.	D.	M.	S.
Grenoble.									
Lieutaud	0.	12.	48. *or.*	3.	12.	0.	45.*	11.	1.
De la Hire	0.	15.	0.	3.	45.	0.	45.	16.	0.
Des Places	0.	12.	48.	3.	12.	0.	45.	11.	0.
Harris	0*.	15.	20.	3.	50.	0.	45.	16.	0.
Street	0.	17.	0.	4.	15.	0.	45.	12.	0.
La Guadaloupe.									
Des Places	4.	15.	15. *oc.*	63.	48.	45.	16.	20.	0.
Harris	4*.	0.	50.	60.	12.	30.	14.	0.	0.
Source de la rivière Hai-Tou.									
P. Gaubil	6.	48.	6.	82.	1.	30.	43.	0.	0.
Hambourg.									
De la Hire	*.	33.	0. *or.*	8.	15.	0.	53.	41.	0.
Des Places	0.	33.	0.	8.	15.	0.	53.	41.	0.
Harris	0*.	33.	20.	8.	20.	0.	53.	41.	0.
Street	0.	30.	0.	7.	30.	0.	53.	43.	6.
Hami.									
P. Gaubil	6.	13.	18.	93.	19.	30*.	42.	53.	20.
Hankeou.									
P. Gaubil	7.	25.	25.	111.	51.	15.	30.	36.	
Camp de Harcas.									
P. Gaubil	5.	7.	26.	76.	51.	30.	46.	6.	
Le Havre de Grace.									
De la Hire	0.	8.	40. *oc.*				49.	30.	0.
Des Places	0.	8.	40.	2.	10.	0.	49.	30.	0.
Harris	0.	8.	10. *oc.*	2.	23.	0.	49.	30.	0.
La Haye.									
Des Places	0.	9.	16. *or.*	2.	19.	0.	52.	4.	0.

Noms des Villes, Fleuves, Lacs, Montagnes, &c.	*Différence des Méridiens en*			*en*			*Latitude ou hauteur du Pôle.*		
	H.	M.	S.	D.	M.	S.	D.	M.	S.
Heidelberg.									
Harris	0.	28.	20. *or.*	7.	5.	0.	49.	20.	0.
Street	0.	26.	0.	6.	30.	0.	49.	36.	0.
Hia Kiam.									
P. Noel	8.	52.	8.	133.	2.				
Hian Xan.									
P. Noel	8.	43.	56.	130.	59.				
Hiu y									
P. Noel	9.	3.	40.	135.	55.				
Hoaingan. près Nankin.									
P. Noël	7.	47.	0.	136.	33.	45.	33.	31.	15.
								31.	45.
							32.	32.	20.
							33.	51.	20.
							33.	32.	
P. Gaubil							30.	36.	0.
Harris	7.	46.	49. *or.*	16.	39.	45.	33.	35.	0.
Holin, au Nord du désert de Sâbles.									
P. Gaubil	6.	54.	42.	103.	40.	30.	44.	11.	
Hotcheou.									
P. Gaubil	6.	54.	54.	103.	43.	30.	30.	10.	
Source de l'Hotomni.									
P. Gaubil	5.	29.	26.	82.	51.	30.	39.	50.	
l'Hotomni, se perd dans les Sâbles.									
P. Gaubil	5.	35.	26.	83.	51.	30.	39.	20.	
Hou-Hou-Tou, lac.									
P. Gaubil	6.	5.	26.	91.	21.	30.	48.	4.	

Noms des Villes, Fleuves, Lacs, Montagnes, &c.	Différence des Méridiens en			en			Latitude ou hauteur du Pôle.		
	H.	M.	S.	D.	M.	S.	D.	M.	S.
Hukeu.									
P. Noel	8.	52.	32.	133.	38.				
Hull.									
Street	0.	11.	0. oc.	2.	45.	0.	53.	50.	0.
Jamaïque. Port Royal.									
Harris	5*.	12.	40. oc.	76.	10.	0.	17.	40.	0.
Jao-Cheu.									
P. Noel	8.	56.	52.	134.	13.				
Source de la Jéniſcia.									
P. Gaubil	6.	39.	26.	99.	51.	30.	53.	0.	
Jéruſalem.									
Lieutaud	2.	12.	0. or.	34.	0.	0.	31.	50.	0.
De la Hire	2.	34.	32.	38.	38.	0.	31.	38.	30.
Des Places	2.	14.	0.	33.	30.	0.	31.	50.	0.
Street	2.	20.	0.	35.	0.	0.	32.	10.	0.
Inſpruck.									
Harris	0*.	38.	20. or.	9.	35.	0.	47.	15.	0.
Irghen, ville.									
P. Gaubil	5.	25.	4.	81.	11.	30.	38.	20.	
Source de l'Irtis.									
P. Gaubil	6.	9.	26.	92.	21.	30.	46.	4.	
Irtitche, riv.									
P. Gaubil	6.	7.	26.	91.	51.	30.	46.	4.	
Source de l'Ili.									
P. Gaubil	5.	29.	26.	82.	21.	30.	43.	35.	
Imte, ville.									
P. Gaubil	8.	35.	44.	128.	56.	0.	24.	8.	0.

Noms des Villes, Fleuves, Lacs, Montagnes, &c.	*Différence des Méridiens en*			*en*			*Latitude ou hauteur du Pôle.*		
	H.	M.	S.	D.	M.	S.	D.	M.	S.
l'Isle de Fèr.									
De la Hire	1.	22.	0.	18.	0.	0.	28.	5.	0.
Harris	1.	4.	20.	16.	5.	0.	29.	5.	0.
Ispahan.									
Lieutaud	3.	22.	0. *or.*	50.	30.	0.	32.	25.	0.
De la Hire	4.	14.	0.	63.	30.	0.	32.	40.	0.
Des Places	3.	22.	0.	50.	30.	0.	32.	30.	0.
Harris	4.	11.	20.	62.	5.	0.	36.	14.	0.
Kan-hay. *Voyez.* Lop omo, *ou* lac.									
Kanton. *Voyez.* Canton.									
Kao Ym.									
P. Noel	9.	6.	32.	136.	38.				
Kébeck.									
Lieutaud Des Places	4*	48.	52. *oc.*	72.	13.	0.	46*	55.	0.
De la Hire	4.	50.	0.	72.	30.	0.	46.	55.	0.
Harris	4*	48.	4.	72.	1.	0.	47.	0.	0.
Kem. *Voyez* Oby, riv.									
Source du Kérolen ou Kèrlon, dans les monts Kentehan.									
P. Jartoux	7*	7.	14.	106.	48.	30.	48.	33.	
Kèrtouma.									
P. Gaubil	5*	8.	46.	77.	11.	30.	29.	15.	
Kia Him.									
P. Noel	9.	15.	8.	138.	47.				
Kia Tim.									
P. Noel	4.	15.	8.	138.	47.				
Kia Xen.									
P. Noel	9.	12.	48.	138.	22.				

Noms des Villes, Fleuves, Lacs, Montagnes, &c.	*Différence des Méridiens en* H. M. S.	*en* D. M. S.	*Latitude ou hauteur du Pôle.* D. M. S.
Kiam Pu.			
P. Noel	9. 3. 56.	135. 59.	
Source du grand Kiang.			
P. Gaubil	5. 49. 26.	87. 21. 30.	35. 30. 0.
Kia-yu-koan.			
P. Gaubil	{ 6. 23. 42. 6. 25. 50.	95. 55. 30. 96. 20. 30.	*39. 49. 20.
Kie Ngan.			
P. Noel	8. 51. 32.	132. 53.	
Kie Xui.			
P. Noel	8. 57. 24.	133. 21.	
Kien Cham, dans la Province de Kiamsi.			
P. Noel	{ 8. 53. 20. 8. 57. 20.	133. 20. 134. 20.	
Kien Kiam.			
P. Noel	8. 53. 48.	133. 27.	
Kien Tan.			
P. Noel	9. 7. 32.	136. 53.	
Kiu Yum.			
P. Noel	9. 5. 36.	136. 24.	
Source du Kolon.			
P. Gaubil	7. 4. 6.	106. 1. 30.	48. 30.
Le Kolon se jette dans l'Orgoun.			
P. Gaubil	6. 56. 6.	102. 31. 30.	49. 0.

Noms des Villes, Fleuves, Lacs, Montagnes, &c.	*Différence des Méridiens en*			*en*			*Latitude ou hauteur du Pôle.*		
	H.	M.	S.	D.	M	S.	D.	M.	S.
Kong-Ki-Tao, Capitale de la Corée.									
							37.	30.	19.
P. Gaubil	7.	36.	8.	114.	2.	0.	37.	27.	
Konigſberg.									
Harris	1*.	13.	20. or.	18.	20.	0.	54.	43.	0.
Camp de Kor.									
P. Gaubil	5.	34.	22.	83.	35.	30.	45.	15.	
Kouke.									
P. Gaubil	* 5.	9.	26.	76.	21.	30.	29.	50.	
Langres.									
Lieuraud	0.	12.	0. or.	3.	0.	0.	47.	51.	0.
Des Places	0.	12.	6.	3.	1.	30.	47.	50.	50.
Lanka, lac.									
P. Gaubil	* 5.	9.	26.	77.	21.	30.	29.	50.	
Lac au deſſus de Lanka.									
P. Gaubil	* 5.	8.	6.	77.	1.	30.	30.	45.	
Source du Lantſan.									
P. Gaubil	6.	8.	46.	92.	11.	30.	34.	30.	0.
Lapama, lac.									
P. Gaubil	* 5.	12.	6.	78.	1.	30.	29.	50.	0.
Laſſa, ville.									
PP. Gèrbillon & Dorville							* 29.	6.	
Latac.									
P. Gaubil	* 4.	56.	46.	74.	11.	30.	30.	45.	
Leghorn.									
Harris	0.	42.	20. or.	10.	35.	0.	43.	18.	0.
Lentz, en Autriche.									
Harris	0*.	51.	20. or.	12.	50.	0.	48.	16.	0.

Leyde,

Noms des Villes, Fleuves, Lacs, Montagnes, &c.	*Différence des Méridiens en* H.	M.	S.	*en* D.	M.	S.	*Latitude ou hauteur du Pôle.* D.	M.	S.
Leyde.									
Street	0.	9.	0. or.	2.	15.	0.	52.	10.	0.
Liampo. *Voyez* Nimgpo.									
Liége.									
Lieutaud } De la Hire }	0.	15.	0.	3.	45.	0.	50.	40.	0.
Harris	0.	15.	20.	3.	50.	0.	50.	40.	0.
Des Places	0.	14.	0.	3.	30.	0.	50.	40.	0.
P. Maire	*0.	14.	45.	3.	41.	15.	50.	39.	0.
Likiangfou.									
P. Gaubil	6.	31.	26.	97.	51.	30.			
Lie Yam.									
P. Noel	9.	8.	8.	137.	2.	26.	523		0.
Lin Kiam.									
P. Noel	8.	48.	12.	132.	3.				
Lima au Pérou.									
Lieutaud	5*.	33.	0.	83.	15.	0.	12.	36.	0.
De la Hire	5.	33.	0. oc.	83.	15.	0.	12.	40.	0.
Des Places	5.	33.	0.	83.	15.	0.	12.	20.	0.
Harris	5*.	32.	40.	83.	10.	0.	12*.	20.	0.
Lincoln.									
Street	0.	11.	0.	2.	45.	0.	53.	15.	0.
Lipsick.									
Lieutaud	0.	40.	0. oc.	10.	0.	0.	51*.	19.	14.
De la Hire	0.	44.	0.	11.	0.	0.	51.	19.	15.
Des Places	0.	40.	0.	10.	0.	0.	51.	19.	14.
Harris	0*.	44.	20.	11.	5.	0.	51.	19.	0.
Lisbone.									
Des Places-Lieutaud	0.	43.	0. oc.	10.	45.	0.	38*.	45.	0.
De la Hire	0.	52.	0.	13.	0.	0.	38.	40.	0.
Haris	0*.	50.	40.	12.	40.	0.	38.	50.	0.

Noms des Villes, Fleuves, Lacs, Montagnes, &c.	*Différence des Méridiens en*			*en*			*Latitude ou hauteur du Pôle.*		
	H.	M.	S.	D.	M.	S.	D.	M.	S.
Lisieux.									
Lieutaud	0.	8.	20. *oc.*	2.	5.	0.	49.	11.	0.
Lisle.									
Lieutaud	0.	3.	0. *or.*	0.	45.	0.	50.	38.	0.
Des Places	0.	2.	40.	0.	40.	0.	50.	40.	0.
Liverpool.									
Street	0.	20.	0. *oc.*	5.	0.	0.	53.	22.	0.
Livourne.									
Des Places	0*	32.	8. *or.*	8.	2.	0.	43.	33.	0.
Loangtcheou.									
P. Gaubil	*6.	39.	44.	99.	55.	30.	*37.	59.	0.
Londres.									
Lieutaud	0*	9.	41. *or.*	2.	25.	15.	51*	31.	0.
De la Hire	0.	9.	10.	2.	17.	30.	51.	29.	30.
Des Places	0.	9.	41.	2.	25.	15.	51.	31.	0.
Harris	0*	9.	10.	2.	25.	51.	15.	32.	0.
Street	0*	10.	0.	2.	30.	0.	51.	52.	0.
Lop omo, 1. lac.									
P. Gaubil	5.	15.	26.	78.	51.	30.	42.	20.	
Louvain.									
Street	0.	10.	0. *or.*	2.	60.	0.	50.	50.	0.
Lu hi.									
P. Noel	8.	58.	52.	134.	43.				
Lyon.									
Lieutaud	0*	10.	0. *or.*	2.	25.	0.	45.	45.	20.
De la Hire	0*	10.	18.	2.	34.	30.	45.	45.	20.
Des Places	0.	9.	39.	2.	24.	45.	45.	45.	0.
Harris	0*	11.	20.	2.	50.	0.	51.	32.	0.
Lypen passe.									
PP. Jartoux, Frédeli & Bonjour	6.	52.	0.	103.	0.	0.	*49.	26.	47.

Noms des Villes, Fleuves, Lacs, Montagnes, &c.	*Différence des Méridiens en*			*en*			*Latitude ou hauteur du Pôle.*		
	H.	M.	S.	D.	M.	S.	D.	M.	S.
Macao.									
Lieutaud	7.	23.	13. *or.*	110.	48.	0.	22.	12.	0.
De la Hire	7.	23.	48.	110.	57.	0.	22.	12.	0.
De Places	7.	23.	13.	110.	48.	15.	2.	12.	0.
Harris	7*	36.	0.	114.	10.	45.	22.	13.	0.
P. Noel	7.	24.	30.	114.	5.	0			
Madagascar, baye de la tèrre de Gad.									
Harris	3.	6.	40.	46.	40.	0.	19.	29.	0.
Madrid.									
Lieutaud	0*	22.	0. *oc.*	5.	30.	0.	40.*	26.	0.
De la Hire	0.	24.	0.	6.	0.	0.	40.	14.	0.
Des Places	0.	22.	40.	5.	40.	0.	40.	26.	0.
Harris	0.	21.	40.	5.	25.	40.	40.	10.	0.
Street	0.	22.	41.	5.	30.	0.	40.	14.	0.
Majorque.									
Harris	0*	0.	49. *or.*	0.	9.	45.	39.	35.	0.
Malaca.									
Lieutaud. Des Places	6*	39.	0. *or.*	99.	45.	0.	2.	12.	0.
De la Hire	6.	31.	20.	92.	50.	0.	2.	42.	0.
Harris	6*	31.	20.	97.	50.	0.	2.	42.	0.
P. Noel	6.	30.	33.	97.	38.	15.			
S. Malo.									
Lieutaud	0*	18.	0. *oc.*	4.	30.	0.	48*	38.	30.
De la Hire	0.	18.	0.	4.	30.	0	48.	38.	20.
Des Places	0.	18.	0.	4.	30.	0.	48.	38.	0.
Malte.									
Lieutaud	0.	48.	40. *or.*	12.	10.	0.	35*	54.	26.
De la Hire	0.	48.	34.	12.	8.	30.	35.	54.	0.
Des Places	0.	48.	35.	12.	8.	45.	35.	53.	0.
Manas.									
P. Gaubil	5.	38.	46.	84.	41.	30.	45.	0.	

Noms des Villes, Fleuves, Lacs, Montagnes, &c.	*Différence des Méridiens en*			*en*			*Latitude ou hauteur du Pôle.*		
	H.	M.	S.	D.	M.	S.	D.	M.	S.
Mancheſter.									
Street	0.	19.	0. *oc.*	4.	45.	0.	53.	24.	0.
Manille.									
Lieutaud	7.	52.	0. *or.*	218.	0.	0.	14.	30.	0.
le Mans.									
Lieutaud	0.	9.	0. *oc.*	2.	15.	0.	47.	58.	0.
De la Hire	0.	8.	50.	2.	12.	30.	48.	3.	30.
Des Places	0.	8.	50.	2.	12.	30.	48.	3.	30.
Mantoue.									
De la Hire	0.	35.	0. *or.*	8.	45.	0.	45.	11.	0.
Des Places	0.	35.	0.	8.	45.	0.	45.	11.	0.
Marſeille.									
Lieutaud	0*.	12.	28. *or.*	3.	7.	0.	43*.	19.	30.
De la Hire	0*.	12.	30.	3.	7.	30.	43.	19.	45.
Des Places	0.	12.	28.	3.	7.	0.	43.	19.	0.
Harris	0*.	12.	50.	3.	12.	30.	43.	20.	0.
Street	0.	12.	0.	3.	0.	0.	43.	20.	0.
la Martinique.									
Lieutaud	4.	13.	15. *oc.*	63.	18.	45.	14.	43.	9.
De la Hire	4.	14.	45.	63.	41.	15.	14.	44.	0.
Des Places	4.	13.	16.	63.	19.	0.	14.	44.	0.
Harris	4*.	12.	40.	63.	10.	0.	14.	44.	0.
Confluent du Matcheou & du Gange.									
P. Gaubil	4*.	49.	26.	72.	21.	30.	29.	35.	
Mayence.									
Lieutaud	0.	24.	0. *or.*	6.	0.	0.	49.	54.	0.
Des Places	0.	22.	40.	5.	40.	0.	50.	2.	0.
Meaux.									
Des Places	0.	2.	15. *oc.*	0.	33.	45.	48.	56.	30.

Noms des Villes, Fleuves, Lacs, Montagnes, &c.	*Différence des Méridiens en*			*en*			*Latitude ou hauteur du Pôle.*		
	H.	M.	S.	D.	M.	S.	D.	M.	S.
Messine.									
De la Hire	0	17	0 or	4	15	0	49	14	0
Des Places	0	55	45	13	56	15	38	21	0
Harris	0	57	20	14	20	0	38	21	0
Metz.									
Des Places	0	17	0 or	4	15	0	49	14	0
Méxique.									
Lieutaud	7	4	0 oc	106	0	0	20*	0	0
De la Hire	7	10	0	107	30	0	20	10	0
Des Places	7	4	0	106	0	0	20	0	0
Harris	6*	57	40	104	25	0	20	6	0
Street	7*	0	0	105	0	0	20	6	0
Mila.									
P. Gaubil	4*	48	6	72	1	30	28	40	
Milan.									
Lieutaud	0	28	0 or	7	0	0	45	25	0
De la Hire	0	26	20	6	35	0	45	20	0
Des Places	0	26	20	6	35	0	45	20	0
Street	0	23	0	5	45	0	45	25	0
Modène.									
Lieutaud	0*	15	30	8	50	30	44	34	0
De la Hire	0	36	26	9	6	30	44	38	50
Des Places	0	35	30	8	52	30	44	30	0
Montagnes d'où vient la Jénisia.									
P. Gaubil	6	39	26	99	51	30	53	0	
Montpellier.									
Lieutaud	0*	6	10 or	1	32	0	43*	36	50
De la Hire	0	6	10	1	32	30	43	36	40
Des Places	0	6	10	1	32	30	43	37	0
Harris	0*	6	20	1	35	0	43	36	0
Street	0	5	0	1	15	0	43	36	0

Noms des Villes, Fleuves, Lacs, Montagnes, &c.	*Différence des Méridiens en*			*en*			*Latitude ou hauteur du Pôle.*		
	H.	M.	S.	D.	M.	S.	D.	M.	S.
Moscou.									
Lieutaud	2.	32.	0. *or*.	38.	0.	0.	55*.	36.	0.
De la Hire	2.	38.	0.	39.	30.	0.	55.	18.	0.
Des Places	2.	28.	0.	37.	0.	0.	55.	30.	0.
Harris	2*.	26.	30.	36.	37.	30.	55.	34.	0.
Street	2.	35.	0.	38.	45.	0.	55.	30.	0.
Munich, en Bavière.									
Lieutaud	0.	37.	0. *or*.	9.	15.	0.	48.	2.	0.
De la Hire	0.	38.	10.	9.	32.	30.	48.	58.	0.
Des Places	0.	38.	0.	9.	40.	0.	48.	18.	0.
Harris	0.	39.	20.	9.	50.	0.	48.	56.	0.
Munster.									
Street	0*.	20.	19.	5.	4.	44.	52.	0.	0.
Nam Cham.									
P. Gaubil							28.	0.	0.
P. Noel	8.	54.	4.	133.	31.		28.	35.	0.
Nam Kam.									
	8.	54.	4.	133.	31.		28.	35.	
P. Noël							28.	39.	52.
Namur.									
Harris	0*.	11.	20. *or*.	2.	45.	0.	50.	25.	0.
Nan-Fum.									
P. Noel	8.	56.	48.	134.	12.	0	28.	40.	50.
Nan-chan-fou.									
P. Gaubil	Un peu à l'Ouest de Péking.							28.	0.
Nanci.									
Lieutaud	0.	15.	0. *or*.	3.	45.	0.	48.	40.	0.
De la Hire	0.	15.	30.	3.	52.	30.	47.	13.	0.
Des Places	0.	15.	48.	3.	57.	0.	48.	42.	0.
Harris	0*.	18.	20.	4.	35.	0.	48.	39.	0.
Nangasachi au Japon.									
Harris	8.	22.	20. *or*.	125.	35.	0.	23.	43.	0.

Noms des Villes, Fleuves, Lacs, Montagnes, &c.	*Différence des Méridiens en*			*en*			*Latitude ou hauteur du Pôle.*		
	H.	M.	S.	D.	M.	S.	D.	M.	S.
Nang yong.									
P. Gaubil	7.	12.	8. or.	110.	45.		23.	17.	0.
Nan Hium.									
P. Noel	8.	49.	52.	132.	28.		25.	15.	3.
Nan Kan.									
P. Noel	8.	51.	32.	132.	53.		29.	23.	
P. Gaubil							29.	30.	
Nankim.									
P. Noel	9.	4.	16.	136.	4.				
Nankin.									
P. Noel	7.	47.	12.	116.	3.	45.	32.	4.	50.
Nan-Ngan.									
P. Noel	8.	50.	24.	132.	36.		29.	14.	32.
Nantes.									
Lieutaud	0*	15.	30. oc.	3.	52.	30.	47*	13.	10.
De la Hire	0*	15.	30.	3.	52.	30.	47.	13.	0.
Des Places	0.	15.	30.	3.	52.	30.	47.	13.	0.
Harris	0*	15.	10.	3.	47.	30.	47.	13.	0.
Naples.									
Lieutaud	0.	49.	20. or.	12.	20.	0.	40*	48.	0.
De la Hire	0.	54.	0.	13.	30.	0.	41.	5.	0.
Des Places	0.	49.	20.	12.	20.	0.	41.	5.	0.
Harris	0*	54.	20.	13.	35.	0.	41.	5.	0.
Narbonne.									
Lieutaud	0*	2.	44. or.	0.	41.	0.	43*	11.	0.
De la Hire		0.	0.	0.	0.	0.	43.	15.	20.
Harris	0.	0.	20. oc.	0.	5.	0.	43.	15.	0.
Des Places	0.	2.	44.	0.	41.	0.	43.	10.	0.
Narſinga.									
Harris	5.	27.	20. or.	81.	50.	0.	18.	15.	0.
Newcaſtel.									
Street	0.	11.	0. or.	0.	45.	0.	55.	3.	0.

Noms des Villes, Fleuves, Lacs, Montagnes, &c.	*Différence des Méridiens en*			*en*			*Latitude ou hauteur du Pôle.*		
	H.	M.	S.	D.	M.	S.	D.	M.	S.
Ngam Kim.									
P. Noel	8.	58.	8.	134.	32.				
Ngan Tum.									
P. Noel	9.	7.	0.	136.	45.				
Ngan-y.									
P. Noel	8.	51.	40.	132.	55.				
Nice, en Provence.									
Harris	0.*	21.	20. or.	5.	20.	0.	43.	38.	0.
Des Places	0.	20.	16.	5.	4.	0.	43.	41.	30.
Ningpo ou Liampo, à la Chine.									
Harris	7.*	52.	20. or.	118.	5.	0.	29.	58.	0.
Nipchou, ville.									
P. Gaubil	6.	31.	26.	97.	51.	30.	51.	45.	
Nipchou, rivière. Sa source.									
P. Gaubil	6.	44.	46.	111.	11.	30.	53.	50.	
Nismes.									
Des Places	0.	8.	4. or.	2.	1.	0.	43.	51.	0.
Norwich.									
Street	0.	6.	0. oc.	0.	30.	0.	52.	44.	0.
Source du Noukang.									
P. Gaubil	6.	9.	26.	92.	21.	30.	33.	30.	0.
Nuremberg.									
Lieutaud	0.*	34.	59. or.	8.	44.	0.	49.*	26.	0.
De la Hire	0.	34.	15.	8.	33.	45.	49.	27.	20.
Harris	0.*	40.	20.	10.	5.	0.	49.	29.	0.
Street	0.	34.	30.	8.	37.	30.	49.	26.	30.
Source de l'Oby.									
P. Gaubil	9.	21.	26.	95.	21.	30.	49.	30.	

Olinde,

Noms des Villes, Fleuves, Lacs, Montagnes, &c.	*Différence des Méridiens en*			*en*			*Latitude ou hauteur du Pôle.*		
	H.	M.	S.	D.	M.	S.	D.	M.	S.
Olinde. Bresil.									
Lieutaud	2.	30.	0. oc.	37.	30.	0.	8.	13.	0.
De la Hire	2.	30.	0.	37.	30.	0.	8.	12.	50.
Des Places	2.	30.	0.	37.	30.	0.	8.	13.	0.
Harris	2.	29.	11.	37.	20.	15.	7.	48.	0.
Source de l'Onon, ou Amour.									
P. Gaubil	7.	8.	6.	107.	1.	30.	48.	25.	
L'Onon se jette dans un lac.									
P. Gaubil	7.	38.	46.	114.	41.	30.	48.	50.	
Orleans.									
Lieutaud	0.	1.	43. oc.	0.	26.	0.	47.	54.	0.
De la Hire	0.	1.	45.	0.	26.	15.	47.	53.	56.
Des Places	0.	1.	43.	0.	25.	45.	47.	54.	0.
Street	0.	4.	0.	1.	0.	0.	48.	0.	0.
Ormus.									
Des Places	3.	58.	0. or.	59.	30.	0.	27.	30.	0.
Ostende.									
Des Places	0.	2.	4. or.	0.	31.	0.	51.	10.	40.
Outé, ou Outi, ville.									
P. Gaubil	7.	2.	54.	105.	43.	30.	52.	25.	
Oute, ou Outi, rivière.									
P. Gaubil	7.	14.	46.	108.	41.	30.	51.	10.	
Oxford.									
Harris	0.	13.	40. oc.	3.	25.	0.	51.	44.	30.
Street	0.	15.	0.	3.	45.	0.	51.	43.	0.
Des Places	0.	14.	16.	3.	34.	0.	51.	35.	0.

Nn

Noms des Villes, Fleuves, Lacs, Montagnes, &c.	*Différence des Méridiens en* H. M. S.	*en* D. M. S.	*Latitude ou hauteur du Pôle.* D. M. S.
Ozaca, au Japon.			
Harris	8. 43. 20. *oc.*	130. 50. 0.	35. 5. 0.
Padoue.			
De la Hire	0. 36. 4. *or.*	9. 1.	0. 45. 31. 0.
Des Places	0. 36. 4.	9. 1.	0. 45. 31. 0.
Harris	0*. 36. 20.	9. 5.	0. 45. 31. 0.
Street	0. 36. 19.	9. 0.	0. 45. 6. 0.
Palkasi, lac.			
P. Gaubil	5. 4. 46.	76. 11.	30. 46. 50.
L'Isle de Palme.			
P. Noel	1. 27. 0.	21. 45.	0.
Par ym.			
P. Noel	9. 6. 24.	136. 36.	
Parin.			
P. Gaubil	7. 44. 22.	116. 5.	30. 43. 36.
Paris, à l'Obsèrvatoire.			
Lieutaud	0. 0. 0.	0. 0.	0. 48*. 50. 10.
De la Hire	0. 0. 0.	0. 0.	0. 48. 50. 0.
Des Places	0. 0. 0.	0. 0.	0. 48. 50. 1.
Harris	0. 8. 40. *or.*	2. 10.	0. 48. 56. 0.
Street	0*. 10. 0.	2. 17.	30. 48. 51. 0.
Parme, en Italie.			
De la Hire	0. 33. 50. *or.*	8. 27.	30. 44. 44. 50.
Des Places	0. 33. 50.	8. 27.	30. 44. 44. 50.
Pau.			
Lieutaud	0. 7. 36. *oc.*	2. 54.	0. 43*. 15. 0.
Des Places	0. 9. 56.	2. 29.	0. 43. 15. 0.

Noms des Villes, Fleuves, Lacs, Montagnes, &c.	*Différence des Méridiens en*			*en*			*Latitude ou hauteur du Pôle.*		
	H.	M.	S.	D.	M.	S.	D.	M	S.
Péking.									
De la Hire	7.	38.	0.	114.	30.	39.	0.	55.	0.
Des Places	7.	37.	6.	114.	16.	30.	39.	54.	0.
Lieutaud	7*	37.	6.	144.	16.	30.	39.	54.	0.
Harris	7*	42.	20.	115.	35.	0.	39.	55	0.
P. Noel	7.	36.	38.	114.	9.	30.			
P. Gaubil	7*	35.	26.	113.	51.	30.			
Pernambouc, *Voyez* Olinde									
Perpignan.									
Lieutaud, Des Places	0.*	2.	14. *or.*	0.	33.	30.	42.	41.	0.
Petersbourg.									
Lieutaud	1.	58.	0. *or.*	29.	30.	0.	60.	0.	0.
Pic des Açores.									
Lieutaud	2.	2.	0. *oc.*	30.	30.	0.	38.	35.	0.
Pic de Ténérif.									
Lieutaud	1.	12.	0. *oc.*	18	30.	0.	28.	30.	0.
Pi Cheu.									
P. Noel	9.	3.	12.	135.	48.				
Pise.									
Des Places	0.	32.	4. *or.*	8.	1.	0.	43.	42.	0.
Piti.									
P. Gaubil	*4.	49.	26.	72.	21.	30.	28.	40.	
Poitiers.									
Lieutaud	0.	8.	20. *oc.*	2.	5.	0.	46.	34.	0.
De la Hire	0.	7.	25.	1	51.	15.	46.	34.	30.
Des Places	0.	8.	40.	2.	10.	0.	46.	34.	30.
Pondicheri, aux Indes Orientales.									
De la Hire	5.	10.	0. *or.*	77.	30.	0.	11.	55.	0.
Des Places	5.	10.	0.	77.	30.	0.	11.	55.	0.
Harris	5*	11.	49.	78.	54.	45.	11.	54.	0.

Noms des Villes, Fleuves, Lacs, Montagnes, &c.	*Différence des Méridiens en*			*en*			*Latitude ou hauteur du Pôle.*		
	H.	M.	S.	D.	M.	S.	D.	M.	S.
Portobelo, en Amériq.									
Lieutaud	6.	37.	39.	98.	24.	45.			
Des Places	5.	28.	40. oc.	82.	10.	0.	9.	33.	0.
Pourima.									
P. Gaubil	* 5.	8.	46.	77.	11.	30.	28.	45.	
Poutala.									
P. Gaubil	5.	51.	34.	87.	53.	30.	29.	6.	0.
Poyan, lac.									
P. Gaubil.									
Commencement							28.	45.	0.
Fin							29.	57.	0.
Pragues.									
De la Hire Des Places	0.	49.	30. or.	12.	22.	30.	50.	4.	30.
Harris	0*	50.	20.	12.	35.	0.	50.	40.	0.
Street	0.	56.	0.	14.	0.	0.	50.	6.	0.
Pum-Ce.									
P. Noel	8.	55.	40.	133.	55.				
Qua Cheu.									
P. Noel	9.	6.	56.	136.	44.				
Quam Cham.									
P. Noel	8.	56.	4.	134.	1.				
Quanton. *Voyez* Canton.									
Quebec. *Voyez* Kebec.									
Quen-Xan.									
P. Noel	9.	12.	44.	138.	11.				
Rachol, aux Indes.									
P. Noel	4.	49.	1.	72.	15.	0.	15.		18.
Ratisbonne.									
Harris	0*	40.	20. or.	10.	5.	0.	48.	59.	0.
Street	0.	40.	0.	10.	0.	0.	49.	2.	0.

Noms des Villes, Fleuves, Lacs, Montagnes, &c.	Différence des Méridiens en			en			Latitude ou hauteur du Pôle.		
	H.	M.	S.	D.	M.	S.	D.	M.	S.
Reggio, en Italie.									
Harris	0.	47.	20. or.	11.	50.	0.	42.	25.	0.
Reims.									
Lieutaud	0.	7.	0. or.	1.	45.	0.	49.	15.	0.
Des Places	0.	7.	0.	1.	45.	0.	49.	18.	0.
Rennes.									
Lieutaud	0.	16.	20. oc.	4.	5.	0.	48.	3.	0.
Des Places	0.	17.	20.	4.	15.	0.	48.	3.	0.
De la Hire	0.	17.	0.	4.	15.	0.	48.	3.	0.
Rhodes.									
Chazelles							36.	26.	0.
Harris	2*.	4.	20 or.	30.	6.	0.	36.	42.	0.
Street	1.	44.	0.	26.	0.	0.	36.	46.	0.
La Rochelle.									
Lieutaud	0*.	13.	33. oc.	3.	23.	0.	46.	10.	15.
De la Hire	0.	14.	25.	3.	36.	15.	46.	10.	15.
Des Places	0.	13	33.	3.	23.	15.	46.	10.	0.
Harris	0*.	14.	10.	3.	32.	30.	46.	10.	0.
Rochester.									
Street	0.	8.	0. oc.	2.	0.	0.	51.	26.	0.
Rodèz.									
Lieutaud Des Places	0*.	0.	56. oc.	0.	14.	0.	44*.	20.	40.
Rome.									
Lieutaud Des Places	0*.	41.	20. or.	10.	20.	0.	41*.	54.	0.
De la Hire	0.	42.	0.	10.	30.	0.	41.	50.	0.
Harris	0*.	44.	20.	11.	5.	0.	41.	51.	0.
Street	0.	42.	0.	10.	30.	0.	41.	52.	0.
Rostoch.									
Harris	0*.	43.	20. or.	10.	50.	0.	54.	10.	0.

Noms des Villes, Fleuves, Lacs, Montagnes, &c.	*Différence des Méridiens en*			*en*			*Latitude ou hauteur du Pôle.*		
	H.	M.	S.	D.	M	S.	D.	M.	S.
Roterdam.									
De la Hire	0.	10.	0. *or.*	2.	30.	0.	51.	56.	0.
Harris	0*.	9.	20. *or.*	2.	20.	0.	51.	55.	0.
Rouen.									
Lieutaud	0.	5.	0. *oc.*	1.	15.	0.	49*.	27.	30.
De la Hire	0.	4.	50.	1.	12.	30.	49.	27.	30.
Des Places	0.	5.	0.	1.	15.	0.	49.	27.	0.
Salamanque.									
Harris	0.	24.	40. *oc.*	6.	10.	0.	41.	12.	0.
Street	0.	34.	0.	8.	30.	0.	41.	12.	0.
Salonique.									
Lieutaud	0*.	23.	12. *or.*	20.	48.	0.	40*.	41.	10.
Des Places	0.	23.	12.	20.	48.	0.	40.	41.	0.
San-Ken-ta-li, lac.									
P. Régis	6.	25.	26.	96.	21.	30.	49.	0.	
San-Xui.									
P. Noël	8.	42.	0.	130.	30.				
Source du Selingué.									
P. Gaubil	7.	39.	26.	94.	51.	30.	49.	20.	
Lieu où passe le Selingué.									
P. Jartoux, Frédeli & Bonjour	6.	44.	0.	101	0.	0.	*49.	6.	33.
Embouchure du Selingué dans le lac Paical.									
P. Gaubil	7.	1.	26.	105	21.	30.	54.	0.	0.
Sens.									
Lieutaud	0.	3.	33. *or.*	0.	54.	0.	48.	11.	0.
De la Hire. Des Places	0.	3.	40.	0.	55.	0.	48.	4.	0.

Noms des Villes, Fleuves, Lacs, Montagnes, &c.	*Différence des Méridiens* *en* H. M. S.	*en* D. M. S.	*Latitude ou hauteur du Pôle.* D. M. S.
Le Cap de Séte.			
De la Hire	0. 5. 30. *or.*	1. 22. 30.	43. 23. 30.
Des Places	0. 5. 30.	1. 22. 30.	43. 23. 30.
Séville.			
Harris	0*. 34. 40. *oc.*	8. 40. 0.	37. 36. 0.
Shrewſbury.			
Street	0. 21. 0. *oc.*	5. 15. 0.	52. 48. 0.
Siam.			
Lieutaud. Des Places	6*. 34. 0. *or.*	98. 30. 0.	14*. 18. 0.
De la Hire	6. 32. 35.	98. 8. 45.	14. 22. 0.
Harris	6*. 35. 20.	98. 50. 0.	14. 18. 0.
P. Noel	6. 33. 0.	98. 15. 0.	
Sang-yang.			
P. Gaubil	7. 17. 46.	109. 26. 30.	32. 6.
Sienne.			
Des Places	0. 36. 0. *or.*	9. 0. 0.	42. 22. 0.
Siganfou.			
P. Gaubil	*7. 0. 47.	105. 11. 45*.	34. 16. 45.
Source du Sihun.			
P. Gaubil	5. 9. 26.	77. 21. 30.	40.
Sin Chim.			
P. Gaubil	8. 59. 4.	134. 46.	
Sin Hoei.			
P. Gaubil	7. 16. 40.	109. 10. 0.	22. 26.
Sin Hoi.			
P. Gaubil	7. 19. 42.	109. 55. 30.	
Sining.			
P. Gaubil	6. 36. 23.	99. 5. 30*.	36.
Sin Kan.			
P. Noel	8. 52. 48.	133. 12.	

Noms des Villes, Fleuves, Lacs, Montagnes, &c.	*Différence des Méridiens en*			*en*			*Latitude ou hauteur du Pôle.*		
	H.	M.	S.	D.	M.	S.	D.	M.	S.
Siu Chu.									
P. Noel	8.	52.	4.	133.	46.				
Source du Sir.									
P. Gaubil	5.	11.	26.	77.	51.	30.	40.	10.	
ou		0.	26.		21.	30.			
Smyrne.									
Lieutaud	1*.	39.	59 or.	24.	59.	45.	38*.	28.	7.
P. Feuillée	1.	39.	59.	24.	59.	45.	28.	28.	0.
Harris	1*.	39.	20.	24.	50.	0.	38.	28.	0.
Des Places	1.	39.	59.	25.	0.	0.	38.	28.	0.
So Civem.									
P. Noel	9.	4.	12.	136.	3.				
Stetin.									
Street	0.	48.	0. or.	12.	0.	0.	53.	36.	0.
Stokolm.									
Lieutaud	1.	8.	20. or.	17.	5.	0.	59*.	20.	0.
De la Hire·Des Places	1.	5.	0.	16.	15.	0.	59.	30.	0.
Harris	1.	1.	20.	15.	20.	0.	58.	50.	0.
Strasbourg.									
Lieutaud	0.	21.	40. or.	9.	25.	0.	48*.	35.	30.
De la Hire	0.	22.	0.	5.	30.	0.	48.	35.	30.
Des Places	0.	21.	40.	5.	25.	0.	48.	35.	0.
Su Cheu, près de Nankin.									
P. Noel	9.	3.	40.	135.	55.	31.	17.	45.	
Su Cheu.									
P. Noël	9.	11.	16.	137.	49.				
Sum Kiam.									
P. Noël	9.	14.	12.	138.	33.				
Sumatra.									
P. Noël	8.	40.	40.	130.	8.	2.	3.	42.	

Surate.

Noms des Villes, Fleuves, Lacs, Montagnes, &c.	*Différence des Méridiens en*			*en*			*Latitude ou hauteur du Pôle.*		
	H.	M.	S.	D.	M.	S.	D.	M.	S.
Surate.									
Lieutaud. Des Places	4.	40.	0. *or*.	70.	0.	0.	21*.	10.	0.
De la Hire	4.	42.	0.	70.	30.	0.	21.	53.	0.
Syracuse.									
Harris	0.	52.	20.	13.	5.	0.	37.	4.	0.
Tai ho.									
P. Noël	8.	51.	28.	132.	52.				
Tai Tsam.									
P. Noël	9.	13.	52.	138.	28.				
Tanger.									
Harris	0.	33.	10. *oc*.	8.	10.	0.	35.	55.	0.
Tan yam.									
P. Noël	9.	7.	29.	136.	51.				
Tao yven.									
P. Noël	9.	4.	28.	136.	7.				
Tatsienlou.									
P. Gaubil	6.	36.	46.	99.	11.	30.	30.	10.	
Tchang-Kia-Keou.									
P. Gaubil	7.	31.	26.	112.	21.	30.	40.	54.	15.
Tchasiting.									
P. Gaubil	*5.	2.	46.	75.	41.	30.	30.	35.	
Source du Tchoucou.									
P. Gaubil	7.	3.	26.	105.	51.	30.	49.	0.	0.
Tégouric, riv. passe à									
P. Jartoux, P. Frédeli, P. Bonjour	6.	17.	2.	94.	21.	30.	*45.	24.	
Tidore.									
Harris	6.	28.	0. *or*.	95.	0.	45.	0.	36.	0.

Noms des Villes, Fleuves, Lacs, Montagnes, &c.	*Différence des Méridiens en*			*en*			*Latitude ou hauteur du Pôle.*		
	H.	M.	S.	D.	M.	S.	D.	M.	S.
Source du Toboeul, ou Tobol.									
P. Gaubil	4.	19.	26.	64.	51.	30.	53.	40.	
Tolède.									
Lieutaud	0.	22.	40. *oc.*	5.	40.	0.	39.	50.	0.
De la Hire	0.	28.	0.	7.	0.	0.	39.	46.	0.
Harris	0.	22.	40.	5.	40.	0.	39.	46.	0.
Street	0.	25.	10.	6.	17.	0.	39.	54.	0.
Tomourtchen.									
P. Gaubil	*4.	47.	26.	72.	5.	30.	31.	0.	
Tongoi Patchi.									
P. Gaubil	5.	0.	50.	86.	1.	30.	44.	30.	0.
Tongofco. *Voyez* Angara.									
Source du Toula.									
P. Gaubil	7.	3.	14.	105.	48.	30.			
Embouchure de la Toula danr la mèr Orientale.									
P. Gaubil	7.	37.	6.	114.	16.	30.	50.	0.	0.
Toulon.									
Lieutaud	0*.	14.	22. *or.*	3.	35.	30.	43.	6.	40.
De la Hire	0.	14.	22.	3.	35.	30.	43.	6.	24.
Des Places	0.	14.	22.	3.	35.	30.	43.	7.	0.
Harris	0*.	15.	20.	3.	50.	0.	43.	6.	0.
Toulouphan, ou Tourphan.									
P. Gaubil	5.	47.	54.	86.	58.	30.	43.	3.	0.

Noms des Villes, Fleuves, Lacs, Montagnes, &c.	*Différence des Méridiens en* H. M. S.	*en* D. M. S.	*Latitude ou hauteur du Pôle.* D. M. S.
Toulouse.			
Lieutaud. Des Places	0. 3. 40. oc.	0. 55. 0.	43*. 37. 0.
De la Hire	0. 6. 40.	1. 40. 15.	43. 30. 0.
Toumourti.			
P. Gaubil	*4. 58. 6.	74. 31. 30.	29. 30.
La Tour de Cordouan. *Voyez* Cordouen.			
Tourphan, ou Tourouphan.			
P. Gaubil	5. 40. 46.	87. 11. 30.	
	5. 49. 2.	87. 16. 30.	43. 30. 0.
	5. 44. 2.	87. 11. 30.	
Tours.			
Lieutaud. Des Places	0*. 6. 40. oc.	1. 40. 0.	47.* 23. 0.
De la Hire	0. 6. 40.	1. 40. 0.	47. 26. 40.
Trébizonde.			
P. de Beze			41. 4. 0.
Trinquemale.		45. 15.	32*. 53. 40.
P. Noel	5. 23. 20.	80. 50.	
	5. 24. 29.	81. 7. 15.	
Tripoli de Barbarie.			
Lieutaud	0*. 43. 1. or.	10. 45. 15.	32*. 53. 40.
Harris	0*. 44. 20.	11. 0. 45.	32. 54. 0.
Des Places	0. 44. 44.	11. 11. 0.	32. 54. 0.
Troyes, en Champ.			
Lieutaud	0. 6. 40. or.	1. 40. 0.	48. 15. 0.
Des Places	0. 7. 0.	1. 45. 0.	48. 15. 0.
Tseproug.			
P. Gaubil	*5 2. 46.	75. 41. 30.	29. 40.
Tsin-yven-hien.			
P. Gaubil	6. 56. 0.	309. 25. 0.	23. 45.

Noms des Villes, Fleuves, Lacs, Montagnes, &c.	*Différence des Méridiens en*			*en*			*Latitude ou hauteur du Pôle.*		
	H.	M.	S.	D.	M.	S.	D.	M.	S.
Tſum Mim. Iſle.									
P. Noël	9.	18.	8.	138.	47.	45.			
	9.	15.	4.	138.	46.	0.			
Tubinge.									
Harris	0*.	29.	20. or.	7.	5.	0.	48.	34.	0.
Street	0*.	28.	50.	7.	12.	30.	48.	34.	0.
Tum Lieu.									
P. Noel	8.	57.	44.	134.	26.	0.			
Tum Lim.									
P. Noel	9.	1.	12.	135.	18.				
Turin.									
Lieutaud	0.	21.	20. or.	5.	20.	0.	44*.	40.	0.
De la Hire. Des Places	0.	20.	40.	5.	10.	0.	44.	50.	0.
Street	0*.	22.	50.	5.	42.	30.	44.	50.	0.
Valence, en Eſpagne.									
Harris	0*.	4.	20. oc.	1.	5.	0.	39.	30.	0.
Valparais, au Chili.									
Lieutaud	4*.	58.	37. oc.	74.	39.	15.	34*.	0.	15.
Des Places	4.	58.	8.	74.	32.	0.	33.	2.	0.
Uan-Ngan.									
P. Noel	8.	51.	32.	132.	53.				
Varſovie.									
Lieutaud	0.	1.	15. or.	18.	45.	0.	52*.	14.	0.
De la Hire. Des Places	1.	17.	0.	19.	15.	0.	52.	14.	0.
Veniſe.									
Lieutaud	0.	41.	20. or.	10.	20.	0.	45.	25.	0.
De la Hire	0.	40.	40.	10.	10.	0.	45.	33.	0.
Des Places	0.	40.	40.	10.	10.	0.	45.	35.	0.
Harris	0.	41.	20.	10.	20.	0.	45.	18.	0.
Verſailles.									
Lieutaud	0*.	0.	52. oc.	0.	13.	0.	48*.	48.	16.
U-ho.									
P. Noel	9.	4.	48.	136.	12.		32.	14.	0.

Noms des Villes, Fleuves, Lacs, Montagnes, &c.	*Différence des Méridiens en*			*en*			*Latitude ou hauteur du Pôle.*		
	H.	M.	S.	D.	M.	S.	D.	M.	S.
Vienne, en Autriche.									
Lieutaud	0.	58.	10. *or.*	14.	32.	0.	48.	14.	0.
De la Hire	1.	0.	0.	15.	0.	0.	48.	22.	0.
De Places	1.	58.	0.	14.	32.	30.	48.	14.	0.
Harris	1*.	0.	20.	15.	5.	0.	48.	22.	0.
Street	1.	4.	0.	16.	34.	0.	48.	20.	0.
Vilne, en Pologne.									
Street	1.	50.	19. *or.*	27.	30.	0.	54.	30.	0.
Upsal, en Suéde.									
Harris	1.	3.	20. *or.*	15.	50.	0.	59.	0.	0.
Uranibourg.									
De la Hire Des Places	0.	42.	10. *or.*	10.	32.	30.	55.	34.	5
Harris	0*.	45.	49.	10.	24.	45.	55.	54.	0.
Street	0*.	42.	50.	20.	42.	30.	55.	54.	30.
Utrecht.									
Harris	0*.	11.	20. *or.*	2.	50.	0.	52.	5.	0.
Vu Hu.									
P. Noel	9.	3.	4.	135.	46.				
Vu Sie.									
P. Noel	9.	10.	20.	137.	35.				
Wirtemberg, en Saxe.									
Harris	0*.	43.	20. *or.*	10.	45.	0.	41.	53.	0.
Street	0.	43.	50.	10.	57.	30.	51.	53.	0.
Wolfembutel.									
Harris	0.	35.	20. *or.*	8.	45.	0.	52.	11.	0.
Xam Hai.									
P. Noel	9.	15.	28.	138.	52.				
Xao Chen.									
P. Noel	8.	47.	28.	131.	52.				
Xe Muen.									
P. Noel	9.	10.	36.	137.	39.				
Xui Cheu.									
P. Noel	8.	51.	20.	132.	50.				

Noms des Villes, Fleuves, Lacs, Montagnes, &c.	*Différence des Méridiens en*			*en*			*Latitude ou hauteur du Pôle.*		
	H.	M.	S.	D.	M.	S.	D.	M.	S.
Yam Cheu.									
P. Noel	9.	7.	12.	136.	48.	0.	32.	23.	20.
							32.	23.	0.
Yarmouth.									
Street	0.	2.	50. *oc.*	0.	42.	30.	52.	55.	0.
Ychin.									
P. Noel	9.	5.	44.	136.	26.	0.			
Yen-Theoufou.									
P. Gaubil	7.	40.	0.	114.	46.	30.	35.	41.	
Yhoam.									
P. Noel	9.	56.	32.	134.	8.				
Ylo, au Pérou.									
Lieutaud	4.	54.	12. *oc.*	73.	33.	0.	17.	36.	15.
Ym-Te.									
P. Noel	8.	46.	4.	131.	31.				
York.									
Harris	0.	12.	40. *oc.*	3.	10.	0.	54.	0.	0.
Street	0.	13.	10.	3.	17.	30.	54.	0.	0.
Yum-Fum.									
P. Noel	8.	54.	44.	133.	41.				

De l'Imprimerie de JEAN-BAPTISTE COIGNARD Fils, Imprimeur du Roy, ruë Saint Jacques, au Livre d'or.

FAUTES A CORRIGER.

P*Reface page* vij. *l.* 6. ses lumières, munis. *lis.* ses lumières. Munis.

page 12. *l.* 11. 43°. 51'. *lis.* 42°. 51'.

p. 27. *l.* 7. ☋ *lis.* ☊

p. 48. *l.* 13. Pitotus, *lis.* Pitatus.

p. 72. *l.* 10. de 83 ans en 83. ans. Juliens Jupiter, *lis.* de 8. ans en 83. ans Juliens Jupiter.

p. 92. *l.* 10. Cette observation a été observée, *lis.* Cette immersion a été observée.

p. 96. *l.* 11. Mais n'est éloigné, *lis.* Mars n'est éloigné.

p. 97. *l.* 22. Langres. *lis,* Langren.

l. 23. Mainolyc. *lis.* Maurolyc.

p. 112. *l.* 22. 68°. 24'. 25''. *lis.* 98°. 27'. 15''.

l. 26. 99°. 24'. 45''. *lis.* 99°. 27'. 15''.

p. 114. *l.* 25, 10. au 12. de Juin. *lis.* 10. ou 12. de Juin.

p. 115. *l.* 19. ils le portent, *lis.* ils la portent.

p. 139. *dern. ligne des Remarq.* 113°. 31'. 30''. *lis.* 113°. 51'. 30''.

p. 151. *dans la Remarq.* 3. *lig.* 1. Mort corrompu, *lis.* Mot corrompu.

p. 163. *l.* 6. le secouroient, *lis.* les secouroient.

p. 117. *l.* 17. La longitude de Hami de 20°. 27'. *lis.* 22°. 32'.

p. 178. *l.* 8. à la route Kiaoukoan à Hami, *lis.* à la route de Kiaoukoan à Hami.

p. 138. *l.* 12. 13. 14. 15. le petite ligne qui est entre les chiffres devroit être double, pour marquer égalité = Ainsi 42'. 0''. — 2520'', signifie 40'. 0''. égales à 2520'' & des autres de même. Les six points ∴∵ mis entre 778 $\frac{1440}{2520}$ & 778 $\frac{1}{2}$ veulent dirent 778 $\frac{1440}{2520}$ égal à 778 $\frac{1}{2}$.

p. 251. *l.* 5. 43. 19. 0. *lis.* 42. 19. 0.

l. 6. oc. *lis.* or.

p. 252. *l.* 14. 1. 91. 49. 25. 57. 30. *lis.* 1. 43. 49. 25. 57. 15.

p. 254. *l.* 9. 53. 52. 0. *lis.* 43. 52. 0.

l. 25. 41. 20. 0. *lis.* 41. 26. 0.

p. 255. *l.* 23. 21. 0. *lis.* 61. 0. 0.

p. 256. *l.* 9. 2. 50. 25. *lis.* 2. 47. 45.

p. 259. *l.* 5. Cantorbery, *ajoutez* Street.

p. 260. *l. penult.* 0. 20. 25. *lis,* 0. 20. 35.

p. 261. *l.* 24. 8. 43. 56. *lis.* 8. 43. 36.

p. 262. *l.* 21. 0. 14. 17. *lis.* 0. 14. 27.

ligne dern. 49. 18. 0. *lis.* 49. 58. 0.

p. 263. *l.* 32. 53. 2. 0. *lis.* 53. 12. 0.

p. 264. *l.* 8. 55. 38. 0. *lis.* 55. 58. 0.

l. 17. 44. 34, 0. *lis.* 44. 35. 0.

l. 24. Voyez fer, *lis.* Voyez Isle.

p. 266. *l.* 10, 77°. 11′. 30°. 28′. 20″. *lis.* 77°. 11′. 30″. 28°. 20′. 0″.

p. 267. *l.* 30. 0. 8. 40. *oc. ajoutez* 2. 10. 0.

p. 268. *l.* 22. 16. 39. 45. *lis.* 116. 39. 45.

p. 269. *l.* 24. 5. 25. 4. *lis.* 6. 44, 46.

p. 271. *l.* 15. 8. 57. 24. *lis.* 8. 53. 24.

p. 272. *l.* 7. 37. 30. 19. *lis.* 37. 30. 15.

l. 29. 29. 6. *lis.* 5h. 47′. 18″. 86°. 49′. 30″. 29°, 6.

p. 273. *l.* 17. *ôtez* 26. 52. 0.

p. 274. *l.* 21. 51. 52. 0. *lis.* 51. 32. 0.

l. 23. 15. 26. 78. 51. 0.. *lis.* 5. 51. 26. 88. 51. 30.

l. 32. 51. 32. 0. *lis.* 45. 45. 0.

p. 275. *l.* 7. 2. 12. *lis.* 22. 12.

l. 23. 99. 50. 0. *lis.* 97. 50. 0.

p. 277. *l.* 6. 0. 17. 0. 4. 15. 0. 49. 14. 0. *lis.* 6. 55. 45. 13. 56. 15. 38. 21. 0.

p. 278. *l.* 19. 28. 0 0. *lis.* 28. 40. 0.

l. 23. 28. 39. 52. *lis.* 28. 39. 52.
28. 40. 50.

l. 27. *effacez* 28. 40. 50.

l. 29. 28. 0. *lis.* 28. 35.

p. 279. *l* 15. 34. 4. 50. *lis.* 32. 4. 50.
36. 6. 0.

l. 30. 43. 15. 20. *lis.* 43. 15. 30.

p. 280. *l. dern.* 9. 21. 26. *lis.* 6. 21. 26.

p. 281. *l. dern.* 51. 35. 0. *lis.* 51. 45. 0.

p. 282. *l.* 13. 76°. 11′. 30°. 46′. 50″. *lis.* 76°. 11′. 30′. 46°. 50′.

l. 16. Par ym, *lis.* Pao ym.

l. 19. 116°. 5′. 30°. 43′. 36″. *lis.* 116°. 5′. 30″. 43°. 36.

p. 287. *l.* 20. 42. 22. 0. *lis.* 43. 22. 0.

p. 288. *l.* 6. 8. 52. 4. 133. 46. *lis.* 8. 52. 20. 133. 5.

l. 23. 9. 25. 0. *lis.* 5. 25. 0.

www.ingramcontent.com/pod-product-compliance
Ingram Content Group UK Ltd.
Pitfield, Milton Keynes, MK11 3LW, UK
UKHW012009240726
13965UKWH00001B/267